中国特色高水平高职学校项目建设成果

工业现场控制系统的设计与调试

主　编　王海涛
副主编　孙丹丹
参　编　戚本志
主　审　闫　哲　庞文燕

机械工业出版社

本书是中国特色高水平高职学校电气自动化技术专业的 CDIO 系列教材之一，是应 CDIO 课程改革的需要，校企合作编写的新形态教材。本书重视学生职业能力和工匠精神的培养，知识点和技能点紧密结合过程控制工程项目的实际应用，配有大量立体化教学资源，学生通过扫描二维码即可获得在线资源进行学习。本书共 3 个项目，项目设置结合工程实际，内容系统、简洁，图文并茂，实用性较强。项目一主要讲述过程控制系统的概念、构成与要求，基本控制规律、控制器参数整定，单回路控制系统的设计、安装、运行与调试；项目二重点介绍了串级、比值等复杂控制系统的控制方案设计、运行与调试；项目三重点介绍了 DCS 系统结构、DCS 组态设计，系统安装与运行调试的方法，为今后从事过程控制技术工程设计打下初步基础。

本书可作为高等职业院校电气自动化技术专业、机电一体化技术专业、生产过程自动化技术专业及相关专业的教材，也可作为相关工程技术人员的参考用书。

为方便教学，本书配有电子课件等，凡选用本书作为授课教材的教师，均可来电（010-88379375）索取或登录机械工业出版社教育服务网（www.cmpedu.com）注册下载。

图书在版编目（CIP）数据

工业现场控制系统的设计与调试/王海涛主编. —北京：机械工业出版社，2023.12

中国特色高水平高职学校项目建设成果

ISBN 978-7-111-74805-2

Ⅰ.①工… Ⅱ.①王… Ⅲ.①工业现场-工业控制系统-系统设计-高等职业教育-教材②工业现场-工业控制系统-调试方法-高等职业教育-教材 Ⅳ.①TP273

中国国家版本馆 CIP 数据核字（2024）第 005289 号

机械工业出版社（北京市百万庄大街 22 号　邮政编码 100037）
策划编辑：王宗锋　　　　　　　责任编辑：王宗锋　赵红梅
责任校对：高凯月　张　征　　　封面设计：张　静
责任印制：邓　博
北京盛通数码印刷有限公司印刷
2024 年 5 月第 1 版第 1 次印刷
184mm×260mm・16.5 印张・406 千字
标准书号：ISBN 978-7-111-74805-2
定价：47.00 元

电话服务　　　　　　　　　网络服务
客服电话：010-88361066　　机　工　官　网：www.cmpbook.com
　　　　　010-88379833　　机　工　官　博：weibo.com/cmp1952
　　　　　010-68326294　　金　书　网：www.golden-book.com
封底无防伪标均为盗版　　　机工教育服务网：www.cmpedu.com

中国特色高水平高职学校
项目建设系列教材编审委员会

顾　问： 刘　申　哈尔滨职业技术学院党委书记、院长
主　任： 孙百鸣　哈尔滨职业技术学院副院长
副主任： 金　淼　哈尔滨职业技术学院宣传（统战）部部长
　　　　　杜丽萍　哈尔滨职业技术学院教务处处长
　　　　　徐翠娟　哈尔滨职业技术学院电子与信息工程学院院长
委　员： 黄明琪　哈尔滨职业技术学院马克思主义学院院长
　　　　　栾　强　哈尔滨职业技术学院艺术与设计学院院长
　　　　　彭　彤　哈尔滨职业技术学院公共基础教学部主任
　　　　　单　林　哈尔滨职业技术学院医学院院长
　　　　　王天成　哈尔滨职业技术学院建筑工程与应急管理学院院长
　　　　　于星胜　哈尔滨职业技术学院汽车学院院长
　　　　　雍丽英　哈尔滨职业技术学院机电工程学院院长
　　　　　张明明　哈尔滨职业技术学院现代服务学院院长
　　　　　朱　丹　中嘉城建设计有限公司董事长、总经理
　　　　　陆春阳　全国电子商务职业教育教学指导委员会常务副主任
　　　　　赵爱民　哈尔滨电机厂有限责任公司人力资源部培训主任
　　　　　刘艳华　哈尔滨职业技术学院汽车学院党总支书记
　　　　　谢吉龙　哈尔滨职业技术学院机电工程学院党总支书记
　　　　　李　敏　哈尔滨职业技术学院机电工程学院教学总管
　　　　　王永强　哈尔滨职业技术学院电子与信息工程学院教学总管
　　　　　张　宇　哈尔滨职业技术学院高建办教学总管

编写说明

中国特色高水平高职学校和专业建设计划（简称"双高计划"）是我国为建设一批引领改革、支撑发展、中国特色、世界水平的高等职业学校和骨干专业（群）而推出的重大决策建设工程。哈尔滨职业技术学院入选"双高计划"建设单位，对学院中国特色高水平学校建设进行顶层设计，编制了站位高端、理念领先的建设方案和任务书，并扎实开展了人才培养高地、特色专业群、高水平师资队伍与校企合作等项目建设，借鉴国际先进的教育教学理念，开发中国特色、国际标准的专业标准与规范，深入推动"三教改革"，组建模块化教学创新团队，实施"课程思政"，开展"课堂革命"，校企双元开发活页式、工作手册式、新形态教材。为适应智能时代先进教学手段应用需求，学校加大优质在线资源的建设，丰富教材的载体，为开发以工作过程为导向的优质特色教材奠定基础。

按照教育部印发的《职业院校教材管理办法》要求，教材编写总体思路是：依据学校双高建设方案中教材建设规划、国家相关专业教学标准、专业相关职业标准及职业技能等级标准，服务学生成长成才和就业创业，以立德树人为根本任务，融入课程思政，对接相关产业发展需求，将企业应用的新技术、新工艺和新规范融入教材之中，教材编写遵循技术技能人才成长规律和学生认知特点，适应相关专业人才培养模式创新和优化课程体系的需要，注重以真实生产项目、典型工作任务、生产流程及典型工作案例等为载体开发教材内容体系，理论与实践有机融合，满足"做中学、做中教"的需要。

本套教材是哈尔滨职业技术学院中国特色高水平高职学校项目建设的重要成果之一，也是哈尔滨职业技术学院教材改革和教法改革成效的集中体现，教材体例新颖，具有以下特色：

第一，教材研发团队组建创新。按照学校教材建设统一要求，遴选教学经验丰富、课程改革成效突出的专业教师担任主编，确定了相关企业作为联合建设单位，形成了一支学校、行业、企业和教育领域高水平专业人才参与的开发团队，共同参与教材编写。

第二，教材内容整体构建创新。教材内容体系精准对接国家专业教学标准、职业标准和职业技能等级标准，参照行业企业标准，有机融入新技术、新工艺、新规范，构建基于职业岗位工作需要的体现真实工作任务和流程的内容体系。

第三，教材编写模式形式创新。与课程改革相配套，按照"工作过程系统化""项目+任务式""任务驱动式""CDIO式"四类课程改革需要设计教材编写模式，创新新形态、活页式和工作手册式教材三大编写形式。

第四，教材编写实施载体创新。依据本相关专业教学标准和人才培养方案要求，在深入企业调研、岗位工作任务和职业能力分析基础上，按照"做中学、做中教"的编写思路，以企业典型工作任务为载体进行教学内容设计,将企业真实工作任务、业务流程、生产过程融入教材之中,同时开发了与教学内容配套的教学资源,以满足教师线上、线下混合式教学的需要。教材配套资源同时在相关教学平台上线,可随时进行下载,也可以满足学生在线自主学习的需要。

第五,教材评价体系构建创新。从培养学生良好的职业道德、综合职业能力与创新创业能力出发,设计并构建评价体系,注重过程考核以及由学生、教师、企业、行业、社会参与的多元评价,在学生技能评价上借助社会评价组织的"1+X"技能考核评价标准和成绩认定结果进行学分认定,每种教材根据专业特点设计了综合评价标准。

为确保教材质量,组建了中国特色高水平高职学校项目建设系列教材编审委员会。教材编审委员会由职业教育专家组成,同时聘请企业技术专家指导。组织了专业与课程专题研究组,建立了常态化质量监控机制,为提升教材的品质提供稳定支持,确保教材的质量。

本套教材是在学校骨干院校教材开发的基础上,经过几轮修改,融入课程思政内容和课堂改革理念,既具积累之深厚,又具改革之创新,凝聚了校企合作编写团队的集体智慧。本套教材由机械工业出版社出版,充分展示了课程改革成果,为更好地推进中国特色高水平高职学校和专业建设及课程改革做出积极贡献!

哈尔滨职业技术学院
中国特色高水平高职学校项目建设系列教材编审委员会

前　言

随着国家高等职业教育改革方案的实施及中国特色高水平高职学校和专业建设的展开,建设具有高职特色的新形态一体化教材已成为当前高等职业院校教学中的重要内容。

本书是由哈尔滨热电有限责任公司、杭州和利时自动化有限公司的技术人员与校内骨干教师共同组成教材开发组,以电气自动化技术专业教学标准为依据,以自动控制工程技术人员职业岗位需求为导向,按照本专业"订单培养、德技并重"人才培养模式,借鉴了CDIO工程教育理念,选取行业企业真实典型工程案例,按CDIO工程项目编写,以培养、训练学生的CDIO工程项目实践应用能力和综合职业能力为核心,以工作内容来组织课程内容,按照C(构思)、D(设计)、I(实现)、O(运行)的步骤组织安排项目实施。

全书共3个项目。项目一水箱液位控制系统的设计与调试为工业控制中基本环节,融合了过程控制基础知识、液位测量仪表、执行器的选型及安装,重在培养学生简单工控系统的设计与调试能力。项目二加热炉控制系统的设计与调试为工业典型环节,融合了温度、压力、流量测量仪表的知识,重在培养学生复杂工控系统的设计与调试能力。项目三反应釜控制系统的DCS组态设计与调试为进阶内容,以典型设备反应釜的控制为例,包含了DCS技术、组态技术、组网技术的综合应用,依托民族产业和利时硬件及软件,构建反应釜控制系统的设计与调试,重在培养学生DCS工控系统设计、安装、调试的综合能力。

本书配套丰富的教学资源,包括教学课件、课程标准、微课、动画和习题等,学生通过扫描二维码观看相应的动画、微课视频等,可以在线进行学习。

教学实施中建议采用项目导向教学模式,教学方法建议采用头脑风暴法、小组讨论法等,以提高学生的职业能力。

本书由哈尔滨职业技术学院的王海涛任主编,并负责编写项目一和项目三,以及全书的统稿;哈尔滨职业技术学院的孙丹丹任副主编,并负责编写项目二;

哈尔滨职业技术学院的戚本志参与了课程资源的开发；哈尔滨理工大学闫哲教授和天津铁道职业技术学院庞文燕教授担任主审，他们提出了许多宝贵意见，在此表示衷心的感谢。

　　本书经过哈尔滨职业技术学院教材委员会审定。编写过程中，得到了哈尔滨职业技术学院孙百鸣副院长、教务处杜丽萍处长的精心指导，在此表示衷心的感谢！

　　由于编者水平有限，书中不足之处在所难免，恳请广大读者批评指正。

编　者

二维码索引

页码	名称	二维码	页码	名称	二维码
17	检测仪表概述（微课）		70	调节器参数的工程整定（上）（微课）	
24	气动执行器（微课）		70	调节器参数的工程整定（下）（微课）	
27	电动执行器（微课）		122	压力计（微课）	
28	识读工艺流程图（微课）		129	流量测量仪表的安装（微课）	
35	比例控制（微课）		131	压力测量仪表的安装（微课）	
38	积分控制（微课）		142	反应釜控制系统设计与调试项目分析（微课）	
41	微分控制（微课）		149	认识集散控制系统（微课）	
55	控制规律的选择（微课）		157	MACS-K 系统结构（微课）	
61	物位测量仪表的安装（微课）		183	MACS 软件组态流程（微课）	
64	气动执行器的安装（微课）		184	新建工程-开启组态设计之旅（微课）	
64	电动执行器的安装（微课）				

目 录

编写说明
前言
二维码索引

项目一　水箱液位控制系统的设计与调试 …………………………………… 1
【项目构思】………………………………… 2
　一、项目分析…………………………… 2
　二、自动控制系统的认识……………… 3
　三、被控对象的特性认识及建模 …… 13
　四、控制器的认识 ……………………… 16
　五、物位测量仪表的认识 …………… 17
　六、执行器的认识 …………………… 23
　七、识读过程控制系统工艺流程图 …………………………………… 28
【项目设计】……………………………… 34
　一、控制器的选型 …………………… 34
　二、物位测量仪表的选型 …………… 46
　三、执行器的选型 …………………… 48
　四、单回路控制系统的设计 ………… 52
【项目实现】……………………………… 58
　一、物位测量仪表的安装 …………… 58
　二、执行器的安装 …………………… 64
【项目运行】……………………………… 68
　一、简单控制系统的投运 …………… 69
　二、控制器参数的工程整定 ………… 70
　三、项目验收 ………………………… 75
【知识拓展】……………………………… 75
　一、双容水箱液位控制系统的组成 ………………………………… 76
　二、双容水箱的数学模型 …………… 76
【工程训练】……………………………… 79

项目二　加热炉控制系统的设计与调试 …………………………………… 81
【项目构思】……………………………… 82

　一、项目分析………………………… 82
　二、复杂控制系统的认识 …………… 84
【项目设计】……………………………… 86
　一、串级控制系统方案的确定 ……………………………… 86
　二、温度测量仪表的选型 …………… 98
　三、流量测量仪表的选型 ………… 109
　四、压力测量仪表的选型 ………… 119
【项目实现】…………………………… 127
　一、温度测量仪表的安装 ………… 128
　二、流量测量仪表的安装 ………… 129
　三、压力测量仪表的安装 ………… 130
【项目运行】…………………………… 131
　一、串级控制系统的投运 ………… 132
　二、串级控制系统的参数整定 …… 133
　三、项目验收 ……………………… 135
【知识拓展】…………………………… 136
　一、比值控制系统概述 …………… 136
　二、比值控制系统的类型 ………… 137
【工程训练】…………………………… 138

项目三　反应釜控制系统的DCS组态设计与调试 ……………… 140
【项目构思】…………………………… 141
　一、项目分析……………………… 142
　二、计算机网络的认识 …………… 146
　三、集散控制系统的认识 ………… 149
　四、工业控制网络的认识 ………… 154
　五、HOLLiAS-MACS系统的认识 …………………………… 157
【项目设计】…………………………… 174
　一、I/O点数统计 ………………… 174

IX

二、仪表选型……………………… 176
三、DCS 硬件选型………………… 177
四、DCS 软件设计和组态………… 179
【项目实现】…………………………… 213
一、系统安装及接线……………… 213
二、工程下装……………………… 217
【项目运行】…………………………… 221
一、DCS 投运及调试……………… 222
二、DCS 常见故障及处理………… 227
三、系统维护……………………… 228
四、项目验收……………………… 229
【知识拓展】…………………………… 230

一、PLC 与 DCS 的比较 ………… 230
二、SCADA 系统与 DCS 的
比较………………………………… 232
【工程训练】…………………………… 233
一、锅炉工艺设备介绍…………… 233
二、锅炉汽包水位调节的任务…… 235
三、控制方案设计………………… 235
四、汽包水位的控制方案设计…… 237
五、软件编程……………………… 242
附录　CDIO 项目报告模板………… 250
参考文献………………………………… 252

项目一

水箱液位控制系统的设计与调试

项目名称	水箱液位控制系统的设计与调试	参考学时	22 学时
项目导入	该项目完成水箱液位控制系统的设计与调试。在工业生产过程中,液位贮槽如进料罐、成品罐、中间缓冲器、水箱等设备应用十分普遍,为了保证生产正常进行,物料进出需均衡,以保证生产过程的物料平衡。因此,贮槽内的液位需维持在设定值,或在某一小范围内变化,并保证物料不产生溢出。例如,锅炉系统汽包的液位控制,自流水生产系统过滤池、澄清池水位的控制等。被控水箱尺寸:长×宽×高 = 25cm×20cm×40cm;工艺要求:水箱内的液位高度保持在20cm,允许误差为±5%。构建液位单回路控制系统,并进行系统调试。		
学习目标	知识目标: 1. 能应用系统设计的思路和方法构建液位单回路控制系统,能够根据工艺要求选择控制规律; 2. 掌握 PID 控制器参数设定及整定方法; 3. 能总结系统调试及稳定运行方法。 能力目标: 1. 能绘制过程控制系统框图; 2. 能识读过程控制系统工艺流程图; 3. 能按照控制要求合理选择检测仪表并进行安装; 4. 具有控制系统投运、调试和维护的能力; 5. 具有小组合作、沟通表达和技术文本制作的能力。 素质目标: 1. 具有良好的工艺意识、标准意识、成本意识、质量意识和安全意识; 2. 具有分析问题和解决问题的能力; 3. 具有精益求精的工匠精神、认真严谨的科学态度和勤奋报国的信念。		
项目要求	液位贮槽设备的控制是指根据生产负荷的需要,使液面保持在一定高度。项目具体要求如下: 1. 完成控制规律的选择; 2. 完成液位检测仪表及执行机构的选择,绘制工艺流程图; 3. 完成液位控制系统中各环节作用方向的确定; 4. 完成控制器参数设定及调试并进行系统运行。		
实施思路	1. 构思:项目分析与过程控制基本知识准备。参考学时为6学时; 2. 设计:选择控制器、检测仪表和执行器类型,设计水箱液位控制系统框图和流程图。参考学时为10学时; 3. 实现:确定各环节作用方向及控制器参数。参考学时为4学时; 4. 运行:水箱液位单回路控制系统调试、运行及维护。参考学时为2学时。		

【项目构思】

一、项目分析

本项目来源于工业典型环节液位控制。本书采用和利时 MACS-K 系列 DCS 与反应釜被控对象组成的过程控制实验装置作为教学实训装置。水箱液位控制系统由被控水箱、储水箱等组成,被控水箱尺寸为长×宽×高=25cm×20cm×40cm。工艺要求:被控水箱内的液位高度保持在 20cm,选择合适的自动控制装置,构建一个自动控制系统,达到水位自动调节控制要求。

本项目按照以下步骤进行:
1) 针对水箱液位控制的工艺要求,绘制水箱液位控制系统框图。
2) 正确选择控制方式、控制算法、控制仪表和执行机构。
3) 绘制水箱液位控制系统的工艺流程图。
4) 完成简单控制方案的设计。
5) 正确安装水箱液位控制系统。
6) 设置合适的参数,调试水箱液位控制系统并投运。
7) 按照自动控制系统的质量衡量指标,对调试投运过程中出现的故障进行处理。

水箱液位控制系统的设计与调试项目工单见表 1-1。

表 1-1　水箱液位控制系统的设计与调试项目工单

课程名称	工业现场控制系统的设计与调试			总学时:96
项目一	水箱液位控制系统的设计与调试			22 学时
班级		组长		小组成员
项目任务与要求	完成水箱液位控制系统的设计与调试,项目具体要求如下: 1. 制定项目工作计划; 2. 完成水箱液位控制系统框图的绘制; 3. 完成水箱液位控制系统工艺流程图的绘制; 4. 完成水箱液位控制系统中自动控制装置的选型; 5. 完成水箱液位单回路控制方案的设计; 6. 完成水箱液位单回路控制系统的连接; 7. 完成水箱液位单回路控制系统的调试和投运; 8. 针对水箱液位单回路控制系统调试和投运过程中出现的问题进行处理。			
相关资料及资源	教材、微课视频、PPT 课件、仪表安装工艺及标准、安全操作规程等。			
项目成果	1. 完成水箱液位控制系统的设计与调试,实现控制要求; 2. 完成 CDIO 项目报告; 3. 完成评价表。			
注意事项	1. 在通电试车前一定要经过指导教师的允许; 2. 安装调试完毕后先断电源后断负载; 3. 严禁带电操作; 4. 安装完毕后应及时清理工作台,工具归位。			

案例：中国自动化控制之父——钱学森

我国伟大的科学家钱学森被誉为"中国自动化控制之父""中国航天之父""中国导弹之父"和"火箭之王"。他从少年时代就热爱祖国、热爱科学，后到美国留学，学习、研究空气动力学，与老师一起提出了"卡门-钱公式"，并创立了工程控制论，引起了控制领域的轰动，形成了控制科学在20世纪50年代和60年代的研究高潮。他还是国际自动控制联合会第一届理事会中唯一的中国人。新中国成立后，他坚定地确立了报效国家、服务人民的理想，积极要求回国参加建设，受到了美国政府的无理阻挠和迫害，五年后终于回到祖国。他曾长期担任中国火箭、导弹和航天器的技术领导等职务，参与近程、中程、远程导弹和人造卫星的研制、发射工作，并做出了杰出贡献。他曾获"国家杰出贡献科学家"称号和"两弹一星功勋奖章"。

让我们首先了解自动控制系统吧！

二、自动控制系统的认识

 什么是自动控制呢？如何实现生产过程自动化呢？

（一）自动控制与过程控制的基本概念

自动控制是指在没有人直接参与的情况下，利用所加的设备或装置（称为控制装置或控制器），对生产过程、工艺参数、目标要求等进行自动地控制与调节，使生产机械（设备）或生产过程（统称为被控对象）的某个工作状态或某些物理量（即被控变量）自动地按照预定的规律运行，达到要求的指标。

例如，数控车床按照预定程序自动地切削工件，化学反应炉的温度或压力自动地维持恒定，雷达和计算机组成的导弹发射和制导系统自动地将导弹引导到敌方目标，无人驾驶飞机按照预定航迹自动升降和飞行，人造卫星准确地进入预定轨道运行并回收等，这一切都是以应用高水平的自动控制技术为前提的。

过程控制是指以温度、压力、流量、液位和成分等工艺参数作为被控变量的自动控制。过程控制也称实时控制，是通过采用各种自动化仪表、计算机等及时地采集检测数据，按最佳值迅速地对控制对象进行自动控制和自动调节，如数控机床和生产流水线的控制等。在现代工业生产过程中，过程控制技术为实现各种最优技术经济指标、提高经济效益和劳动生产率、改善劳动条件、保护生态环境等发挥着越来越大的作用。

（二）生产过程自动化的主要内容

在生产过程自动化技术出现之前，工厂操作员必须人工监测设备性能指标和产品质量，以确定生产设备处于最佳运行状态，而且必须在停机时才能实施各种维护，这降低了工厂运营效率，且无法保障操作安全。图1-1所示为人工控制的锅炉汽包水位控制系统。水位控制是生产蒸汽的锅炉设备的典型控制环节，常见于电厂和化工厂等。锅炉汽包水位过低会影响蒸汽产生量，并很容易将汽包中的水烧干而发生严重事故。汽包水位过高将使蒸汽带水滴，且有溢出的危险。因此，维持锅炉汽包水位在设定的标准高度值上是保证锅炉正常运行的重要条件。

人工控制的过程为：操作人员用眼睛观察玻璃液位计中水位高低，并通过神经系统告诉大脑；大脑根据眼睛看到的水位高度加以思考，并与要求的水位标准值进行比较，得出偏差的大小和方向，然后根据操作经验发出命令给执行机构；根据大脑发出的命令，双手改变给水阀门的开度，使蒸汽的消耗量与给水量相等，最终使水位保持在设定的标准值上。人的眼、脑、手三个器官，分别担负了检测、判断和运算、执行三个作用，来完成测量、求偏差、再控制以纠正偏差的过程，保持汽包水位的恒定。

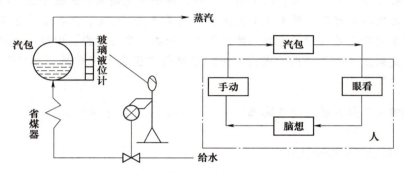

图 1-1　人工控制的锅炉汽包水位控制系统

人工控制过程中，人需要实时检测系统的工作状态，并及时做出一系列反应，因此，工作量较大。生产过程自动化可以简化这一过程，利用自动化装置来管理生产过程的方法称为生产过程自动化，它一般包括自动检测系统、自动信号和联锁保护系统、自动操纵系统和自动控制系统等。

1. 自动检测系统

利用各种检测仪表对主要工艺参数进行测量、指示或记录的系统称为自动检测系统。它代替操作人员对工艺参数进行不断地观察和记录，因此起到人眼的作用。在图 1-2 所示的换热器自动检测系统中，利用冷水冷却热物料，冷水的流量用孔板流量计进行检测，热物料出口温度用温度传感器进行检测，这些都是自动检测系统的一部分。

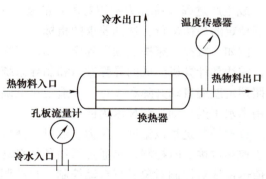

图 1-2　换热器自动检测系统

2. 自动信号和联锁保护系统

生产过程中，当由于一些偶然因素的影响，导致某些工艺参数超出允许的变化范围而出现不正常情况时，就有引起事故的可能。为此，常对某些关键性参数设有自动信号和联锁装置。在事故即将发生前，系统自动发出声光报警信号，告诫操作人员注意，并及时采取措施，这就是自动信号和联锁保护系统。如工况已接近危险状态，自动联锁保护系统立即采取紧急措施，打开安全阀或切断某些通路，必要时紧急停车，以防止事故的发生和扩大。例如，某反应釜的反应温度超过了允许极限值，自动信号保护系统就会发出声光报警信号，报警给工艺操作人员以及时处理生产事故。由于生产过程的强化，单纯依靠操作人员处理事故已经不可能。当反应釜的温度或压力进入安全极限值时，自动联锁保护系统可立即采取应急措施,加大冷却剂量或关闭进料阀门,减缓或停止反应,从而可避免爆炸等生产事故发生。

3. 自动操纵系统

自动操纵系统可以根据预先规定的步骤自动地对生产设备进行某种周期性操作。例如,合成氨造气车间的煤气发生炉要求按照吹风、上吹、下吹、制气、吹净等步骤周期性地接通空气和水蒸气,利用自动操纵机就可以代替操作人员自动地按照一定的时间程序扳动空气和水蒸气的阀门,使它们交替地接通煤气发生炉,从而减轻了操作人员的重复性体力劳动。

4. 自动控制系统

生产过程中各种工艺条件不可能是一成不变的,特别是化工生产,且大多数是连续性生产,各设备都相互关联,当其中某一设备的工艺条件发生变化时,都可能引起其他设备中某些参数或多或少的波动,偏离了正常的工艺条件。为此,就需要用一些自动控制装置,对生产中某些关键性参数进行自动控制,使它们在因受到外界干扰而偏离正常状态时,能自动地调回到规定的数值范围以内。为此目的而设置的系统就是自动控制系统。

综上所述,在生产过程自动控制中,自动检测系统只能完成"了解"生产过程进行情况的任务;自动信号和联锁保护系统只能在工艺条件进入某种极限状态时,采取安全措施,以避免生产事故的发生;自动操纵系统只能按照预先规定好的步骤进行某种周期性操纵;只有自动控制系统才能自动排除各种干扰因素对工艺参数的影响,使它们始终保持在预先规定的数值范围以内,保证生产可以维持在正常或最佳的工艺操作状态下。因此,自动控制系统是自动化生产中的核心部分。

 过程控制系统由哪些部分组成呢?

(三) 过程控制系统的组成及框图

1. 过程控制系统的组成

图 1-3 所示为锅炉汽包水位控制系统示意图。液位测量变送器(LT)将汽包水位高低的物理量测量出来并转换为工业仪表间的标准统一信号(气动仪表为 0.02~0.1MPa,电动 Ⅱ 型仪表为直流 0~10mA,电动 Ⅲ 型仪表为直流 4~20mA)。控制器(LC)接收液位测量变送器送来的标准统一信号,与锅炉工艺要求保持的标准水位高度信号相比得出偏差,按某种运算规律输出标准统一信号。执行器(即控制阀)根据接收的控制器的控制信号改变阀门的开度,控制给水量,经过反复测量和控制最终使液位达到工艺要求的数值。

由上述分析可知,过程控制系统是把能够完成一定任务的某些装置有机地组合在一起,以代替人的职能。

过程控制系统一般是由被控对象、测量变送器、控制器和执行器四个基本环节组成。其中,测量变送器、控制器和执行器三者组成了自动控制装置。

(1) 被控对象 指自动控制系统中需要控制其工艺变量的生产过程、生产设备或机器。它是控制系统的主体。如反应器、加热炉、储罐、精馏塔、换热器及锅炉等。

(2) 测量变送器 通常包括测量传感器和变送器。用以感受工艺参数变化的检测元件称为测量传感器;当测量传感器输出的信号与后面仪表所要求的方式不同时,则要增加一个把测量信号变换为后面仪表所要求方式的装置,称为变送器。因此,测量变送器的作用是将被控制的物理量检测出来,并转换成工业仪表之间的标准统一信号。

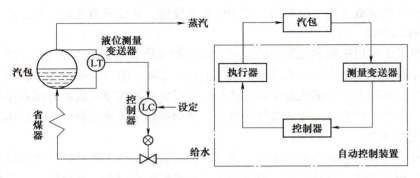

图 1-3　锅炉汽包水位控制系统示意图

（3）控制器　其作用是将测量值与设定值进行比较，得出偏差，按一定的规律运算后对执行机构发出相应的控制信号或指令。

（4）执行器　又称为控制阀。其作用是依据控制器发出的控制信号或指令，改变控制变量，对被控对象产生直接的控制作用。

2. 控制系统框图

为了清楚说明过程控制系统的结构以及各环节之间的相互关系和信号联系，便于对系统进行分析研究，一般都用框图来表示控制系统的组成。一个简单的过程控制系统可以用图 1-4 表示。框图是控制系统中每个环节的功能和信号流向的图解表示，是对控制系统进行理论分析、设计中常用到的一种形式。

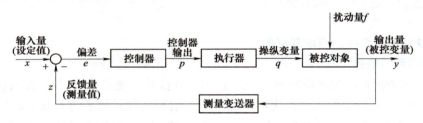

图 1-4　过程控制系统框图

（1）框图的组成　框图的组成示意图如图 1-5 所示。

1）方框。每一个方框表示系统中的一个组成部分（也称为环节），方框内添入表示其自身特性的数学表达式或文字说明。

2）信号线。信号线是带有箭头的直线段，用来表示环节间的相互关系和信号的流向；作用于方框上的信号称为该环节的输入信号，由方框送出的信号称为该环节的输出信号。

3）比较点。比较点表示对两个或两个以上信号进行加减运算，"＋"号表示相加，"－"号表示相减。

4）引出点。表示信号引出，从同一位置引出的信号在数值和性质方面完全相同。

（2）过程控制系统框图中各变量的名词术语

1）被控变量 y。它是表征生产设备或过程运行是否正常而需要加以控制的物理量，也是控制系统的输出量。过程控制系统的被控变量通常有温度、压力、流量、液位及成分等。

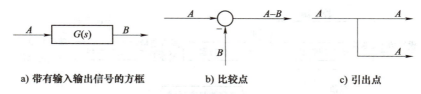

a) 带有输入输出信号的方框　　b) 比较点　　c) 引出点

图 1-5　框图的组成示意图

2) 设定值（给定值）x。它是一个与要求的（期望的）被控变量相对应的信号值，也是控制系统的输入量。

3) 扰动（干扰）量 f。在生产过程中，凡是影响被控变量的各种外来因素都称为扰动（又称干扰）。

4) 操纵变量 q。受控制装置（控制器）操纵，并使被控变量保持在设定值的物理量或能量，称为操纵变量。

5) 测量值（反馈量）z。它是测量变送器的输出信号。

6) 偏差 e。在过程控制系统中，偏差是设定值与测量值之差，即 $e=x-z$。

7) 控制器输出 p。亦称控制信号，指由控制器输出到执行器的信号。在控制器内，设定值与测量值进行比较得出偏差，按一定的控制规律（比例、比例积分、比例积分微分）发出相应的输出信号 p 去推动执行器（控制阀）。

8) 反馈。通过测量变送器将被控变量的测量值送回到系统的输入端，这种把系统的输出信号直接或经过一些环节引回到输入端的做法称为反馈。当引回到输入端的信号与设定值相减（即减弱输入端作用）时，称为负反馈，用"-"号表示。当引回到输入端的信号与设定值相加（即增强输入端作用）时，称为正反馈，用"+"号表示。自动控制系统要实现稳定，采用的是负反馈。

(3) 绘制框图时的注意事项

1) 框图中每一个方框表示一个具体的实物。

2) 方框之间带箭头的线段表示它们之间的信号联系，与工艺设备间物料的流向无关。框图中信号线上的箭头除表示信号流向外，还包含另一种方向性的含义，即所谓单向性。对于每一个方框或系统，输入对输出的因果关系是单方向的，只有输入改变了才会引起输出的改变，而输出的改变不会返回去影响输入。例如，冷水流量会使汽包水位改变，但反过来，汽包水位的变化不会直接使冷水流量改变。

3) 比较点不是一个独立的元件，而是控制器的一部分。为了清楚表示控制器比较机构的作用，故将比较点单独画出。

 做一做：

例 1　画出图 1-3 所示的锅炉汽包水位控制系统框图。

解：锅炉汽包水位控制系统框图如图 1-6 所示。给水量变化会引起汽包水位的变化，因此给水量（操纵变量）作为输入信号作用于被控对象，而汽包水位（被控变量）则作为被控对象的输出信号；引起汽包水位（被控变量）偏离设定值的因素还包括蒸汽负荷的变化和给水管压力的变化等扰动量，它们也作为输入信号作用于被控对象。

工业现场控制系统的设计与 调试

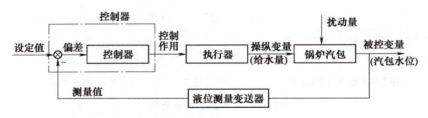

图 1-6 锅炉汽包水位控制系统框图

 做一做：画出系统框图

图 1-7 是一个液位控制系统原理图，试描述系统控制原理并画出相应的系统框图。

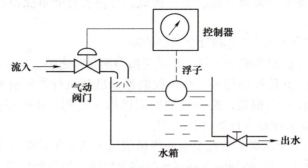

图 1-7 液位控制系统原理图

 提　示

　　控制器通过比较由浮球测量到的实际液位高度与设定值，得到偏差，发出控制信号，从而调整控制阀的开度，对偏差进行修正，从而保持液位高度不变。

 过程控制系统是怎么进行分类的呢？

（四）过程控制系统的分类

　　过程控制系统有多种分类方法，可以按被控变量来分类，如温度、压力、液位、流量、成分等控制系统；也可以按控制器具体的控制规律来分类，如比例（P）、比例积分（PI）、比例微分（PD）、比例积分微分（PID）等控制系统。

　　为了便于分析控制系统的特性，常按照被控变量的设定值是否变化和如何变化将控制系统分为三种类型，即定值控制系统、随动控制系统和程序控制系统。

　　（1）定值控制系统　定值控制系统是指过程控制系统的设定值恒定不变。工艺生产中要求控制系统的被控变量保持在一个标准值上不变，这个标准值就是设定值（亦称期望值）。过程控制系统大多数都属于定值控制系统。由于引起系统输出参数（被控变量）波动的原因不是设定值的改变，而是各种扰动，控制系统的任务就是要克服扰动对被控变量的影响，所以也把以扰动信号为输入的系统称为定值控制系统。

　　（2）随动控制系统　随动控制系统也称跟踪控制系统。其设定值无规律变化，是未知的时间函数。控制系统的任务是使被控变量尽快地、准确地跟踪设定值的变化，如地对空导弹系统就是典型的随动控制系统。

（3）程序控制系统　程序控制系统的设定值有规律变化，是已知的时间函数。多用在间歇反应过程，如啤酒罐温度控制就属于程序控制系统。

上述各种控制系统中，各环节传递的信号都是时间函数，因而统称为连续控制系统。若系统中有一个以上环节传递的信号是断续的，则这类系统称为离散控制系统，如计算机控制系统。当系统各环节输入和输出特性是线性时，则称为线性控制系统，反之称为非线性控制系统。根据系统的输入和输出信号的数量可以分为单输入、单输出系统和多输入、多输出系统等。

在石油、化工、电力、冶金、轻工、制药等工业生产过程中，定值控制系统占大多数，故本书研究的重点是线性、连续、单输入、单输出的定值控制系统。

此外，控制系统也可以按照有无闭环分为开环控制系统和闭环控制系统。凡是系统的输出信号对控制作用有直接影响的控制系统，就称为闭环控制系统。图 1-4 所示便是闭环控制系统。在图 1-4 所示框图中，任何一个信号沿着箭头方向传递，最后又会回到原来的起点，从信号的传递角度来看，构成了一个闭合回路。所以，闭环控制系统必然是一个反馈控制系统。

若系统的输出信号对控制作用没有影响，则称为开环控制系统，即系统的输出信号不反馈到输入端，不形成信号传递的闭合回路，如图 1-8 所示。家用洗衣机便是开环控制系统的实际例子，从进水、洗涤、漂洗到脱水整个洗衣过程，是在洗衣机中顺序完成的，而对衣物的清洁程度（系统的输出信号）没有进行测量。显然，开环控制系统不是反馈控制系统。

图 1-8　开环控制系统

由于闭环控制系统采用了负反馈，因而使系统的输出信号受到外来扰动和内部参数影响较小，具有一定的抑制扰动，提高控制精度的特点。开环控制系统结构简单、容易构成，但稳定性和精度都不高。

 过程控制系统的质量好坏怎么来评价呢？

（五）过程控制系统的过渡过程与性能指标
1. 过程控制系统的过渡过程

在定值控制系统中，把被控变量不随时间变化而变化的平衡状态称为静态或稳态；把被控变量随时间变化而变化的不平衡状态称为动态或瞬态。在图 1-3 所示的锅炉汽包水位自动控制系统中，当给水量与蒸汽量相等时，汽包水位将保持不变，系统处于平衡状态，即静态。一旦设定值有了改变或扰动作用于系统，系统平衡将被破坏，汽包水位将上下波动变化，系统将处于不平衡状态，这种变化状态就是动态。自动控制领域中的"静态"与平时所说的"静止"是不同的，因为系统处于静态时，物料仍然在流动，能量也仍然在交换。

一个过程控制系统在外部因素作用下从原有稳定状态过渡到另一个稳定状态的过程，称为过程控制系统的过渡过程。在图 1-3 所示的锅炉汽包水位自动控制系统中，假定系统原先处于平衡状态，某一时刻有一扰动作用在被控对象上，系统平衡被破坏，被控变量开始偏离设定值，系统进入动态。此时控制器、控制阀将相应动作，改变操纵变量（给水量）的大小，使被控变量（汽包水位）回到设定值，恢复平衡状态，因此，系统经历了一个动态过程。系统的被控变量随时间的变化规律首先取决于扰动的形式，而在生产过程中出现的扰动形式都是随机的，为了便于分析研究和计算，通常采用一些典型的扰动形式，其中最简单的就是阶跃扰动。所谓阶跃扰动就是在某一瞬时 t_0 扰动（即输入量）突然施加到被控对象上，并保持不变，如图 1-9 所示。

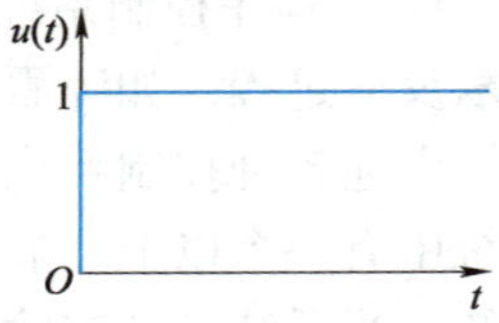

图 1-9 阶跃扰动

在阶跃扰动作用下，过程控制系统的过渡过程将出现五种形式，如图 1-10 所示。

（1）发散振荡过程　图 1-10a 所示的被控变量变化幅度越来越大，表现为发散振荡的过渡过程。说明了一旦扰动进入系统，经控制器控制后，被控变量的振荡逐渐增大，越来越偏离设定值，最后超出限度出现事故。这属于一种不稳定控制系统，是人们所不希望的。

（2）等幅振荡过程　图 1-10b 所示的被控变量为一等幅振荡的过渡过程，既不衰减也不发散，处于稳定与不稳定的边界。这种控制系统一般被认为是一种不稳定状态而不采用。

（3）衰减振荡过程　图 1-10c 所示为一个衰减振荡过渡过程。被控变量经过几个周期波动后就重新稳定下来，符合对系统基本性能的要求：稳定、迅速、准确，正是人们所希望的。

（4）非振荡衰减过程　图 1-10d 所示为一个非振荡的单调衰减过渡过程。被控变量偏离设定值以后，要经过相当长的时间慢慢地接近设定值，非振荡衰减过程符合稳定要求，但不够迅速，不够理想，因此一般不宜采用，只有当生产上不允许被控变量有较大幅度波动时才采用。

（5）非振荡发散过程　图 1-10e 所示为一个非振荡发散的过渡过程。它与发散振荡过程同属于不稳定的系统。

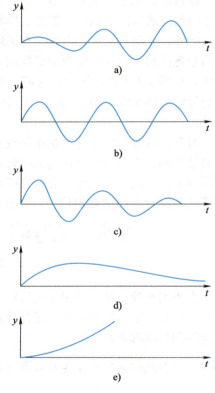

图 1-10 过渡过程的基本形式

2. 过程控制系统的质量指标

过程控制系统性能的好坏，从宏观上判断主要看是否满足三方面基本性能要求。

1）稳定性。系统要稳定，控制过程要平稳。所谓稳定，是指系统在受到外来作用时，虽然会有一个过渡过程，但经过一定的时间后，过渡过程会结束，最终恢复到稳定工作状况。

2）准确性。系统稳态时要有较高的控制精度。当系统在设定值作用下时，被控变量的稳定值与设定值保持较精确的一致。

3）快速性。系统的输出对输入作用的响应要迅速，系统的过渡过程时间尽可能短，因为在过渡过程期间系统尚未达到稳定，被控变量还未能达到最佳的控制值，实际值与期望值之间有相当大的差异，所以提高响应速度，缩短过渡过程，对提高控制效率和控制过程的精度都是有利的。

通常希望系统既有充分的快速性，又有足够的稳定性和准确性。

控制系统过渡过程的变化是衡量一个系统性能的重要依据。因此，从微观上可根据过渡过程曲线，通过计算以下几个品质指标来衡量控制系统的好坏。因为衰减振荡过程满足上述三个性能要求，因此常采用在阶跃扰动作用下被控变量变化的衰减振荡过程曲线来评价一个控制系统的调节作用，如图1-11所示。

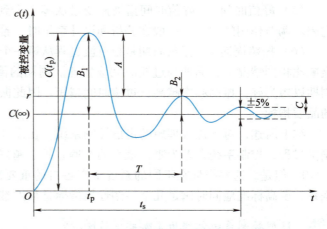

图1-11 衰减振荡过程曲线

r—设定值　C—余差　$C(\infty)$—稳态值
$C(t_p)$—第一个波峰值　T—振荡周期
A—最大偏差　B_1—第一个波峰与稳态值的差
B_2—第二个波峰与稳态值的差　t_s—调整时间　t_p—峰值时间

（1）最大偏差A（或超调量σ）

最大偏差表示被控变量偏离设定值的最大程度。对于衰减振荡过渡过程，最大偏差是第一个波峰的峰值与设定值的差，即图1-11中的A值。在设定值变化的情况下，则用超调量σ来表示被控变量偏离设定值的最大程度，超调量是第一个波峰值与被控变量最终新稳态值之间的差值。超调量等于每一个波峰值减去新稳态值，有一个波峰就有一个超调量，如果新稳态值等于设定值，则最大超调量就等于最大偏差。设计控制系统时，超调量越小，质量越高。

（2）余差C　余差是指控制系统结束时，被控变量新的稳态值与设定值之间的差值，即图1-11中的C。余差也称残余偏差，可正可负。它表明了系统克服扰动回到原来设定值的能力大小，是反映系统准确性的重要指标。对于定值系统，余差越小，控制精度越高，余差的幅值与系统的放大倍数及输入信号的幅值有关。实际工程中，有些被控变量的控制精度要求较高，应尽量减小余差，但不能片面追求过高的指标，对余差的要求只要满足允许范围就可以了。

（3）衰减比n　衰减比是衡量过渡过程稳定性的另一个动态指标，它是指过渡过程第一个波峰值与同方向上相邻的第二个波峰值之比，常用n表示。衰减比表示衰减振荡过程的衰减程度。对于发散振荡，$n<1$，系统不稳定；对于衰减振荡，$n>1$，系统稳定；对于等幅振荡，则$n=1$。衰减比只比1稍大，意味着控制系统过渡过程的衰减速度慢，系统振荡比较频繁和剧烈，稳定性差。生产实际操作经验表明，为保持有足够稳定裕度，且过渡过程有两个波振荡，一般取$n=4\sim10$。

（4）过渡时间t_s（调整时间）　过渡时间表示过渡过程所经历的时间，也就是从阶跃扰动作用和调节作用后，被控变量开始变化而又达到新稳态值所需的时间，又称为调整时间。理论上说，在n值一定时，被控变量完全达到新的稳定状态需要无限长的时间。但实际上由于自动化仪表灵敏度所限，在被控变量接近新稳态值时，指示值就基本不再变化了。因此规定：当被控变量进入新稳态值，即上下波动在一个小范围内变化而不再超出时，便可认为被控变量已达到新稳态值，过渡过程已结束。这个范围常常定为偏离新稳定值的5%或2%的区域内。过渡时间短，表示控制系统的过渡过程快，控制质量高。在设计和整定系统时，过渡时间越短越好，它是反映控制快速性的动态指标。

（5）峰值时间 t_p　峰值时间指被控变量从零上升到第一次达到稳态值时所经过的时间，它表示调节作用的快慢。一般在分析和设计系统时，希望上升时间越短越好。

（6）振荡周期 T　振荡周期是指过渡过程从第一个波峰到同向相邻波峰之间的时间。在衰减比相同情况下，周期与过渡时间成正比。周期的倒数称为振荡频率，用 f 表示。显然，周期以短为好，振荡频率越高，过渡时间越短，因此振荡频率也可作为衡量控制过程快速性的品质指标。

综上所述，对于比较理想的定值控制系统，在设计和整定参数时，希望被控变量为衰减振荡过程，控制系统余差为零，最大动态偏差越小越好，过渡时间越短越好，衰减比为 $n=4\sim10$。但是，这些指标在不同的系统中有各自的重要性，且相互之间既有矛盾，又有内在联系，要高标准地同时满足几个控制性能指标是很困难的。

 过程控制系统都经历了哪些发展阶段？

（六）过程控制系统的发展概况

在过程控制系统发展的历程中，生产过程的需求、控制理论的开拓和控制技术的发展三者相互影响、相互促进，推动了过程控制不断地向前发展。过程控制技术已由分离设备向共享设备发展，自动化技术由模拟仪表向智能化仪表发展，计算机网络技术向现场扩展，纵观历史，过程控制技术历经了五个发展阶段，即人工控制阶段、模拟仪表控制系统阶段（20世纪50年代开始）、集中式数字控制系统阶段（20世纪60年代开始）、集散控制系统（DCS）阶段（20世纪70年代开始）和现场总线控制系统（FCS）阶段（20世纪90年代开始）。

1. 人工控制阶段

这一阶段的主要特点是采用的过程检测控制仪表为基地式仪表和部分单元组合式仪表，而且多数是气动式仪表，其结构方案大多数是单输入、单输出的单回路定值系统。过程控制的主要工艺参数是温度、压力、流量、液位等热工参数的定值控制，控制的主要目的是保持工业生产的连续性和稳定性，减少扰动。该气压信号仅在本仪表内起作用，一般不能传送给别的仪表或系统，即各测控点只能成密封状态，无法与外界沟通信息，操作人员只能通过生产现场的巡视，了解生产过程的状况。

2. 模拟仪表控制系统阶段

随着生产规模的扩大，操作人员需要综合掌握多点的运行参数与信息，需要同时按多点的信息实行操作、控制，于是出现了气动、电动系列的单元组合式仪表，出现了集中控制室。生产现场各处的参数通过统一的模拟信号，即 0.02~0.1MPa 的气压信号、0~10mA 或 4~20mA 的直流电流信号、1~5V 直流电压信号等，送往集中控制室。电动单元组合式模拟仪表控制系统处理随着时间的变化而连续变化的控制信号，形成闭环控制系统，但控制性能只能实现单参数的 PID 调节和简单的串级、前馈控制，无法实现复杂的控制形式，三大控制论的确立，奠定了现代控制的基础，集中控制室的设立及控制功能分离的模式一直沿用至今。

3. 集中式数字控制系统阶段

这是自动控制领域的一次革命，由于模拟信号的传递需要一对一的物理连接，信号变化缓慢，提高计算速度与精度的开销、难度都很大，信号传输的抗干扰能力也较差，于是便开始寻求用数字信号取代模拟信号，出现了直接数字控制（DDC），即用一台计算机取代控制室的几乎所有仪表盘。集中式数字控制系统充分发挥了计算机的特长，是一种多目的、多任务的控制系统。计算机通过 A/D 或 D/A 通道控制生产过程，不但能实现简单的 PID 控制，还能实现复杂的控制运算，如最优控制、自适应控制等。

4. 集散控制系统（DCS）阶段

集散控制系统（Distributed Control System 简称 DCS）是目前普遍使用的一种控制结构，是 4C 技术，即计算机（Computer）技术、控制（Control）技术、通信（Communication）技术、CRT 显示技术相结合的产物，集中了连续控制、批量控制、逻辑顺序控制和数据采集等功能。它的特点是整个控制系统不再是只具有一台计算机，而是由几台计算机和一些智能仪表、智能部件构成，这样就具有了分散控制、集中操作、综合管理和分而自治的功能；并且设备之间的信号传递也不仅仅依赖于 4~20mA 的模拟信号，而逐步地以数字信号来取代模拟信号。集散控制系统的优点是系统安全可靠、通用灵活、具备最优控制性能和综合管理能力，为工业过程的计算机控制开创了新方法。

5. 现场总线控制系统（FCS）阶段

现场总线控制系统（Fieldbus Control System，简称 FCS）是继 DCS 之后又一种全新的控制系统，是一次质的飞跃。1983 年霍尼韦尔（Honeywell）公司推出了智能化仪表——Smar 变送器，这些带有微处理芯片的仪表除在原有模拟仪表的基础上增加了复杂的计算功能外，还在输出的 4~20mA 直流信号上叠加了数字信号，使现场与控制室之间的连接由模拟信号过渡到了数字信号，为现场总线的出现奠定了基础。现场总线控制系统把"集散控制"发展到"现场控制"，数据的传输方式从"点到点"到"总线"，从而建立了过程控制系统中的大系统概念，大大推进了控制系统的发展。

 接着，让我们一起来熟悉被控对象的特性吧！

三、被控对象的特性认识及建模

被控对象是自动控制系统中一个重要的组成部分。其特性对系统的控制质量影响巨大，往往是确定控制方案的重要依据。因此，分析典型工业对象的动态特性类型，了解被控对象的建模方法，学会被控对象动态特性的典型测试方法尤为重要。

实际生产过程的动态特性非常复杂，往往需要做很多近似处理。有些近似处理需要做线性化处理和降阶处理等，才能满足控制的要求。建立数学模型有两个基本方法，即机理法和测试法。

测试法一般只用于建立输入输出模型。它的特点是把被研究的工业过程视为一个黑匣子，完全从外部特性上测试和描述它的动态性质，因此不需要深入掌握其内部机理。

1. 测试法求取传递函数

通过简单的测试获得被控对象的阶跃响应，进一步把它拟合成近似的传递函数，是建立被控对象数学模型简单有效的方法。

用测试法建立被控对象的数学模型，首先要选定模型的结构。典型的工业过程的传递函数可以取为各种形式。例如：

（1）一阶惯性环节加纯延迟　一阶惯性环节的传递函数为

$$G(s) = \frac{K}{Ts + 1} \tag{1-1}$$

延迟环节的传递函数为

$$G(s) = e^{-\tau s} \tag{1-2}$$

一阶惯性加纯延迟的传递函数为

$$G(s) = \frac{k e^{-\tau s}}{Ts + 1} \tag{1-3}$$

阶跃信号及响应示意图如图 1-12 所示。

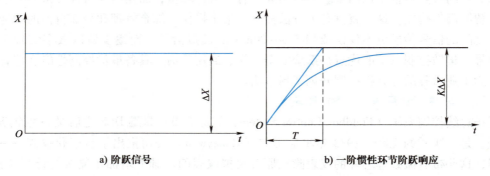

a) 阶跃信号　　　　　　　b) 一阶惯性环节阶跃响应

图 1-12　阶跃信号及响应示意图

对于有纯延迟的一阶对象，延迟时间 τ 可直接由图中测量。

（2）二阶或高阶惯性环节加纯延迟　传递函数为

$$G(s) = \frac{K e^{-\tau s}}{(Ts + 1)^n} \tag{1-4}$$

在确定传递函数的形式后，要对函数中的各个参数与测试的响应曲线进行拟合。如果阶跃响应是如图 1-13 所示的 S 形单调曲线，就可以用一阶惯性环节加纯延迟的传递函数去拟合。增益 K 由输入输出的稳态值直接算出，而 τ 和 T 则可以用作图法确定。

在曲线的拐点 p 做切线，它与时间轴交于 A 点，与曲线的稳态渐进线交于 B 点。OA 段的值即为纯延迟时间 τ，CB 段的值即为时间常数 T，这样就确定了 τ 和 T 的数值，

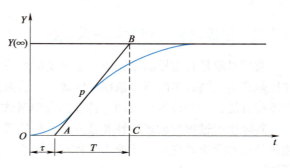

图 1-13　作图法

如图 1-13 所示。

（3）放大倍数 K 的求取　放大系数 K 定义为

$$K \stackrel{\text{def}}{=} \frac{\text{输出量稳态值}}{\text{输入量}}$$

即
$$K = \frac{\Delta Y/(Y_{\text{MAX}} - Y_{\text{MIN}})}{\Delta X/(\Delta X_{\text{MAX}} - \Delta X_{\text{MIN}})} \tag{1-5}$$

式中，ΔX 表示调节器输出电流的变化量，单位为 mA；X_{MAX} 表示调节器输出电流的上限值，单位为 mA；X_{MIN} 表示调节器输出电流的下限值，单位为 mA；ΔY 表示液位的变化量，单位为 mm；Y_{MAX} 表示液位的上限值，单位为 mm；Y_{MIN} 表示液位的下限值，单位为 mm。

式（1-5）只适用于自衡过程。对于非自衡过程，其传递函数应含有一个积分环节。对于液位控制系统，液位对象是自衡对象，单独的水箱是一阶对象，上水箱与下水箱可以组成二阶对象。

做一做：

2. 测试温度加热器的特性

（1）目标　了解加热系统的原理、作用及其操作方法。掌握对象特性的曲线测量方法，测量时应注意的问题，对象模型参数的求取方法。

（2）所用设备　水泵Ⅰ、变频器、压力变送器、调节器（708 型，用于控制恒压供水）、主回路流量计、主回路调节阀、副回路调节阀、加热器外筒、调节器（708 型，用于流量控制）、加热器内筒、加热器外筒、温度变送器（PT1）、交流固体继电器（可控硅）、调节器（818 型）。设备接线图如图 1-14 所示，温度加热器系统框图如图 1-15 所示。

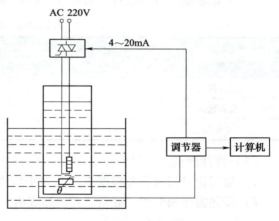

图 1-14　设备接线图

温度加热器是由可控硅触发器、加热管、加热圆筒、热电阻和调节器等组成。改变可控硅触发器的控制电流（4~20mA），就可以改变其输出电压（0~220V），从而控制加热管的功率，通过散热系统的配合，达到控制温度的目的（注意：严禁触摸加热器的顶部，避免触电或烫伤！）。

图 1-15　温度加热器系统框图

(3) 步骤

1) 手动打开电磁阀关闭加热器放水阀,使加热器最内层容器和中间层容器分别注满水。中间层容器中水的作用是散热。

2) 将温度特性测试所用的设备参照接线图和系统框图接好线路。控制器采用调节器控制,计算机采集。

3) 接通总电源、各仪表电源和加热器电源(如果加热圆筒中没水,蜂鸣器将发出报警声,应立即将加热器电源关掉,重新向加热圆筒中灌水)。

4) 设置调节器(控制温度)处于手动状态,使调节器手动输出小电流状态下系统达到平衡,记下手动输出的百分比。

5) 调节调节器增/减键,使调节器的输出电流变大,系统重新达到平衡,记下手动输出的百分比。

6) 调节调节器增/减键,使调节器回到小电流输出给定状态。

7) 观察计算机上温度历史曲线图,直至达到新的平稳为止。

8) 再使调节器输出电流回到大电流输出状态,观察计算机上温度历史曲线图,直至达到新的平稳为止。

9) 对记录曲线分别进行分析和处理,处理结果记录于表1-2中。

表1-2 阶跃响应曲线数据处理记录表

测量情况	参数值		
	K	T	τ
正向输入			
反向输入			
平均值			

(4) 特性测试记录报告

1) 编写记录报告,并根据 K、T、τ 平均值写出广义的传递函数。

2) 简述需要调节器的数量,并阐述理由。简述需要压力变送器的原因。

 下面,让我们一起来认识水箱液位控制系统中的控制器吧!

四、控制器的认识

控制器的作用是对来自变送器的测量信号与给定信号相比较所产生的偏差进行运算,并输出控制信号至执行器。除对偏差信号进行运算外,一般控制器还需要具备如下功能,以适应自动控制的需要。

(1) 偏差显示 控制器的输入电路接收测量信号和给定信号,两者相减,获得偏差信号,由偏差信号显示表显示偏差的大小和正负。

(2) 输出显示 控制器输出信号的大小由输出显示表显示,习惯上输出显示表也称为阀位表。阀位表不仅显示调节阀的开度,而且通过它还可以观察到控制系统受扰动影响后控制器的调节过程。

(3) 提供内给定信号及内、外给定的选择 当控制器用于单回路定值控制系统时,给定信号常由控制器内部提供,故称为内给定信号;在随动控制系统中,控制器的给定信号往往来自控制器的外部,称为外给定信号。控制器接收内、外给定信号,是通过内、外给定开关来选择的。

(4) 正、反作用的选择　为了构成一个负反馈控制系统,必须正确地确定控制器的正、反作用,否则整个控制系统就无法正常运行。控制器的正、反作用是通过正、反作用开关来选择的。

(5) 手动操作与手动/自动双向切换　控制器的手动操作功能是必不可少的。在自动控制系统投入运行时,往往先进行手动操作,来改变控制器的输出信号,待系统基本稳定后再切换为自动运行。当自控工况不正常或者控制器的自动部分失灵时,也必须切换到手动操作,防止系统的失控。通过控制器的手动/自动双向切换开关可以对控制器进行手动/自动切换,而在切换过程中,都希望切换操作不会给控制系统带来扰动,控制器的输出信号不发生突变,即必须要求无扰动切换。

除上述基本功能外,有的控制器还增加一些附加功能,如抗积分饱和、输出限幅、输入报警、偏差报警、软手动抗漂移、停电对策和零起动等,以提高控制器的性能。

 下面,让我们一起来认识水箱液位控制系统中的检测仪表吧!

五、物位测量仪表的认识

(一) 参数测量仪表概述

作为控制系统的重要组成部分,参数的测量是实现控制的基础。

控制系统一般都是负反馈控制系统。该系统至少包括四个基本组成部分,即被控对象(或称被控过程)、检测装置(包括传感器和变送器)、控制器(或调节器)以及执行机构。其中检测装置是过程控制系统的重要组成部分,任何一个针对物理过程的负反馈控制系统,检测装置(即检测功能环节)是不可或缺的;不管控制器采取何种状态(模拟的、数字的、常规和简单的还是各种发展型和先进算法的),都不能取代检测装置。如果系统中的控制器是理想的或无静差的,则系统的静态误差仍是唯一地取决于检测装置的精度(误差)等级。实际上,检测装置的性能指标是构成负反馈系统品质的基本要素。因此,了解控制系统中的各种检测装置的基本原理和掌握检测装置的工作特性是非常重要的。

检测仪表概述
(微课)

过程自动化仪表是以单元形态组构过程控制系统的装置,其中包括变送单元(仪表)、调节(或控制)单元(仪表)以及执行单元(仪表)。

1. 基本概念

(1) 敏感元件　所谓检测,是指利用适当的物理转换手段和信号形式的变换,并以数量方式达成对被测物理量的确切认识。敏感元件是实现检测目的的首要条件。

所谓敏感元件,是指检测系统与被测信号的物理介质或信号载体,是任何检测系统的始发构造和前端。敏感元件是"独立于"被测系统之外的,以参数方式对被测物理量做出"敏感"响应的物理实体。这里的"独立",是指被测物理量不应因敏感元件的设置而受到影响。例如,体温计中的热膨胀液体(酒精或水银)是热敏感元件,但患者的体温却不应因体温计的置入而有所下降。这一问题是任何精密检测实施(设计或应用)中必须考虑的因素之一。在设计或应用实践中，绝对"独立"的敏感元件是不存在的。理论上的影响应归于检测装置（或仪表）的工作特性。

敏感元件的共性和基本特性是对被测物理量的"敏感"并以参数形式做出响应。如过程控制中温度变送单元中的热敏元件有热电阻（铂电阻或铜电阻等）和热电偶，它们分别以自身的电阻变化和热电动势的变化反映被测温度的变化。又如，弹性膜盒是压力（或压差）变送单元仪表中压力敏感元件，它以自身在压力作用下所引起的形变来反映被测压力的变化。

（2）传感器与变送器　传感器是将敏感元件参数响应变量转换成便于应用和传送的信号装置。因此，传感器是由敏感元件和相应线路所组成的物理系统。例如，基于电气参数（电阻、电感和电容等）的敏感元件必须配以适当的无源及有源电路系统，从而将被测物理量（大多数是非电物理量）转换成适用的电学物理量（如电压、电流或频率等）。对于非电参数响应的敏感元件，如差压力敏感膜盒，也存在着相应的转化技术措施，例如，将膜盒的形式位移转换成为电气参数，再输出电学物理信号。在形形色色的敏感元件中，"发电式"敏感元件（如热电偶）往往自成一个简单的温度传感器。

所谓变送器，就是输出信号符合标准化要求的传感器，变送器与传感器的区别仅此而已。但是这一区别对于过程控制自动化仪表（包括变送单元仪表）有重要意义。如前所述，在过程系统的四个基本组成部分中（除被控对象外），有三个是自动化单元组合仪表，即变送单元、调节（或控制）单元和执行单元。这是根据过程控制系统的构成，按功能划分并具有可组合操作的基本单元实体。按照这种可组合要求的单元划分，可以针对不同物理背景和工艺特点实现过程控制的统一设计，即可采取统一的设计模式组合相应的单元设备（自动化仪表），以满足不同类型工艺过程的控制需求。

（3）转换器　转换器又称为转换单元。在单元组合仪表中，转换器并非是主要的基本单元，但是与其他非基本单元相比，对于实际系统的主体构成来说，转换器则有其特殊的重要性。首先，气动单元组合仪表（即QDZ仪表）的优点和缺陷同样引人注目，但是与电动型仪表结合应用可实现优势互补，转换器恰是达成这一目标的合适设备或仪表。其中气-电转化器（即QDZ仪表）实现标准化气动信号（20~100kPa或0.2~1kgf/cm^2）向标准化电动信号（DC4~20mA或DC0~10mA）的转换，适用于气动式现场仪表（如严格防爆现场环境下的变送单元）向远方电动单元仪表的信号传送。另一类型的转换器就是电-气转换单元（即DQZ仪表），其工作原理与QDZ仪表相反，将标准化电动设备（仪表）信号（DC4~20mA或DC0~10mA）转换成标准化气动信号（20~100kPa或0.2~1kgf/cm^2），以适应远方的电动信号对防爆现场气动执行机构的控制操作。在实际系统的应用中，如在气动阀门（执行机构）的定位控制操作中，往往同时纳入上述的两项转换功能的仪表装置。

（4）信号传输方式　信号传输指的是电流信号和电压信号的传输。电流信号传输时，仪表是串联连接的；电压信号传输时，仪表是并联连接的。

1）电流信号传输。如图1-16所示，一台发送仪表的输出电流同时传输给n台接收仪表，这些仪表应当串接在一起，DDZ-Ⅱ型仪表即属于这种传输方式。图中，R_o为发送仪表的输出电阻，R_{cm}和R_i分别为连接导线的电阻和接收仪表的输入电阻。R_{cm}和所有的R_i组成了发送仪表的负载电阻。

由于发送仪表的输出电阻R_o不可能为无限大，因此，当负载电阻变化时，发送仪表的输出电流也将发生变化，从而引起传输误差。为减小传输误差，要求发送仪表的输出电阻 R_o 足够大，而接收仪表的输入电阻 R_i 和连接导线的电阻 R_{cm} 应尽量小一些。实际上，发送仪表的输出电阻 R_o 均很大，相当于一个恒流源。当连接导线在一定长度内时，仍能保证信号的传输精度。因此，电流信号适于远距离传输。此外，对于要求电压输入的仪表，可在电流回路中串入一个电阻（通常是精度较高的标准电阻），从电阻两端引出电压供给接收仪表。可见，电流信号传输的应用也比较灵活。

电流信号传输也有不足之处。由于接收仪表是串联工作的，因此当一台仪表出现故障时，将影响其他仪表的正常工作。而且，各台接收仪表通常均浮空工作，若要使各台接收仪表都有自己的接地点，就需要在仪表的输入、输出之间采取直流隔离措施（主要有电磁隔离和光电隔离两大类），这对仪表的设计和应用在技术上提出了更高的要求。

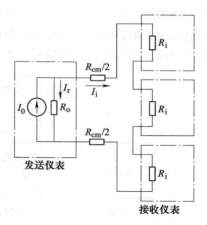

图 1-16　电流信号传输

2）电压信号传输。如图 1-17 所示，一台发送仪表的输出电压同时传输给 n 台接收仪表，这些仪表应当并接在一起。DDZ-Ⅲ型仪表即采用这种传输方式。

由于发送仪表的输出电阻 R_o 不可能为 0，同时接收仪表的输入电阻 R_i 不可能为无限大，因此，发送信号电压 U_o 将在发送仪表的输出电阻 R_o 和连接导线的电阻 R_{cm} 上产生一部分电压降 U_r，从而造成传输误差。为减小传输误差，要求发送仪表的输出电阻 R_o 和连接导线的电阻 R_{cm} 尽量小，而接收仪表的输入电阻 R_i 应尽量大一些。

由于接收仪表是并联工作的，因此，增加或取消某个仪表（例如，当一台仪表出现故障时，直接将它取消即可），将不会影响其他仪表的正常工作。而且，各台接

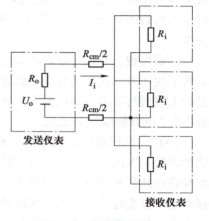

图 1-17　电压信号传输

收仪表也可以设置公共的接地点，因此在设计安装上比较简单。但是，并联连接的各台接收仪表的输入电阻都较高，易于引入扰动，因此，电压信号不适于远距离传输。

3）变送器与控制室仪表间的信号传输。变送器是现场仪表，其输出信号送至控制室中，而它的供电又来自控制室。变送器的信号传送和供电方式通常有以下两种。

① 四线制传输。如图 1-18 所示，供电电源和输出信号各用两根导线传输。图中的变送器称为四线制变送器，DDZ-Ⅱ型仪表即属于这种传输方式。由于电源和信号分别传送，因此对电流信号的零点和元器件的功耗均无严格要求。在这种传输方式中，如果变送器的一个输出端与电源装置的负端相连，就变成了三线制传输。

② 两线制传输。如图 1-19 所示，变送器与控制室之间仅用两根导线传输，这两根导线既是电源线，又是信号线。图中的变送器称为两线制变送器，DDZ-Ⅲ型仪表即属于这种传输方式。

采用两线制变送器，不仅可以节省大量电缆线和安装费用，而且有利于安全防爆。因此，两线制变送器得到了较快的发展。要实现两线制变送器，必须采用活零点的电流信号。

由于电源线和信号线公用，所以电源供给变送器的功率是通过信号电流提供的。当变送器输出电流为下限值时，应保证变送器内部的半导体器件能正常工作。因此，信号电流的下限值不能过低。国际统一电流信号采用4~20mA(DC)，为制作两线制变送器创造了条件。

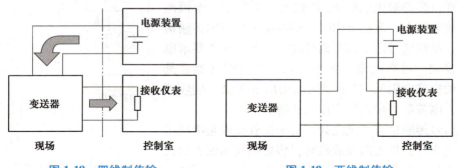

图 1-18　四线制传输　　　　　　　　图 1-19　两线制传输

（5）量程　变送单元是过程控制系统中具有检测功能的单元仪表，它实际包含两个组成部分，即敏感元件（或传感器）和变送器，被测物理量经敏感元件进入变送单元，再经过变送器输出标准信号，两者之间不仅是单值关系，而且在一定条件下成比例（或线性）关系。

所谓量程，是指与仪表的规定输出范围（值域）相对应的被测物理量范围，这个范围表明了变送单元仪表的有效工作能力，也是仪表工作特征之一。换言之，量程等于被测物理量的上限值与下限值的代数差。显然，量程必然带有相应的物理量纲，因此就有了"温度量程""压力量程"等说法。

（6）一次仪表和二次仪表　在生产过程中，对测量仪表往往采用按换能次数来定义，能量转换一次的称为一次仪表，转换两次的称为二次仪表。以热电偶测量温度为例，热电偶本身将热能转换成电能，故称为一次仪表，若再将电能用电位计（或毫伏计）转换成指针移动的机械能时，进行第二次能量转换就称为二次仪表。换能的次数超过两次的往往都按两次定义，如孔板测量流量，孔板本身为一次仪表，差压变送器没有定义，而指示仪表则称为二次仪表，用以指示、记录或计算来自一次仪表的测量结果。所以一次仪表一般指压力、物位、流量、温度等现场测量变送仪表和执行单元；二次仪表一般指调节、操作、显示、报警、运算、转换、隔离、配电等控制室仪表。一次仪表在控制回路中始终处于首要地位，没有一次仪表，其余任何二次仪表都会失去意义。随着计算机技术在工业应用中的大规模普及，二次仪表的地位日趋减弱，调节、计算、设定等单元类仪表的功能可由计算机来完成，甚至显示、报警功能也能在计算机系统内实现。

2. 误差的概念与表述

对于任何检测仪表来说，仪表准确度和误差是最基本和最重要的特性参数。

所谓<u>误差</u>，是指在实际测量中由于测量本身性能、安装使用环境、测量方法及操作人员的疏忽等客观因素的影响，使得测量结果与被测量的真实值之间存在一些偏差，这个偏差就称为测量误差。所谓<u>真值</u>即真实值，是指在一定条件下，被测量客观存在的实际值。它是一个理想概念，一般是无法得到的。真值在不同场合有不同的含义，如平面三角形三个内角之和恒为180°。

按误差出现的规律可分为系统误差、偶然误差和疏忽误差。系统误差又称规律误差，是由于仪器本身不精确，或实验方法粗略，或实验原理不完善而产生的。系统误差的特点是在多次重做同一实验时，误差总是同样的偏大或偏小，不会出现这几次偏大另几次偏小的情况。要减小系统误差，必须校准测量仪器，改进实验方法，设计在原理上更为完善的实验。偶然误差又称随机误差，是由各种偶然因素对实验者、测量仪器、被测物理量的影响而产生的。偶然误差总是有时偏大，有时偏小，并且偏大偏小的概率相同。因此，可以多进行几次测量，求出几次测得的数值的平均值，这个平均值比一次测得的数值更接近于真实值。疏忽误差又称粗差，其主要特点是无规律可循，且明显地与事实不符合。产生疏忽误差的主要原因是观察者的失误或外界的偶然干扰。

按仪表使用的条件可分为基本误差和附加误差。基本误差是指仪表在规定的参比工作条件下，即该仪表在标准工作条件下的最大误差，一般仪表的基本误差也就是该仪表的允许误差。附加误差是仪表在非规定的参比工作条件下使用时另外产生的误差，如电源波动附加误差、温度附加误差等。

按被测量值随时间变化的关系可分为静态误差和动态误差。静态误差包括通常所说的系统误差和偶然误差。动态误差是指检测系统输入与输出信号之间的差异。由于产生的原因不同，动态误差又可分为第一类误差和第二类误差。第一类误差是因为检测系统中各环节存在惯性、阻尼及非线性等原因造成的误差。第二类误差是因为各种随时间改变的扰动信号所引起的误差。

按误差数值的表示可分为绝对误差、相对误差、引用误差和回程误差。绝对误差是测量值与真实值之差，有正负之分。相对误差是某点的绝对误差与真实值的百分比，有正负之分。即

$$相对误差 = \frac{某点的绝对误差}{真实值} \times 100\%$$

例如：某两台仪表的绝对误差均为5℃，其各自的真值分别为100℃和500℃，显然后者的准确度高于前者，即：5℃/100℃=0.05>5℃/500℃=0.01。

引用误差是某点的绝对误差与量程的百分比，有正负之分。回程误差是某点的上行程示值与下行程示值之差的绝对值，也称变差。

3. 准确度

准确度是指测量结果和实际值的一致程度，准确度高意味着系统误差和随机误差都很小，准确度等级是仪表按准确度高低分成的等级。准确度采用相对误差来表示，也就是最大引用误差除去掉"+、-"号和"%"号。如果某台仪表的最大允许误差为±1.5%，则该仪表的准确度等级为1.5级，通常以圆圈数字标明在仪表的面板上。准确度习惯上又称精确度或精度，所以准确度等级习惯上又称精确等级或精度等级。

仪表准确度是根据国家规定的允许误差大小划分的，某一类仪表的允许误差是指在规定的正常情况下，允许的百分比误差的最大值。我国过程检测控制仪表的准确度等级有0.005、0.02、0.1、0.35、0.5、1.0、1.5、2.5、4等。一般工业用表为0.5~4级。准确度数字越小，说明仪表准确度越高。

（二）物位测量仪表及分类

物位是指设备和容器中液体或固体物料的表面位置。对应不同性质的物料又有以下的定

义：液位指设备和容器中液体介质表面的高低；料位指设备和容器中所储存的块状、颗粒或粉末状固体物料的堆积高度；界位指两种密度不同、互不相容液体之间或液体与固体之间的分界位置。物位是液位、料位、界位的总称。对物位进行测量、指示和控制的仪表，称为物位测量仪表。

物位检测在现代化生产中的地位日趋重要。通过物位的测量，可以正确获知容器内所存储物质的数量；通过监视或控制容器中介质的物位，可以使其保持在工艺要求的高度，或对它的上、下限位置进行报警，以及根据物位来连续监视或控制容器中流入与流出物料的平衡。一般测量液体液面位置的仪表称为液位计，测量固体、粉料位置的仪表称为料位计，测量液-液、液-固相界面位置的仪表称为相界面计。在工业生产过程中广泛应用物位测量仪表，测量锅炉水位的液位计就是一例。发电厂大容量锅炉水位是十分重要的工艺参数，水位过高、过低都会引起严重安全事故，因此要求准确地测量和控制锅炉水位。水塔的水位、油罐的油液位、煤仓的煤块堆积高度、化工生产的反应塔溶液液位等，都需要采用物位测量仪表测量。下面主要介绍液位测量仪表。

1. 差压式液位计

由于容器的液位高度 h 与底部压力 p 成正比，于是，可将压力变送器用于液位的测量。这里以法兰式差压变送器为例介绍差压式液位计的使用。法兰式差压变送器如图 1-20 所示。

a) 插入式单法兰　　b) 平单法兰　　c) 平双法兰

图 1-20　法兰式差压变送器

法兰式差压液位计根据不同的接法分为单法兰和双法兰，如图 1-21 所示。对于对大气开口的容器中液位的测量，可以通过检测容器底部的压力来确定液位，如图 1-21a 所示。在配置上，只需用一个法兰将压力计与容器底部管路连通即可，故称为单法兰液位计。

图 1-21b 所示为双法兰液位计。它适用于闭口容器液位的检测，这是因为液面以上空间压力并非大气压，因此，需用两个法兰将容器与差压变送器相连接，故称为双法兰液位计。

2. 其他物位测量仪表

（1）电容式物位计　电容式物位计是用于检测液位、料位和界位的测量仪表。它是把物位变化转换成电容量的变化，然后再变换成统一的标准信号。

电容式物位计适用于各种导电、非导电液体的液位或黏性料位的远距离连续测量和指示，也可用于导电和非导电液体之间及两种介电常数不同的非导电液体之间的界面测量。它不受真空、压力及温度等环境的影响，安装方便、结构牢固、易维修、价格较低，但选型时应根据现场实际情况，即被测介质的性质（导电性、黏性）、容器类型（规则/非规则、金属/非金属）选择合适的电容式物位计。

（2）超声波物位计　超声波在气体、液体和固体介质中以一定速度传播时会因被吸收

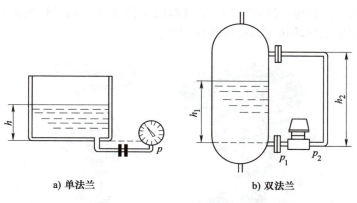

a) 单法兰　　　b) 双法兰

图 1-21　法兰式差压液位计

而衰减,但衰减程度不同,在气体中衰减最大,在固体中衰减最小。当超声波穿越两种不同介质构成的分界面时会产生反射和折射,且当这两种介质的声阻抗差别较大时几乎为全反射。利用这些特性就可以实现物位的测量,如回波反射式超声波物位计。它是通过测量从发射超声波至接收到被物位界面反射的回波的时间间隔来确定物位高低的。

超声波物位计采用的是非接触式测量,因此适用于液体、颗粒、粉状物及黏稠、有毒介质的物位测量,能够实现防爆。但有些介质对超声波吸收能力很强,因而无法采用超声波检测方法。

 下面,让我们一起来认识水箱液位控制系统中的执行器吧!

六、执行器的认识

执行器在自动控制系统中接收控制器的控制信号,改变操纵变量,使生产过程按预定要求正常执行。

执行器由执行机构和控制机构两部分组成。执行机构是执行器的推动装置,按控制信号压力的大小产生相应的推力,推动控制机构动作,所以它是将控制信号压力的大小转换为阀杆位移量的装置。控制机构是执行器的控制部分,它直接与被测介质接触,控制流体的流量。所以它是将阀杆的位移量转换为流过阀门的流量的装置。

执行器按其能源形式分为液动、气动和电动三大类。液动执行器可以产生很大的推力,但比较笨重,因此目前并不多见,但在一些大型场所因无法取代而依然被采用,如三峡的船阀所使用的执行器就是液动执行器。气动执行器结构简单、动作平稳可靠、动作行程小、输出推力较大、易于维修、安全防爆系数高,而且价格低,广泛应用于化工、制药及炼油等工业生产中。电动执行器采用电作为能源,将输入的直流电流信号转换为相应的位移信号,因此电动执行器信号传递迅速,其缺点是结构复杂、安全防爆性能差,故在化工、炼油等工业生产中很少使用。此处重点介绍气动执行器和电动执行器。

(一) 气动执行器

气动执行器通常称为气动调节阀或气动控制阀,是以压缩空气作为能源来操纵控制机构的,如图 1-22a 所示。气动执行器既可以直接同气动仪表配套使用,也可以和电动仪表或计算机配套使用，只要经过电-气转换器或电-气阀门定位器将电信号转换为 0.02~0.1MPa 的标准气压信号，再使用气动执行器进行动作即可。

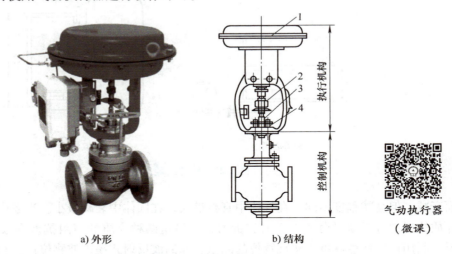

图 1-22　气动执行器

1—薄膜（波纹膜片）　2—阀杆　3—阀芯　4—阀座

气动执行器有时还配备一定的辅助装置，常用的有阀门定位器和手轮机构。阀门定位器的作用是利用反馈原理来改善执行器的性能，使执行器能按控制器的控制信号实现准确的定位。手轮机构的作用是当控制系统因停电、停气、控制器无输出或执行机构失灵时，用其直接操纵控制阀，以维持生产的正常进行。

气动执行器按执行机构与控制机构的不同，可分为许多不同的类型。

1. 执行机构

气动执行机构主要分为薄膜式和活塞式两种。其中薄膜式执行机构最为常用，它可与一般控制阀的推动装置组成气动薄膜式执行器，习惯上称为气动薄膜调节阀。薄膜式执行器结构简单、价格便宜、维修方便，因而应用广泛。

图 1-22b 所示为薄膜气动执行器结构。气压信号由上部引入，作用在薄膜 1 上，推动阀杆 2 产生位移，由此改变了阀芯 3 与阀座 4 之间的流通面积，从而达到了控制流量的目的。图中上半部为执行机构，下半部为控制机构。

气动薄膜式执行机构有正作用和反作用两种形式。当来自控制器或阀门定位器的信号压力增大时，阀杆向下移动的称为正作用执行机构（ZMA 型）；当信号压力增大时，阀杆向上移动的称为反作用执行机构（ZMB 型）。正作用执行机构的信号压力是通入波纹膜片上方的薄膜气室，如图 1-22b 所示；反作用执行机构的信号压力是通入波纹膜片下方的薄膜气室。通过更换个别零件，两者能互相改装。

根据有无弹簧，执行机构可分为有弹簧及无弹簧两种。有弹簧的薄膜式执行机构最为常用，无弹簧的薄膜式执行机构常用于位式控制。

有弹簧的薄膜式执行机构的输出位移与输入气压信号成正比。当信号压力（通常为 0.02~0.1MPa）通入薄膜气室时，在薄膜上产生一个推力，使阀杆移动并压缩弹簧，直至弹簧的反作用力与推力相平衡，推杆稳定在一个新的位置。信号压力越大，阀杆的位移量也越大。阀杆的位移即为执行机构的直线输出位移,也称为 行程。执行机构的行程规格有 10mm、16mm、25mm、40mm、60mm 和 100mm 等。

气动活塞式执行机构的推力较大,主要适用于大口径、高压降控制阀或蝶阀的推动装置。除薄膜式和活塞式外,还有长行程执行机构。它的行程长、转矩大,适用于输出转角(0~90°)和转矩的场合,如用于蝶阀或风门的推动装置。

2. 控制机构

控制机构即调节阀和控制阀,是一个局部阻力可以改变的节流元件。通过阀杆上部与执行机构相连,下部与阀芯相连。由于阀芯在阀体内移动,改变阀芯与阀座之间的流通面积,即改变阀的阻力系数,被测介质的流量也就相应地改变,从而达到控制工艺参数的目的。根据不同的使用要求,控制机构的结构类型很多,主要有以下几种:

(1) 直通单座调节阀 这种阀的阀体内只有一个阀芯与阀座,如图 1-23a 所示。其特点是结构简单、泄漏量小,易于保证关闭,甚至完全切断。但是当压差较大时,流体对阀芯上下作用的推力不平衡,这种不平衡力会影响阀芯的移动。因此直通单座调节阀一般应用在小口径、低压差的场合。

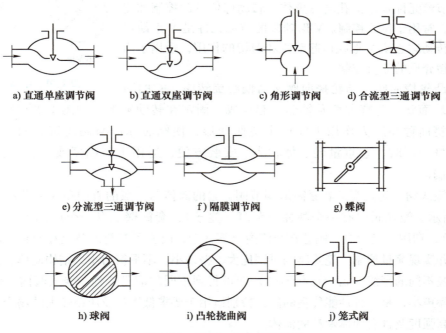

图 1-23 控制机构的结构类型

(2) 直通双座调节阀 这种阀的阀体内有两个阀芯和阀座,如图 1-23b 所示,是最常用的一种调节阀。由于流体流过时,作用在上、下两个阀芯上的推力方向相反而大小近似相等,可以互相抵消,所以不平衡力小。但是,由于加工的限制,上下两个阀芯和阀座不易保证同时密闭,因此泄漏量较大。

(3) 角形调节阀 角形调节阀的两个接管呈直角形,一般为底进侧出,如图 1-23c 所示。这种阀的流路简单、阻力较小,适用于管道要求直角连接,介质为高黏度、高压差和含有少量悬浮物和固体颗粒的场合。

(4) 三通调节阀 三通调节阀共有三个出入口与工艺管道连接。其流通方式有合流（两种介质混合成一路）型和分流（一种介质分成两路）型两种，如图1-23d、e所示。三通调节阀可以用来代替两个直通调节阀，适用于配比控制与旁路控制。与直通调节阀相比，组成同样的系统时，可省掉一个二通阀和一个三通接管。

(5) 隔膜调节阀 它采用耐腐蚀衬里的阀体和隔膜，如图1-23f所示。隔膜调节阀结构简单、流阻小、流通能力比同口径的其他种类的阀要大。由于介质用隔膜与外界隔离，故无填料，介质也不会泄漏。隔膜调节阀耐腐蚀性强，适用于强酸、强碱、强腐蚀性介质的控制，也能用于高黏度及悬浮颗粒状介质的控制。

(6) 蝶阀 蝶阀又名翻板阀，如图1-23g所示。蝶阀具有结构简单、重量轻、价格便宜、流阻极小的优点，但泄漏量大，适用于大口径、大流量、低压差的场合，也可以用于含少量纤维或悬浮颗粒状介质的流量控制。

(7) 球阀 球阀的阀芯与阀体都呈球形，当转动阀芯使之与阀体处于不同的相对位置时，就具有不同的流通面积，以达到流量控制的目的，如图1-23h所示。

球阀阀芯有V形和O形两种开口形式，如图1-24所示。O形球阀的节流元件是带圆孔的球形体，转动球体可起控制和切断的作用，常用于位式控制。V形球阀的节流元件是V形缺口球形体，转动球心使V形缺口起节流和剪切的作用，适用于高黏度和污秽介质的流量控制。

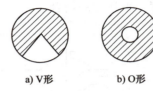

图1-24 球阀阀芯

(8) 凸轮挠曲阀 凸轮挠曲阀又名偏心旋转阀，它的阀芯呈扇形球面状，与挠曲臂及轴套一起铸成，固定在转动轴上，如图1-23i所示。凸轮挠曲阀的挠曲臂在压力作用下能产生挠曲变形，使阀芯球面与阀座密封圈紧密接触，密封性较好。同时，它重量轻、体积小、安装方便，适用于高黏度或带有悬浮物介质的流量控制。

(9) 笼式阀 笼式阀又名套筒形调节阀，它的阀体与一般的直通单座调节阀相似，如图1-23j所示。笼式阀内有一个圆柱形套筒（笼子），套筒壁上有一个或几个不同形状的孔（窗口），利用套筒导向，阀芯在套筒内上下移动，改变了套筒的节流孔面积，就形成了各种特性并实现流量控制。笼式阀的可调比大、振动小、不平衡力小、结构简单、套筒互换性好，更换不同的套筒（窗口形状不同）即可得到不同的流量特性。笼式阀内部件所受的气蚀小、噪声小，是一种性能优良的阀，特别适用于要求低噪声及压差较大的场合，但不适用高温、高强度及含有固体颗粒的流体。

除以上所介绍的控制机构外，还有一些特殊的控制机构。例如，小流量阀适用于小流量的精密控制，超高压阀适用于高静压、高压差的场合。

（二）电动执行器

电动执行器与气动执行器一样，也是控制系统中常用的执行器。它接收来自控制器的0~10mA或4~20mA的直流电流信号，并将其转换成相应的角位移或直线位移，去操纵阀门、挡板等控制机构，从而实现自动控制。

电动执行器按执行机构的不同可分为角行程、直行程和多转式等类型。角行程电动执行机构以电动机为动力元件，将输入的直流电流信号及位置发送器的反馈信号，通过伺服放大器比较后，输出开关信号驱动电动机，经过机械减速，将输入信号转换为相应的输出轴角位移（0～90°）。角行程电动执行机构适用于操纵蝶阀、挡板之类的旋转式调节阀；直行程电动执行机构接收输入的直流电流信号后，使电动机转动，然后经减速器减速并转换为直线位移输出，去操纵单座、双座、三通等各种调节阀和其他直线式控制机构；多转式电动执行机构主要用来开启和关闭闸阀、截止阀等多转式阀门，由于它的电动机功率比较大，最大的有几十千瓦，一般多用于就地操作和遥控。

这几种类型的电动执行机构的电气原理基本相同，只是减速器不一样。下面以智能型电动执行器为例进行介绍。

1. 基本结构

图 1-25 所示为智能型电动执行器的外形，它由执行机构和调节阀（调节机构）两部分组成。上部是执行机构，接收调节器输出的 DC 0～10mA 或 DC 4～20mA 信号，并将其转换成相应的直线位移，推动下部的调节阀动作，直接调节流体的流量。

（1）执行机构的基本结构　如图 1-26 所示，执行机构采用了德国进口的 PSL 电子式一体化电动直行程执行机构，体积小、重量轻、功能强、操作方便，已广泛应用于工业控制。该执行机构主要是由相互隔离的电气部分和齿轮传动部分组成，电动机作为连接两个隔离部分的中间部件。

（2）调节阀的基本结构　调节阀与工艺管道中被测介质直接接触，阀芯在阀体内运动，改变阀芯与阀座之间的流通面积，即改变阀门的阻力系数，就可以对工艺参数进行调节。电动执行器中的调节阀与气动执行器基本相同，最常用的是直通单座调节阀和直通双座调节阀两种。

图 1-25　智能型电动执行器的外形

图 1-26　智能型电动执行器的执行机构

电动执行器（微课）

（3）控制器的基本结构　控制器由主控 CPU、传感器、A/D 转换器、D/A 转换器电动机及减速器等组成。智能伺服放大器以专用单片微处理器为基础，通过输入回路把模拟信号、阀位电阻信号转换成数字信号，微处理器根据采样结果通过人工智能控制软件后，显示结果及输出控制信号，如图 1-27 所示。

2. 执行机构的工作原理

智能型电动执行器的执行机构是以伺服电动机为驱动源、以直流电流为控制及反馈信

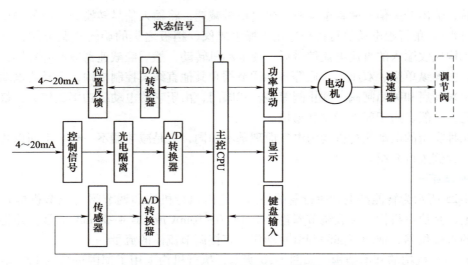

图 1-27 智能型电动执行器的控制器的基本结构

号，其工作原理如图 1-28 所示。当控制器的输入端有一个信号输入时，此信号与位置反馈信号进行比较，当两个信号的偏差值大于规定的死区时，控制器产生功率输出，驱动伺服电动机转动，使减速器的输出轴朝减小这一偏差的方向转动，直到偏差小于死区为止。此时，输出轴就稳定在与输入信号相对应的位置上。执行机构的行程可由齿条板上的两个主限位开关限制，并由两个机械限位开关保护。

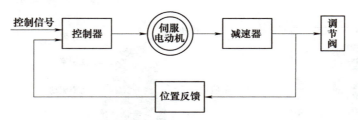

图 1-28 智能型电动执行器的执行机构工作原理

最后，让我们一起来认识过程控制系统的工艺流程图吧！

七、识读过程控制系统工艺流程图

过程控制系统工艺流程图是指用图示的方法把工业生产的工艺流程和所需的设备、管道、阀门、管件、管道附件及仪表控制点表示出来的一种图样，是设备布置和管道布置设计的依据，也是施工、操作、运行及检修的指南。根据工艺设计的不同阶段，工艺流程图可分为工艺方案流程图、物料流程图和施工流程图。其中施工流程图又称为带控制点的工艺流程图。

图 1-29 所示为物料残液蒸馏处理系统的施工流程图。由该图可以看出，施工流程图的绘制主要包括设备的画法及标注、管线的画法及标注、管件的画法及标注和仪表的画法及标注四个方面。

识读工艺流程图（微课）

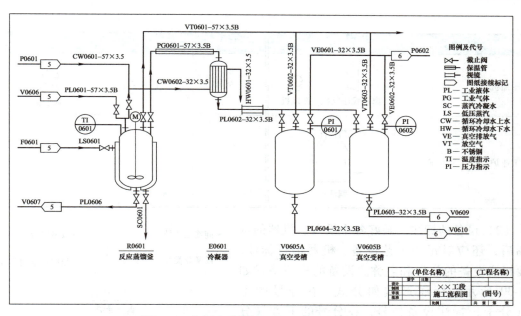

图 1-29 物料残液蒸馏处理系统的施工流程图

（一）识图基础

1. 设备的画法及标注

（1）设备的画法　根据工艺流程，从左至右用细实线画出各个设备、机器的示意图。对标准中未规定的设备、机器，可根据实际外形简化绘制，同一设计中，同类设备的外形应一致。表 1-3 给出了工艺流程图中的常用设备、机器图例。

表 1-3　常用设备、机器图例

设备类别	分类号	图例	设备类别	分类号	图例
塔	T	板式塔	反应器	R	固定床反应器　反应釜
换热器	E	换热器(简图) 固定管板式列管换能器	容器	V	卧式容器 立式容器　旋风分离器 球罐　锥顶罐

29

(续)

设备类别	分类号	图例	设备类别	分类号	图例
压缩机	C	离心式压缩机　鼓风机	泵	P	离心泵
工业炉	F	圆筒炉			

（2）设备的标注　画好各个设备、机器的示意图后，还应对每个工艺设备、机器进行标注，主要标注设备的位号和名称。设备的标注格式如图 1-30 所示，标注形式如分式，在分号的上方（分子）标注设备位号，在分号的下方（分母）标注设备名称。设备位号由设备分类号、车间或工段号、设备序号和相同设备的序号组成。工段号用两位数字表示，从 01 开始编号；设备序号也采用两位数字表示；相同设备的序号用大写英文字母 A、B、C、……表示，以区别同一位号的相同设备。

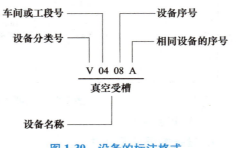

图 1-30　设备的标注格式

2. 管线的画法及标注

在工艺流程图中是用线段表示管道的，故常称为管线，又称工艺流程线。所有工艺流程线都应画出箭头，用于表示物料的流向。工艺流程线的画法见表 1-4。

表 1-4　工艺流程线的画法

名　称	图　例	说　明
主物料管道	———	粗实线 b（0.9mm）
次要物料管道，辅助物料管道	———	中粗线 $b/2$（推荐 0.6mm）
引线、设备、管件、阀门、仪表图形符号和仪表管线等	———	细实线 $b/3$（推荐 0.3mm）
蒸汽伴热（冷）管道	------	虚线 $b/2$（推荐 0.6mm）
管道绝热层		在适当位置画出
夹套管		可只画两端一小段

工艺流程图中一般应画出所有工艺材料和辅助物料的管道。当辅助管道比较简单时，可将总管绘制在流程图的上方，向下引支管至有关设备。一般情况下，主物料管道用粗实线绘制，辅助物料管道用中粗线绘制，仪表及信号传输管线用细实线绘制。

所有管线都必须进行标注，管线的标注格式如图 1-31 所示。物料代号、管道材料代号、管道等级、绝热或隔声代号等可参见 HG/T 20519—2009 标准相关内容。

当工艺流程简单、管道品种规格不多时，则管线标注格式中的管道等级及绝热或隔声代号可省略。管道尺寸可直接填写管子的外径×壁厚，并标注工程规定的管道材料代号，如 PL 06 01-57×3.5B。

3. 管件的画法及标注

管道上的管件有阀门、管接头、三通、四通、法兰等。这些管件可连通、分流、调节、切换管道中的流体。常用管件的图形符号见表 1-5。

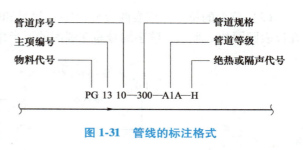

图 1-31 管线的标注格式

表 1-5 常用管件的图形符号

名称	图形符号	名称	图形符号
闸阀	▷◁	隔膜阀	▷◁
截止阀	▶◁	三通截止阀	
球阀	▶⬢◁	四通截止阀	
蝶阀		四通球阀	
文氏管	→▷◁←	减压阀	→▶▷←
法兰连接	—‖—	管端法兰（盖）	—‖

4. 仪表的画法及标注

在施工流程图上要用细实线画出所有与工艺有关的检测仪表、调节控制系统的图形符号，图形符号和字母代号组合起来表达工业仪表所处理的被控变量及其功能。

图 1-32 仪表的测量点

（1）图形符号 仪表的测量点由设备轮廓线或管道引到仪表圆圈的线的起点表示，如图 1-32 所示。仪表的图形符号是一个细实线圆圈，直径约 10mm。仪表安装位置的图形符号见表 1-6。

表 1-6 仪表安装位置的图形符号

安装位置	图形符号	安装位置	图形符号
就地安装仪表	○	就地安装仪表（嵌在管道中）	—○—
集中仪表盘面安装仪表	⊖	集中仪表盘面安装仪表	⊖
就地仪表盘面安装仪表	⊖	就地仪表盘面安装仪表	⊖

(2) 仪表的位号　仪表的位号由字母代号和数字编号两部分组成，其中，字母代号写在仪表圆圈的上半部，数字编号写在圆圈的下半部，如图1-33所示。

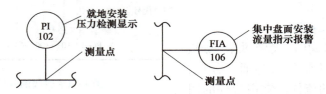

图1-33　仪表的位号

字母代号由表示被控变量的第一位字母和表示功能的后继字母组成。字母代号的含义见表1-7。其中，修饰词一般作为首位的修饰，用小写字母表示，后继字母按I、R、C、T、Q、S、A（指示、记录、控制、传送、积分、开关或联锁及报警）的顺序标注。同时具有指示和记录功能时，只标注字母代号"R"，而不标注"I"；同时具有开关和报警功能时，只标注字母代号"A"，而不标注"S"；当"S""A"同时出现时，表示具有联锁报警功能。当后续字母是"Y"时，表示仪表具有继电器或计算器功能，此时，应在图形符号的外圈标注它的具体功能，常用继电器或计算器功能符号或代号见表1-8。

数字编号由区域编号和回路编号组成，一般情况下，区域编号为一位数字，回路编号为两位数字。

表1-7　字母代号的含义

字母	第一位字母		后继字母	字母	第一位字母		后继字母
	被控变量	修饰词	功能		被控变量	修饰词	功能
A	分析		报警	N	供选用		供选用
B	喷嘴火焰		供选用	O	供选用		节流孔
C	电导率		控制（调节）	P	压力或真空		试验点（接头）
D	密度或比重	差		Q	数量或件数	积分、累计	积分、累计
E	电压（电动势）		检测元件	R	放射性		记录或打印
F	流量	比（分数）		S	速度或频率	安全	开关或频率
G	尺度（尺寸）		玻璃	T	温度		传送
H	手动（人工触发）			U	多变量		多功能
I	电流		指示	V	黏度		阀、风门
J	功率		扫描	W	重量或力		套管
K	时间或时间程序		操作器	X	未分类		未分类
L	物位		灯	Y	供选用		继动器或计算器
M	水分或湿度			Z	位置		驱动、执行

例如：如图1-33所示，PI表示压力指示仪表，102表示1工段02号仪表；FIA表示流量指示报警仪表，106表示1工段06号仪表。

项目一 水箱液位控制系统的设计与调试

表1-8 常用继电器或计算器功能符号或代号

序号	符号或代号	含义	序号	符号或代号	含义
1	1 0 或 ON OFF	自动接通、断开或变换一个或多个线路	11	∫	积分（时间积分）
2	Σ 或 ADD	加或总计	12	X^n 或 $X^{1/n}$	n 或 $1/n$ 次幂
3	Δ 或 DIFF	减	13	$F(X)$	函数
4	±、+、−	偏置	14	1∶1	功率放大
5	AVG	平均	15	> 或 H.S	高选：选择最高（较高）的被控变量
6	% 或 1∶3 或 2∶1（举例）	增益或衰减（输入：输出）	16	< 或 L.S	低选：选择最低（较低）的被控变量
7	×	乘	17	REV	反向
8	÷	除	18	E/P 或 P/I（举例）	表示输入/输出转换，E：电压；H：液压；I：电流；O：电磁或声；P：气压；R：电阻；F：频率
9	√ 或 SQ、RT	二次方根			
10	A/D 或 D/A	表示模/数转换或数/模转换	19	D 或 d/dt	微分或速率
			20	I/D	反微分

 做一做：识图练习

（二）识图练习：脱乙烷塔工艺流程图

脱乙烷塔是乙烯生产过程中的重要设备，用于分离乙烷与丙烯及更重组分的精馏塔。塔顶出乙烷和更轻组分（如乙烯、甲烷），塔底出丙烯和更重组分。脱乙烷塔工艺流程图如图1-34所示。

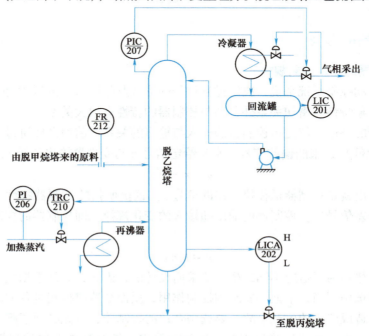

图1-34 脱乙烷塔工艺流程图

33

查阅资料，弄清流程图中各仪表的功能，分析其工艺流程。

 做一做：把项目构思的工作计划单填写好！

通过搜集资料、小组讨论，制订完成本项目的项目构思工作计划，填写在表1-9中。

表1-9 水箱液位控制系统设计与调试项目构思工作计划单

项目构思工作计划单				
项目				学时
班级				
组长		组员		
序号	内容		人员分工	备注
学生确认				日期

 【项目设计】

本项目需要根据被控变量的特性及控制要求，确定控制器的控制规律，对控制器进行选型、确定测量仪表的类型、量程及准确度等，确定执行器类型，确定水箱液位控制系统设计方案，正确选择被控变量、操纵变量和各环节的作用方向。择优选取出合理的设计方案，完成项目设计方案。

一、控制器的选型

（一）控制器的基本控制规律

对于一个自动控制系统来说，决定过渡过程的形式及品质指标的因素是很多的。除前面所述的与被控对象特性有密切关系外，还与控制器的特性有很大关系。

所谓控制器的特性，就是指控制器的输入与输出的关系。前面已经讲过，控制器的输入是比较机构（元件）送来的偏差信号，它是给定信号 x 与变送器输出信号 z 之差，即

$$e = x - z \tag{1-6}$$

控制器的输出就是控制器送往执行器的信号 p。这里所指的控制器特性，就是指控制器接收了输入的偏差信号后，控制器的输出随输入的变化规律，即控制器的控制规律，用数学公式表示为

$$p = f(e) \tag{1-7}$$

各种控制规律是为了适应不同的生产要求而设计的，因此，必须根据生产要求选用适当的控制规律。如选用不当，不但不能起到控制作用，反而会造成控制过程的剧烈振荡，甚至形成发散振荡而造成严重的生产事故。要选用合适的控制器，首先必须了解常用控制规律的特点、适用条件，然后根据过渡过程的品质指标要求，结合具体对象的特性，做出正确的

选择。

在工业自动控制系统中最基本的控制规律包括比例控制、积分控制和微分控制三种，下面分别介绍这几种基本控制规律及其对过渡过程的影响。

1. 比例（P）控制

比例控制
（微课）

在双位控制系统中，由于控制阀在两个极限位置上不断切换，就使得被控变量不可避免地会产生持续的等幅振荡过程。为了避免这种情况，应使控制阀的开度与被控变量的偏差成比例。根据偏差的大小，控制阀可以处于不同的位置，那就有可能使输出量等于输入量，从而使被控变量趋于稳定，达到平衡状态。

（1）比例控制规律　比例控制规律指控制器的输出变化量与输入偏差之间成比例关系，一般用字母 P 表示。比例控制规律公式为

$$\Delta p = K_C e \tag{1-8}$$

式中，Δp 为控制器的输出变化量；e 为控制器的输入，即偏差；K_C 为比例控制器的放大倍数。

图 1-35 是一个简单的比例控制系统。被控变量是水槽的液位，O 为杠杆的支点，杠杆的一端固定着浮球，另一端和控制阀阀杆相连接，浮球能随着液位的波动而升降。浮球的升降通过杠杆带动阀芯，浮球升高，阀门关小，输入流量减少；浮球下降，阀门开大，流量增加。

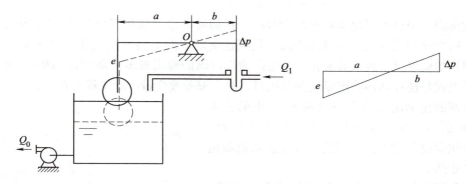

图 1-35　简单的比例控制系统

如果原来的液位稳定在图 1-35 所示的实线位置上，进入贮槽的流量和排出贮槽的流量相等。当某一时刻排出流量突然增加一个数值时，液位就会下降，浮球也随之下降。浮球的下降通过杠杆把进水阀门开大，使进水量增加。当进水量增加到新的排出量时，液位也就不再变化而重新稳定下来，达到新的平衡状态，假定图 1-35 中的虚线位置就代表新的平衡状态。e 表示液位的变化量（即偏差），也就是该控制器的输入变化量；Δp 表示阀的位移量，也就是该控制器的输出变化量。由相似三角形的关系可得

$$\frac{a}{e} = \frac{b}{\Delta p} \tag{1-9}$$

所以

$$\Delta P = \frac{b}{a}e = K_C e \qquad (1\text{-}10)$$

$$K_C = \frac{b}{a} \qquad (1\text{-}11)$$

式中，K_C 是该控制器的放大倍数，它的数值可以通过改变支点 O 的位置加以调整。

放大倍数 K_C 是比例控制器的一个重要参数，它的大小决定了比例控制作用的强弱，但在工业中，一般用比例度来表示比例控制作用的强弱。

（2）比例度　比例度又称比例带，是调节器的一个重要参数。所谓比例度是指控制器的输入偏差信号变化的相对值与输出信号变化的相对值之比的百分数。实质上是表示被调量偏差变化的百分比与调节阀开度的百分比的比值，即

$$\delta = \left(\frac{e}{x_{\max} - x_{\min}} \bigg/ \frac{\Delta p}{p_{\max} - p_{\min}} \right) \times 100\% \qquad (1\text{-}12)$$

式中，e 为控制器的输入变化量（即偏差）；Δp 为相对于偏差为 e 时的控制器输出变化量；$x_{\max} - x_{\min}$ 为仪表的量程；$p_{\max} - p_{\min}$ 为控制器输出的工作范围。

例如，一只比例控制的电动温度控制器，它的量程为 100~500℃，电动控制器的输出为 0~20mA，假如当指示值从 200℃变化到 350℃时，相应的控制器输出从 5mA 变化到 15mA，这时的比例度是

$$\delta = \frac{(350-200)/(500-100)}{(15-5)/(20-0)} \times 100\% = 75\%$$

这就是说，当温度变化全量程的 75% 时，控制器的输出从 0 变化到 20mA。在这个范围内，温度的变化和控制器的输出变化 Δp 是成比例的。但是当温度变化超过全量程的 40% 时，控制器的输出就不再跟着变化，这是因为控制器的输出最多只能变化 100%。所以，比例度实际上就是使控制器输出变化全范围时，输入偏差改变量占满量程的百分数。

控制器的比例度 δ 的大小与输入/输出的关系如图 1-36 所示。从图中可以看出，比例度越小，使输出变化全范围时所需要的输入变化区间也就越小，反之亦然。

下面分析比例度 δ 和放大倍数 K_C 之间的关系。将式（1-12）改写后得

$$\delta = \frac{e}{\Delta p} \times \left(\frac{p_{\max} - p_{\min}}{x_{\max} - x_{\min}} \right) \times 100\% \qquad (1\text{-}13)$$

即

$$\delta = \frac{1}{K_C} \times \left(\frac{p_{\max} - p_{\min}}{x_{\max} - x_{\min}} \right) \times 100\% \qquad (1\text{-}14)$$

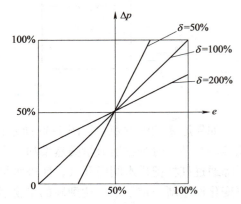

图 1-36　控制器的比例度 δ 的大小与输入/输出的关系

对于一只具体的比例控制器，仪表的量程和控制器的输出范围都是固定的，令

$$K = \frac{p_{\max} - p_{\min}}{x_{\max} - x_{\min}} \qquad (1\text{-}15)$$

所以，K 是一个固定常数。

将式（1-15）代入式（1-14），得

$$\delta = \frac{K}{K_C} \times 100\% \tag{1-16}$$

这说明控制器的比例度与放大倍数K_C成反比关系。比例度δ越小，则放大倍数K_C越大，比例控制作用越强，反之亦然。从图 1-36 中也可以看出，比例度δ越小，输入/输出曲线越陡，这说明放大倍数K_C越大，因为输入/输出曲线的斜率等于放大倍数K_C，即

$$K_C = \frac{\Delta p}{e} \tag{1-17}$$

所以，比例度δ和放大倍数K_C可以用来表示比例控制作用的强弱。

在单元组合仪表中，控制器的输入信号是由变送器来的，而控制器和变送器的输出信号都是统一的标准信号，因此常数$K=1$。所以在单元组合式仪表中，比例度δ和放大倍数K_C互为倒数关系，即

$$\delta = \frac{1}{K_C} \times 100\% \tag{1-18}$$

想一想：比例控制有哪些优缺点？

（3）比例控制的特点　比例控制是依据"偏差的大小"工作的，偏差越大，比例控制作用越强。比例控制具有反应快、控制及时的优点，但是却存在余差。

想一想：比例控制为什么存在余差呢？

当控制过程结束后，被控变量新的稳态值与设定值不再相等，而是低于设定值，它们之间的差值就是余差。

为什么会产生余差呢？这是由于比例控制系统中的偏差的大小与阀门的开度是一一对应的。从图 1-35 的简单比例控制系统来看，在负荷变化前，进水量与出水量是相等的，此时控制阀有一个特定的开度，对应于杠杆处于水平的位置。而当$t=t_0$时，出水量有一阶跃增加后，进水量必须增加到与出水量相等时，平衡才能重新建立起来，液位才能不再变化。要使进水量Q_1增加，控制阀开度必须增大，即要求阀杆必须上升。然而，杠杆是一种刚性的结构，要是阀杆上升，浮球杆一定要下移。这说明浮球所在的液位比原来低，也就是液位稳定在一个比原来的稳态值（即设定值）要低的一个位置上，其差值就是余差。

产生余差的原因也可以用比例控制本身的特性来说明，由于$\Delta p = K_C e$，要使控制器有输出，也就是使控制阀动作，就必须使偏差$e \neq 0$，所以在比例控制系统中，当负荷改变时，使控制阀动作的信号Δp的获得是以存在偏差为代价的。因此，比例控制系统必为有差控制系统。

（4）比例度对系统过渡过程的影响　一个比例控制系统，由于对象特性的不同或比例控制器的比例度不同，往往会得到各种不同的过渡过程。而对象特性因设备的限制，是不能随意改变的。那么如何通过改变比例度来获得我们所希望的过渡过程形式呢？下面就分析一下比例度δ的大小对过渡过程的影响。

如前所述，比例度对余差的影响是：比例度δ越大，则放大倍数K_C越小；要获得同样

的比例控制作用，所需的偏差就越大。因此，在同样的负荷变化大小情况下，控制过程的余差就越大；反之，减小比例度，余差也随之减小。

比例度对系统稳定性的影响是：比例度越大，过渡过程曲线越平稳；比例度越小，则过渡过程曲线越振荡；比例度过小时，就可能出现发散振荡的情况，如图 1-37 所示。

为什么比例度对过渡过程会有这样的影响呢？这是因为当比例度大时，控制器放大倍数小，比例控制作用就弱，系统受到扰动后，控制器的输出变化较小，因而控制阀开度变化也小，这样被控变量的变化就很缓慢。当比例度减小时，比例控制作用增强，在同样的扰动下，控制阀开度变化加大，被控变量变化也更迅速，开始有些振荡。当比例度再减小时，被控变量的变化就会出现剧烈的振荡，当比例度小到一定值时，系统产生等幅振荡。这时的比例度称为临界比例度δ_k。当比例度小于临界比例度δ_k时，系统将产生不稳定的发散振荡过程，这是非常危险的，甚至会造成严重的事故。所以要想让控制器发挥控制作用，必须正确使用控制器。对于比例控制器来说，需要充分了解比例度对过渡过程的影响，适当选取比例度数值，才能使控制器最大限度地发挥控制作用，使系统过渡过程达到最佳状态。

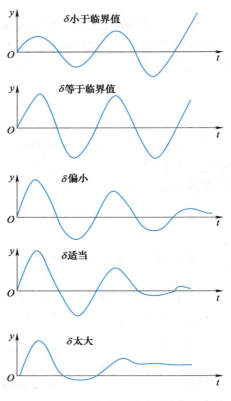

图 1-37　比例度对系统稳定性的影响

一般来说，若对象的滞后较小、时间常数较大以及放大倍数较小时，控制器的比例度可以选得小些，以提高系统的灵敏度，使反应快些，从而使过渡过程曲线的形状较好。反之，比例度就要选大些以保证稳定。

总之，比例控制比较简单，控制比较及时，一旦出现偏差，马上就有相应的控制作用。它是一种最基本的控制规律，适用于扰动较小、对象滞后较小、工艺上控制精度要求不高的场合。

2. 积分（I）控制

比例控制的结果不能使被控变量恢复到设定值而存在余差，控制精度不高，所以，有时把比例控制比作"粗调"，这是比例控制的缺点，它只限于负荷变化不大和允许偏差存在的情况下适用，如液位控制等。当对控制精度有更高要求时，必须在比例控制的基础上，再加上能消除余差的积分控制作用。

积分控制（微课）

（1）积分控制规律　当控制器的输出变化量Δp与输入偏差e的积分成比例时，就是积分控制规律，一般用字母 I 表示。

积分控制规律的数学表示式为

$$\Delta p = K_I \int e \, dt \tag{1-19}$$

式中，K_I 为积分比例系数，称为积分速度。

由式（1-19）可以看出，积分控制输出信号的大小不仅取决于偏差信号的大小，而且主要取决于偏差存在的时间长短。只要有偏差，尽管偏差可能很小，但它存在的时间越长，输出信号的变化就越大。

积分控制作用的特性可以由阶跃输入下的输出来说明。当控制器的输入偏差 e 是一常数 A 时，式（1-19）就可写为

$$\Delta p = K_I \int e \mathrm{d}t = K_I A t \tag{1-20}$$

由式（1-20）可以画出在阶跃输入作用下的输出变化曲线，如图 1-38 所示。从图中可以看出：当积分控制器的输入是一常数 A 时，输出是一直线，其斜率与 K_I 有关。只要偏差存在，积分控制器的输出是随着时间不断增大（或减小）的。

对式（1-20）微分，可得

$$\frac{\mathrm{d}\Delta p}{\mathrm{d}t} = K_I e \tag{1-21}$$

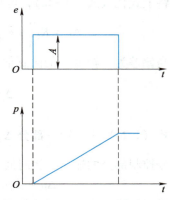

图 1-38　阶跃输入作用下的输出变化曲线

从式（1-21）可以看出，积分控制器输出的变化速度与偏差成正比。这就进一步说明了积分控制的特点是：只要偏差存在，控制器输出就会变化，调节机构就要动作，系统就不可能稳定。只有当偏差消除时（即 $e = 0$ 时），输出信号才不再继续变化，调节机构才停止动作，系统才可能稳定下来，即积分控制作用在最后达到稳定时，偏差等于零。这是积分控制器的显著特点，也是其主要优点。

想一想：积分控制有哪些优缺点？

（2）积分控制的特点

1）优点。积分控制作用在最后达到稳定时，偏差等于零。

2）缺点。积分控制过程缓慢、波动较大、不易稳定，容易出现过分控制。

3）结论。积分控制作用输出信号的大小不仅取决于偏差信号的大小，而且主要取决于偏差存在的时间长短，作用较慢。一般不单独使用，常与比例控制结合使用。

（3）比例积分控制规律　比例积分控制规律是比例控制规律和积分控制规律两者的结合，是生产上常用的控制规律，一般用字母 PI 表示。它吸取了两者的优点，因此比例积分控制既控制及时，又能消除余差。

比例积分控制规律可表示为

$$\Delta p = K_C(e + K_I \int e \mathrm{d}t) \tag{1-22}$$

当输入偏差是一幅度为 A 的阶跃变化时，比例积分控制器的输出是比例和积分两部分之和，其控制规律如图 1-39 所示。从图上可以看出，Δp 的变化一开始是一阶跃变化，其值为 $K_C A$，这是比例控制作用的结果。然后随时间逐渐上升，这是积分控制作用的结果。因此，比例作用是实时的、快速的，而积分作用是缓慢的、渐近的。

由于比例积分控制是在比例控制的基础上，又加上积分控制，相当于在"粗调"的基础上再加上"细调"，所以既具有控制及时、克服偏差的特点，又具有克服余差的性能。在比例积分控制器中，经常用积分时间 T_I 来表示积分速度 K_I 的大小，在数值上有

$$T_I = \frac{1}{K_I}$$

将上式代入式（1-22），可得

$$\Delta p = K_C \left(e + \frac{1}{T_I} \int e dt \right) \quad (1-23)$$

当偏差为一幅度 A 的阶跃信号时，式（1-23）可写为

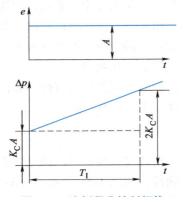

图 1-39　比例积分控制规律

$$\Delta p = \Delta p_P + \Delta p_I = K_C A + \frac{K_C}{T_I} A t \quad (1-24)$$

式（1-24）中，第一部分 $\Delta p_P = K_C A$ 表示比例控制部分的输出，第二部分 $\Delta p_I = \frac{K_C}{T_I} A t$ 表示积分控制部分的输出，当时间 $t = T_I$ 时，有

$$\Delta p = \Delta p_P + \Delta p_I = K_C A + K_C A = 2K_C A = 2\Delta P \quad (1-25)$$

式（1-25）说明，当总的输出等于比例控制作用输出的 2 倍时，其时间就是积分时间。因此可以用控制器的阶跃响应作为测定放大倍数（或比例度）和积分时间的依据。测定时，可使输入做幅度为 A 的阶跃改变，立即记下输出垂直上升（即瞬间变化）的数值，同时马上开动秒表计时，等输出达到垂直上升部分的 2 倍时，停止计时。这样，秒表上所记下的时间就是积分时间 T_I，垂直上升的数值为 $K_C A$，除以输入幅值 A，便得到放大倍数 K_C，其关系如图 1-39 所示。

积分时间 T_I 越小，表示积分速度 K_I 越大，积分特性曲线的斜率越大，即积分控制作用越强。反之，积分时间 T_I 越大，表示积分作用越弱。若积分时间为无穷大，则表示没有积分控制作用，控制器就成为纯比例控制器。

（4）积分时间对系统过渡过程的影响　在比例积分控制器中，比例度和积分时间都是可以调整的。比例度大小对过渡过程的影响前面已做分析，下面着重分析积分时间对过渡过程的影响，在同样的比例度下，积分时间对过渡过程的影响如图 1-40 所示。

积分时间对过渡过程的影响具有两重性。当缩短积分时间、加强积分控制作用时，一方面克服余差的能力增加，但另一方面会使过程振荡加剧，稳定性降低；积分时间越短，振荡越强烈，甚至会成为不稳定的发散振荡。

从图 1-40 可以看出，积分时间过大或过小均不合适。积分时间太大，积分控制作用太弱，余差消除很慢（见图 1-40 曲线 3）；当 $T_I \to \infty$ 时，成为纯比例控制器，余差将得不到消除（见图 1-40 曲线 4）；积分时间太小，过渡过程振荡太剧烈（见图 1-40 曲线 1）；只有当 T_I 适当时，过渡过程能较快地衰减而且没有余差（见图 1-40 曲线 2）。因为积分控制作用会加剧振荡，这种振荡对于滞后大的对象更为明显。所以，控制器的积分时间应按控制对象的特性来选择，如管道压力、流量等滞后不大的对象，T_I 可选得小些；温度对象一般滞后较大，T_I 可选大些。

3. 微分（D）控制

比例积分控制由于同时具有比例和积分控制的优点，既控制及时又能消除余差。针对不同的对象，比例度和积分时间两个参数均可以调整，因此适用范围较宽，工业上多数系统都可采用。但是当对象滞后特别大时，可能导致控制时间较长、最大偏差较大；当对象负荷变化特别剧烈时，由于积分控制作用的迟缓性质，使控制作用不够及时，系统的稳定性较差。在上述情况下，应该再增加微分控制作用，以提高系统控制质量。

（1）微分控制规律及其特点　在生产实际中，如果需要对一些被控变量进行手动控制，一般控制变量的大小是根据已出现的被控变量与设定值的偏差而改变的。偏差大时，控制阀的开度就多改变一些；偏差小时，控制阀的开度就少改变一些，这就是前面介绍的比例控制规律；对于某些滞后很大的对象，如聚合釜的温度控制，在氯乙烯聚合阶段，由于是放热反应，一般通过改变进入夹套的冷却水量来维持釜温为某一设定值。有经

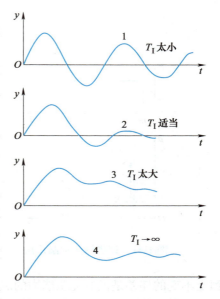

图 1-40　积分时间对过渡过程的影响

验的操作人员不仅能根据温度偏差来改变冷水阀开度的大小，而且同时考虑偏差的变化速度来进行控制。例如，当看到釜温上升很快，虽然这时偏差可能还很小，但估计很快就会有很大的偏差，为了抑制温度的迅速上升，就预先过分地开大冷水阀，这种按被控变量变化的速度来确定控制作用的大小，称为微分控制规律，一般用字母 D 表示。

微分控制
（微课）

具有微分控制规律的控制器，其输出 Δp 与偏差 e 的关系可表示为

$$\Delta p = T_D \frac{de}{dt} \qquad (1-26)$$

式中，T_D 为微分时间；$\dfrac{de}{dt}$ 为偏差时间的导数，即偏差信号的变化速度。

由式（1-26）可知，偏差变化的速度越大，则控制器的输出变化也越大，即微分控制作用的输出大小与偏差变化的速度成正比。对于一个固定不变的偏差，不管该偏差有多大，微分控制作用的输出总是零，这是微分控制作用的特点。

如果控制器的输入是一阶跃信号，按式（1-26），微分控制器的输出变化曲线如图 1-41 所示。在输入变化的瞬间，输出趋于无穷大。在此以后，由于输入不再变化，输出立即降到零。在实际工作中，要实现图 1-41 所示的控制作用是很难的（或不可能的），这种控制作用称为理想微分控制作用。图 1-42 所示为实际微分控制作用。在阶跃输入发生时刻，输出 Δp 突然上升到一个较大的有限数值（一般为输入幅值的 5 倍或更大），然后呈指数规律衰减直至零。

（2）实际微分控制规律及微分时间　不管是理想的微分控制作用，还是近似的微分控制作用，其特点是：在偏差存在但不变化时，微分控制作用都没有输出。即微分控制作用对

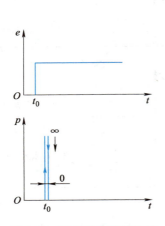

图 1-41 理想微分控制作用

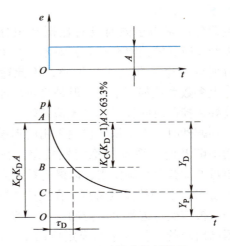

图 1-42 实际微分控制作用

恒定不变的偏差是没有克服能力的。因此，微分控制器不能作为一个单独的控制器使用。实际上，微分控制作用总是与比例控制作用或比例积分控制作用同时使用。

实际微分控制规律是由两部分组成，即比例控制规律与近似微分控制规律，其比例度是固定不变的，δ 恒等于 100%，所以可以这样认为：实际的微分控制器是一个比例度为 100% 的比例微分控制器。图 1-42 是实际微分控制器在阶跃输入下的输出变化曲线。

当输入是一幅值为 A 的阶跃信号时，实际微分控制规律的输出 Δp 将等于比例输出 Δp_P 与近似微分输出 Δp_D 之和，可表示为

$$\Delta p = \Delta p_P + \Delta p_D = A + A(K_D - 1)e^{-\frac{K_D}{T_D}t} \tag{1-27}$$

式中，K_D 为微分放大倍数；T_D 为微分时间；$e^{-\frac{K_D}{T_D}t}$ 为指数衰减函数。

由式（1-27）可以看出：当 $t=0$ 时，$\Delta p=K_D A$；当 $t=\infty$ 时，$\Delta p=A$。所以，微分控制器在阶跃信号的作用下，输出 Δp 一开始就立即升高到输入幅值 A 的 K_D 倍，然后再逐渐下降，到最后就只有比例控制作用。微分放大倍数 K_D 决定了微分控制器在阶跃作用瞬间的最大输出幅度。在控制器设计时，K_D 一般是确定的，如气动膜片型控制器的 $K_D=6$。

微分时间 T_D 是表征微分控制作用强弱的一个重要参数，它决定了微分控制作用的衰减快慢。在实际控制器中，由于 K_D 是固定不变的，而 T_D 是可以调整的，因此 T_D 的作用更为重要。

T_D 可以表征微分控制作用的强弱。当 T_D 大时，微分输出部分衰减得慢，说明微分控制作用强。反之，当 T_D 小时，表示微分控制作用弱。对于一个实际的微分器，通过改变 T_D 的大小可以改变微分控制作用的强弱。

（3）微分时间对过渡过程的影响 当比例控制规律和微分控制规律结合时，构成比例微分控制规律，一般用字母 PD 表示。在比例微分调节器中，比例度和微分时间都是可调的，通过调节可以改变比例和微分控制作用的强弱。

在一定的比例度下，微分时间 T_D 的改变对过渡过程的影响如图 1-43 所示。微分控制作用的输出与被控变量的变化速度成正比，而且总是力图阻止被控变量的任何变化。由于负反

馈作用,当被控变量增大时,微分控制作用改变控制阀开度去阻止它增大;反之,当被控变量减小时,微分控制作用就改变控制阀开度去阻止它减小。可见,微分控制作用具有抑制振荡的效果。所以在控制系统中,适当地增加微分控制作用后,可以提高系统的稳定性,减少被控变量的波动幅度,并降低余差(见图1-43曲线2)。但是,微分控制作用也不能加得过大,否则由于控制作用过强,控制器的输出剧烈变化,不仅不能提高系统的稳定性,反而会引起被控变量大幅度的振荡,特别对于噪声比较严重的系统,采用微分控制作用要特别慎重。工业上常用控制器的微分时间可在数秒至几分钟的范围内调整。

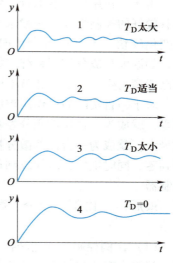

图1-43 微分时间 T_D 的改变对过渡过程的影响

由于微分控制作用是根据偏差的变化速度来控制的,在扰动作用的瞬间,尽管开始偏差很小,但如果它的变化速度较快,则微分控制器就有较大的输出,它的控制作用比比例控制作用还要及时、还要大。对于一些滞后较大、负荷变化较快的对象,当施加较大的扰动时,由于对象的惯性,偏差在开始一段时间内都是比较小的。如果仅采用比例控制作用,则偏差小,控制作用也小,因此,控制作用就不能及时加大来克服已经加入的扰动作用的影响。但是,如果加入微分控制作用,它就可以在偏差尽管不大,但偏差开始剧烈变化的时刻,立即产生一个较大的控制作用,及时抑制偏差的继续增长。所以,微分控制作用具有一种抓住"苗头"预先控制的性质,这种性质是一种"超前"性质。因此也称微分控制为"超前控制"。

一般说来,由于微分控制的"超前"控制作用能够改善系统的控制质量,它对于一些滞后较大的对象(如温度)特别适用。值得注意的是,微分控制作用对于真正的纯滞后是无能为力的,当对象有较大纯滞后时,要考虑别的解决方案。另外微分控制对高频的脉动信号敏感,当测量值本身掺杂有较大的噪声信号时,不宜采用微分控制。

(二)控制器的常用控制规律

由图1-42可以看出,比例微分控制过程是存在余差的。为了消除余差,生产上常引入积分控制作用。同时具有比例、积分、微分三种控制作用的控制器称为比例积分微分控制器,简称三作用控制器,一般用字母PID表示。

比例积分微分控制规律的输入/输出关系为

$$\Delta p = \Delta p_P + \Delta p_I + \Delta p_D = K_C\left(e + \frac{1}{T_I}\int e dt + T_D \frac{de}{dt}\right) \tag{1-28}$$

式中的符号意义与前面的相同。

由上式可见,比例积分微分控制作用就是比例、积分、微分三种控制作用的叠加。当有一阶跃信号输入时,其输出变化曲线如图1-44所示。开始时,微分作用的输出变化最大,使总的输出大幅度地变化,产生一个强烈的"超前"控制作用,这种控制作用可看成为"预调"。然后微分作用逐渐消失,积分输出逐渐占主导地位,只要余差存在,积分作用就不断增加。这种控制作用可看成为"细调",一直到余差完全消失,积分作用才有可能停止。而在PID的输出中,比例作用是自始至终与偏差相对应的。它一直是一种最基本的控制作用。

由于三作用控制器综合了各类控制器的优点，因此具有较好的控制性能。一般来说，当对象滞后较大、负荷变化较快、不允许有余差时，可以采用三作用控制器，如温度和成分控制系统。如果采用比较简单的控制器已能满足生产要求，那就不要采用三作用控制器。

对于一台实际的三作用控制器，如果把微分时间调到零，就成为一台比例积分控制器；如果把积分时间放到最大，就成为一台比例微分控制器；如果把微分时间调到零，同时把积分时间放到最大，就成为一台纯比例控制器。

最后，对比例、积分、微分三种控制做一简单小结。

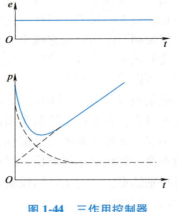

图 1-44　三作用控制器输出变化曲线

（1）比例控制　它依据"偏差的大小"来进行控制。其输出变化与输入偏差的大小成比例。控制及时，但是有余差。用比例度 δ 来表示其控制作用的强弱。δ 越小，控制作用越强。比例控制作用太强时，会引起振荡甚至不稳定。

（2）积分控制　它依据"偏差是否存在"来进行控制。其输出变化与偏差对时间的积分成比例，只有当余差完全消失，积分控制作用才停止。所以积分控制能消除余差，但积分控制作用缓慢，动态偏差大，控制时间长。用积分时间 T_I 表示其控制作用的强弱，T_I 越小，积分控制作用越强，积分控制作用太强时，也易引起振荡。

（3）微分控制　它依据"偏差变化速度"来进行控制。其输出变化与输入偏差变化的速度成比例，其实质和效果是阻止被控变量的一切变化，有超前控制的作用。对滞后大的对象有很好的效果，使控制过程动态偏差减小、时间缩短、余差减小（但不能消除）。用微分时间 T_D 表示其控制作用的强弱，T_D 大，控制作用强，T_D 太大，会引起振荡。

（三）控制器的选型

控制器的选型主要包括两个方面内容：控制规律的选择和控制作用方向的确定。

1. 控制规律的选择

控制器的控制规律应根据对象特性、负荷变化、主要扰动和系统控制要求等具体情况来确定，同时还要考虑系统的经济性以及系统投入运行方便性等。通常，控制器控制规律的选择原则可归纳为以下几点：

1）当广义对象控制通道时间常数较小、系统负荷变化也较小、工艺要求不高时，可选择比例控制规律，如贮罐压力的控制、液位的控制和不太重要的蒸气压力的控制等。

2）当广义对象控制通道时间常数较小、系统负荷变化也较小、工艺要求无余差时，可选择比例积分控制规律，如管道压力和流量的控制。

3）当广义对象控制通道时间常数较大或容积延迟较大时，应引入微分控制作用。若工艺允许有余差，可选用比例微分控制规律；若工艺要求无余差，则选用比例积分微分控制规律，如温度、成分、pH 控制等。

对于滞后很小或噪声严重的系统，应避免引入微分控制作用，否则会由于被控变量的快速变化引起控制作用的频繁变化，严重时会导致控制系统不稳定。

当过程控制通道存在纯滞后时，若用微分控制作用来改善控制质量是无效的，也就是说，微分控制作用对克服纯滞后是无能为力的。

值得提出的是，目前生产的模拟式控制器一般都同时具有比例、积分、微分三种控制作用，只要将其中的微分时间 T_D 置于 0，就成了比例积分控制器，如果再将积分时间信号 T_I 置于无穷大，便成了比例控制器。

4）当广义对象控制通道时间常数或容量延迟很大，负荷变化亦很大时，简单控制系统已不能满足要求，应设计复杂控制系统。

若被控对象传递函数可近似为 $G_0(s) = \dfrac{Ke^{-\tau s}}{Ts+1}$，则可根据对象的可控比 τ/T 选择控制器的动作规律。

当 $\tau/T<0.2$ 时，选择比例或比例积分控制规律；

当 $0.2 \leqslant \tau/T \leqslant 1.0$ 时，选择比例微分或比例积分微分控制规律；

当 $\tau/T>1.0$ 时，采用简单控制系统往往不能满足控制要求，应选用复杂控制系统，如串级、前馈等。

综上所述，控制规律的选择可参考表 1-10。

表 1-10 各种控制规律的特点及适用场合对照表

控制规律	输入 e 与输出 p（或 Δp）的关系式	优缺点	适用场合
位式	$p = \begin{cases} p_{\max},\ e>0\ （或 e<0）\\ p_{\min},\ e<0\ （或 e>0）\end{cases}$	结构简单，价格便宜；控制质量不高，被控变量会振荡	对象容量大，负荷变化小，控制质量要求不高，允许等幅振荡
比例（P）	$\Delta p = K_C e$	结构简单，控制及时，参数整定方便；控制结果有余差	对象容量大，负荷变化不大，纯滞后小，允许有余差存在。常用于塔釜液位、贮槽液位、冷凝液位和次要的蒸汽压力等控制系统
比例积分（PI）	$\Delta p = K_C \left(e + \dfrac{1}{T_I} \int e\,dt \right)$	能消除余差；积分作用控制慢，会使系统稳定性变差	对象滞后较大，负荷变化较大，但变化缓慢，要求控制结果无余差。广泛用于压力、流量、液位和那些没有大的时间滞后的具体对象
比例微分（PD）	$\Delta p = K_C \left(e + T_D \dfrac{de}{dt} \right)$	响应快，偏差小，能增加系统稳定性，有超前控制作用，可以克服对象的惯性；但控制结果有余差	对象滞后大，负荷变化不大，被控变量变化不频繁，控制结果允许有余差存在
比例积分微分（PID）	$\Delta p = K_C \left(e + \dfrac{1}{T_I} \int e\,dt + T_D \dfrac{de}{dt} \right)$	控制质量最高，无余差；但参数整定较麻烦	对象滞后大，负荷变化较大，但不甚频繁；对控制质量要求高。常用于精馏塔、反应器、加热炉等温度控制系统及某些成分、pH 控制系统等

2. 控制作用方向的选择

控制器的控制作用方向是关系到控制系统能否正常运行与安全操作的重要问题，必须正确选择控制器的正、反作用，以保证具有负反馈性质的闭环控制系统能正常运行，发挥控制作用。

控制作用方向是指控制器的输入变化后，输出的变化方向有正作用和反作用两种形式。当被控变量的测量值增加时，控制器输出增加，称为"正作用"方向；反之，当测量值增加时，控制器的输出减小，称为"反作用"方向。

控制作用方向的确定原则：控制器正、反作用形式取决于控制系统中被控对象、执行器、变送器等相关环节静态放大系数的符号（又称为正负极性）。过程控制系统要能够正常工作，则组成系统各个环节的静态放大系数相乘必须为负极性，即形成负反馈。

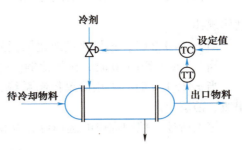

图 1-45 冷却器温度控制系统

【案例】图 1-45 所示为冷却器温度控制系统，TT 代表温度测量变送器，TC 代表温度控制器，工艺要求出口物料温度不能太低，否则容易结晶。试确定该系统中控制器的控制作用方向。

分析：由于被冷却物料的出口温度不能太低，所以无信号时，冷剂控制阀应处于关闭状态，避免大量冷剂流入冷却器，故控制阀应选择气开阀（为正作用）。测量变送器需如实检测并反馈出口温度的变化，因此，该环节为正作用。当冷却器冷剂流量增大时，冷却器出口物料温度降低，故该系统中被控对象这一环节是反作用方向。根据确保整个系统为负反馈作用的原则，控制器的控制作用方向应该选正作用。

当出口温度降低时，控制器的输出减小，使控制阀关小，减小冷剂流量，从而自动地使出口物料温度增加，起到负反馈的作用。

二、物位测量仪表的选型

1. 物位测量仪表的类型选择

由于被测对象种类繁多，检测的条件和环境也有很大差别，所以物位检测的方法多种多样，从而满足不同生产过程的测量要求。按测量方式的不同，物位测量仪表可分为连续测量和定点测量两大类。连续测量方式能持续测量物位的变化。定点测量方式则只能检测物位是否达到上限、下限或某个特定位置，定点测量仪表一般称为物位开关。

物位测量仪表的分类及性能比较见表 1-11。

表 1-11 物位测量仪表的分类及性能比较

物位测量仪表种类		检测原理	主要特点	用途
直读式	玻璃管液位计	连通器原理	结构简单、价格低廉、显示直观，但玻璃易损，读数不十分准确	现场就地指示
	玻璃板液位计			

项目一　水箱液位控制系统的设计与调试

（续）

物位测量仪表种类		检测原理	主要特点	用途
差压式	压力式液位计	利用液柱或物料堆积对某定点产生压力的原理而工作	能远传	可用于敞口或密闭容器
	吹气式液位计			
	差压式液位计			
浮力式	恒浮力式　浮标式	利用浮于液面上的物体随液位高低而产生位移的原理而工作	结构简单、价格低廉	测量贮罐的液位
	浮球式			
	变浮力式　沉筒式	基于沉浸在液体中的沉筒的浮力随液位变化而变化的原理而工作	可连续测量敞口或密闭容器中的液位、界位	需远传显示、控制的场合
电气式	电阻式物位计	通过将物位的变化转换成电阻、电容、电感等电量的变化来实现物位测量	仪表轻巧、测量滞后小、能远距离传送，但线路复杂、成本较高	用于高压腐蚀性介质的物位测量
	电容式物位计			
	电感式物位计			
核辐射式物位测量仪表		利用核辐射透过物料时，其强度随物质层的厚度而变化的原理工作的	非接触式测量，能测各种物位，但成本高、使用和维护不便	用于腐蚀性介质的液位测量
超声波式物位测量仪表		利用超声波在气、液、固体中的衰减程度、穿透能力和辐射声阻抗各不相同的性质工作的	非接触式测量，准确性高、惯性小、但成本高、使用和维护不便	用于对测量准确度要求较高的场合
光学式物位测量仪表		利用物位对光波的遮断和反射原理工作的	非接触式测量，准确性高、惯性小、但成本高、使用和维护不便	用于对测量准确度要求较高的场合

2. 物位测量仪表的准确度选择

由于仪表的准确度包含了允许误差和仪表量程两个因素，故在选用仪表时，为了获得合理的实际测量准确度，应该使仪表在接近测量范围内上限的区域工作。例如，测温仪表测量1000℃时，标称相对误差为±(11/1000)×100%=±1.1%，而测量550℃时，标称相对误差为±(11/550)×100%=±2%。因此，应该避免用测温上限高的仪表去测量低的温度。

在选择仪表准确度等级时，应根据工艺上的实际需要，不能片面追求高准确度，以免造成浪费，因为准确度高的仪表，价格也高，且维护技术也要求高。

做一做：确定仪表准确度等级

例1　某台测温仪表的测温范围为200～700℃，校验该表时得到的最大绝对误差为+4℃，试确定该仪表的准确度等级。

解：计算该仪表的相对百分误差为+0.8%，其数值为0.8。由于国家规定的准确度等级中没有0.8级仪表，同时，该仪表的误差超过了0.5级仪表所允许的最大误差，所以，这台测温仪表的准确度等级为 1.0 级。

例 2　某台测温仪表的测温范围为 0~1000℃。根据工艺要求，温度指示值的误差不允许超过±7℃，试问应如何选择仪表的准确度等级才能满足以上要求？

解：根据工艺要求，计算仪表的允许误差为±0.7%，其数值介于 0.5~1.0，如果选择准确度等级为 1.0 级的仪表，其允许的误差为±1.0%，超过了工艺上允许的数值，故应选择 0.5 级仪表才能满足工艺要求。

三、执行器的选型

执行器的选择一般应从四个方面来考虑，分别为控制阀结构形式及材料的选择，控制阀口径的选择，控制阀气开、气关形式的选择和控制阀流量特性的选择。

1. 控制阀结构形式及材料的选择

控制阀的结构形式主要根据工艺条件，如温度、压力及介质的物理、化学特性（如腐蚀性、黏度等）来选择。例如，强腐蚀介质可采用隔膜阀、高温介质可选用带翅形散热片的结构形式。

控制阀的材料对阀门性能和寿命有很大的影响。因此，在阀门设计和生产中必须选择合适的材料。常用的材料有碳钢，其优点是价格低廉，普遍用于低耐腐蚀的中小口径流体系统；有不锈钢，其特点是强度高、耐腐蚀性好，适用于介质酸碱性强、耐高温、高压流体系统；有铜制品，其特点是具有优异的导电性能，用于介质较为复杂的化工系统，具有出色的防腐性；有铝制品，相比于其他金属材料具有比较低的密度、比较高的硬度、防腐性、导热性和导电性等优点，是一种常见的金属材料。

2. 控制阀口径的选择

控制阀口径选择的是否合适将直接影响到控制效果。口径过小，会使流经控制阀的介质达不到所需的最大流量。在扰动大的情况下，系统会因介质流量（即操纵变量的数值）的不足而失控，因而使控制效果变差，此时，若企图通过开大旁路阀来弥补介质流量的不足，将会使阀的流量特性产生畸变；口径过大，不仅会浪费设备投资，而且会使控制阀经常处于小开度工作，控制性能也会变差，容易使控制系统变得不稳定。

控制阀口径的选择是由控制阀流量系数 C 决定的，流量系数 C 的定义为在给定的行程下，当阀两端压差为 100kPa，流体密度为 1g/cm³ 时，流经控制阀的流体流量（以 m³/h 表示）。例如，某一控制阀在给定的行程下，当阀两端压差为 100kPa 时，如果流经阀的水流量为 40m³/h，则该调节阀的流量系数 C 为 40。

控制阀的流量系数 C 表示调节阀容量的大小，是表示控制阀流通能力的参数。因此，控制阀流量系数 C 亦可称为调节阀的流通能力。

对于不可压缩的流体，且阀前后压差 (p_1-p_2) 不太大（即流体为非阻塞流）时，其流量系数 C 的计算公式为

$$C = 10Q\sqrt{\frac{\rho}{p_1 - p_2}} \tag{1-29}$$

式中，ρ 是流体密度 g/cm³；(p_1-p_2) 是阀前后的压差（kPa）；Q 是流经阀的流量（m³/h）。

控制阀全开时的流量系数 C_{100}（即行程为 100%时的 C 值）称为控制阀的最大流量系数 C_{max}。C_{max} 与控制阀的口径大小有着直接的关系。因此，控制阀口径的选择实质上就是根据

特定的工艺条件（即给定的介质流量、阀前后的压差以及介质的物性参数等）进行 C_{max} 值的计算，然后按控制阀生产厂家的产品目录，选出相应的控制阀口径，使得通过控制阀的流量满足工艺要求的最大流量且留有一定的裕量，但裕量不宜过大。

3. 控制阀气开、气关形式的选择

气动执行器有气开式与气关式两种形式。有压力信号时阀开、无压力信号时阀关的为气开式；反之，为气关式。由于执行机构有正、反作用，控制阀（具有双导向阀芯的）也有正、反作用。因此，气动执行器的气关或气开即由此组合而成。气开、气关组合方式如图1-46所示，执行机构与控制阀的组合方式见表1-12。

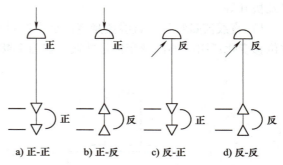

图1-46 气开、气关组合方式

表1-12 执行机构与控制阀的组合方式

组合方式	执行机构	控制阀	气动执行器
正-正	正作用	正作用	气关（反）
正-反	正作用	反作用	气开（正）
反-正	反作用	正作用	气开（正）
反-反	反作用	反作用	气关（反）

气开、气关的选择主要从工艺生产安全的角度出发。考虑的原则是当信号压力中断时，应保证设备和操作人员的安全。如果阀处于打开位置时危害性小，则应选用气关式，以使气源系统发生故障或气源中断时，阀门能自动打开，从而保证安全。反之，阀处于关闭时危害性小，则应选用气开式。例如，加热炉的燃料气或燃料油应采用气开式控制阀，即当信号中断时应切断进炉燃料，以免炉温过高造成事故。又如，控制进入设备易燃气体的控制阀，应选用气开式，以防爆炸；若介质为易结晶物料，则应选用气关式，以防堵塞。

4. 控制阀流量特性的选择

控制阀的流量特性是指被测介质流过阀门的相对流量与阀门的相对开度（相对位移）之间的关系，即

$$\frac{Q}{Q_{max}} = f\left(\frac{l}{L}\right) \quad (1-30)$$

式中，相对流量 Q/Q_{max} 是控制阀某一开度时流量 Q 与全开时流量 Q_{max} 之比；相对开度 l/L 是控制阀某一开度行程 l 与全开行程 L 之比。

一般来说，改变控制阀阀芯与阀座间的流通截面积，便可控制流量。但实际上还有多种影响因素，例如，在节流面积改变的同时还发生阀前后压差的变化，而这又将引起流量变化。为了便于分析，先假定阀前后压差固定，然后再引申到真实情况，于是就有理想流量特性与工作流量特性之分。

(1) 控制阀的理想流量特性　在不考虑控制阀前后压差变化时得到的流量特性称为理想流量特性。它取决于阀芯的形状，如图 1-47 所示，主要有直线、等百分比（对数）、抛物线及快开等。

1) 直线流量特性。直线流量特性是指控制阀的相对流量与相对开度成直线关系，即单位位移变化所引起的流量变化是常数，如图 1-48 中直线 2 所示。

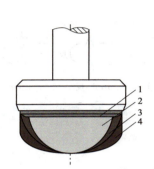

图 1-47　不同流量特性的阀芯形状
1—快开　2—直线　3—抛物线　4—等百分比

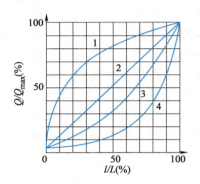

图 1-48　理想流量特性
1—快开　2—直线
3—抛物线　4—等百分比

2) 等百分比（对数）流量特性。等百分比流量特性是指单位相对行程变化所引起的相对流量变化与此点的相对流量成正比关系，即控制阀的放大倍数随相对流量的增加而增大。此时，相对开度与相对流量成对数关系，如图 1-48 中曲线 4 所示，即放大倍数随行程的增大而增大。在同样的行程变化值下，流量小时，流量变化量也小，控制平稳缓和；流量大时，流量变化量也大，控制灵敏有效。

3) 抛物线流量特性。抛物线流量特性中，Q/Q_{max} 与 l/L 之间成抛物线关系，在直角坐标系中为一条抛物线。它介于直线特性与对数特性之间，如图 1-48 中曲线 3 所示。

4) 快开流量特性。快开流量特性在开度较小时就有较大流量，随着开度的增大，流量很快就达到最大。快开流量特性的阀芯是平板形的，适用于迅速启闭的切断阀或双位控制系统。

(2) 控制阀的工作流量特性　在实际生产中，控制阀前后压差总是变化的，这时的流量特性称为工作流量特性。

1) 串联管道的工作流量特性。以图 1-49 所示串联管道为例进行讨论。系统总压差却 Δp 等于管路系统（除控制阀外的全部设备和管道的各局部阻力之和）的压差 Δp_2 与调节阀的压差 Δp_1 之和，如图 1-50 所示。以 S 表示控制阀全开时阀上压差与系统总压差（即系统中最大流量时压力损失总和）之比。以 Q_{max} 表示管道阻力等于零时控制阀的全开流量，此时阀上压差为系统总压差。于是可得串联管道以 Q_{max} 作为参比值的工作流量特性，如图 1-51 所示。

当 $S=1$ 时，管道阻力损失为零，系统总压差全降在阀上，工作特性与理想特性一致。随着 S 值的减小，直线特性渐渐趋近快开特性，等百分比特性渐渐接近于直线特性。所以，在实际使用中，一般希望 S 值不低于 $0.3\sim0.5$。

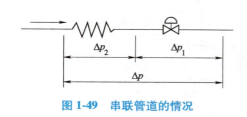

图 1-49　串联管道的情况　　　　图 1-50　管道串联时控制阀压差变化情况

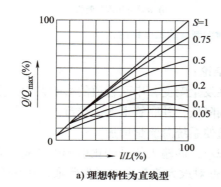

a) 理想特性为直线型　　　　　　b) 理想特性为等百分比型

图 1-51　管道串联时控制阀的工作特性

在现场使用中，若控制阀选得过大或生产处于小负荷状态，控制阀将工作在小开度。这时，为了使控制阀有一定的开度而应把工艺阀门关小些以增加管道阻力，使流过控制阀的流量降低，这样，S 值下降，流量特性畸变，控制质量将恶化。

2）并联管道的工作流量特性。控制阀一般都装有旁路，以便手动操作和维护。当生产量提高或控制阀选小了时，可将旁路阀打开一些，此时控制阀的理想流量特性就变成工作流量特性。并联管道的情况如图 1-52 所示。显然，这时管路的总流量 Q 是控制阀流量 Q_1 与旁路流量 Q_2 之和，即 $Q=Q_1+Q_2$。

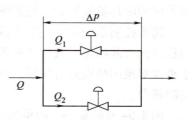

图 1-52　并联管道的情况

若以 x 代表并联管道时控制阀全开时的流量 $Q_{1\max}$ 与总管最大流量 $Q_{\max}$ 之比，则可以得到在压差 Δp 为一定，而 x 为不同数值时的工作流量特性，如图 1-53 所示。图中纵坐标流量以总管最大流量 $Q_{\max}$ 为参比值。

由图 1-53 可见，当 $x=1$ 时，即旁路阀关闭，$Q_2=0$，控制阀的工作流量特性与它的理想流量特性相同。随着 x 值的减小，即旁路阀逐渐打开，虽然阀本身的流量特性变化不大，但可调范围大大降低了。当控制阀关死，即 $l/L=0$ 时，流量 $Q_{\min}$ 比控制阀本身的 $Q_{1\min}$ 大得多。同时，在实际使用中总存在着串联管道阻力的影响，控制阀上的压差还会随流量的增加而降低，使可调范围下降得更多，控制阀在工作过程中所能控制的流量变化范围更小，甚至不起控制作用。所以，采用打开旁路阀的控制方案是不妥的，一般认为旁路流量最多只能是总流量的百分之十几，即 x 值最小不低于 0.8。

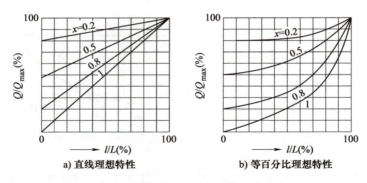

a) 直线理想特性　　　　b) 等百分比理想特性

图 1-53　并联管道时控制阀的工作特性

3) 综合串、并联管道的情况，可得如下结论：
① 串、并联管道都会使阀的理想流量特性发生畸变，串联管道的影响尤为严重。
② 串、并联管道都会使控制阀的可调范围降低，并联管道尤为严重。
③ 串联管道使系统总流量减少，并联管道使系统总流量增加。
④ 串、并联管道会使控制阀的放大倍数减小，即输入信号变化引起的流量变化值减少。串联管道时控制阀若处于大开度，则 S 值的降低对放大倍数影响更为严重；并联管道时控制阀若处于小开度，则 x 值降低对放大倍数影响更为严重。

四、单回路控制系统的设计

（一）简单控制系统的组成

简单控制系统是指由一个测量元件及变送器、一个控制器、一个控制阀和一个被控对象所构成的闭环负反馈的定值系统，也称为单回路控制系统。

简单控制系统是实现生产过程自动化的基本单元。由于其结构简单、投资少、易于整定与投运，且能满足一般生产过程的自动控制要求，在工业生产中得到了广泛应用，尤其适用于被控对象的纯滞后时间短、容量滞后小、负荷变化比较平缓，或对被控变量的控制要求不高的场合。

图 1-54 所示是一个简单的温度控制系统及其框图。该系统中，换热器是被控对象，温度是被控变量，温度变送器将检测到的温度信号送往控制器。控制器的输出信号送往控制阀，改变控制阀的开度使输入换热器的载热体流量发生变化以维持温度的稳定。

（二）过程控制系统设计

1. 过程控制的任务

过程控制的任务就是在了解掌握工艺流程和生产过程的静、动态特性的基础上，根据安全性、经济性和稳定性三项要求，应用控制理论对控制系统进行分析和综合，最后采用适宜的技术手段加以实现。

除明确过程控制的目的外，在进行简单控制系统设计之前，还必须对过程控制系统的设计有所了解。第一，要求自动化设计人员在掌握较为全面的自动化专业知识的同时，还要尽可能多地熟悉所要控制的工艺装置对象；第二，要求自动化专业技术人员与工艺专业技术人员进行必要的交流，共同讨论确定自动控制方案；第三，一定要遵守行业相关的标准、行

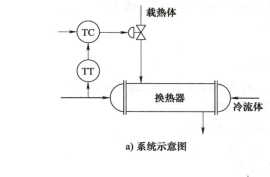

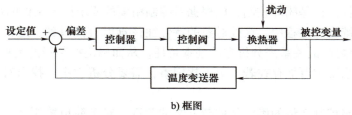

图 1-54 温度控制系统及其框图

规,按照科学合理的程序进行。

2. 设计内容

一般来说,过程控制系统的设计主要包括以下内容:

(1)确定控制方案　首先,要确定整个系统的自动化水平,然后才能进行各个具体控制系统方案的讨论确定。对于比较大的控制系统工程,更要从实际情况出发,反复多方论证,以避免大的失误。控制系统的方案设计是整个设计的核心,是关键的第一步,要通过广泛的调研和反复的论证来确定控制方案,它包括被控变量的选择与确认、操纵变量的选择与确认、检测点的初步选择、绘制出带控制点的工艺流程图和编写初步控制方案设计说明书等。

(2)仪表及装置的选型　根据已经确定的控制方案进行仪表及装置的选型,要考虑到供货方的信誉、产品的质量、价格、可靠性、准确度、供货方便程度、技术支持,以及维护等因素,并绘制相关的图表。

(3)相关工程内容的设计　包括控制室设计、供电和供气系统设计、仪表配管和配线设计、联锁保护系统设计等,提供相关的图表。

(4)工程安装与仪表调试　在过程控制系统中,仪表和电气设备的安装、信号线路的连接必须正确,这是保证控制系统正常运行的前提。系统安装完成后,还必须对每台仪表进行单独调校,对每个控制回路进行联动调校。

(5)控制器参数的工程整定　设计系统时,不仅要使控制器起到控制作用,而且必须对控制器的参数进行整定,使控制系统运行在最佳状态。

3. 设计步骤

控制系统设计应考虑的问题有:系统要达到的目标是什么?控制的对象有哪些?被控对象的特性有什么特点?被控变量和控制变量有哪些?外界的主要干扰因素是什么?怎样的方

案既达到目的，又经济且易于实现？如何选择设备和元件？等。

控制系统的设计步骤如下：

1）明确控制的目的。
2）分析被控对象的主要特征。
3）分析主要的干扰因素，确定被控变量和控制变量。
4）选择控制策略，确定控制方案。
5）确定控制系统所需的设备、元件等。
6）控制系统安装、调试、运行。

控制系统设计的一般思路如下：

1）选择开环控制还是闭环控制，应根据对控制精度的要求以及条件的可行性而定。
2）在控制系统设计过程中，被控对象的特性往往难以直接得到，通常是通过了解被控对象的输入与输出之间的关系来分析它的基本特性，从而确定控制器的运算方式。
3）一个控制系统中可能存在若干个干扰因素，需要分析主次，找出对系统影响最大的干扰因素。
4）被控变量与控制变量的确定是控制方案的关键，对于简单控制系统，需要控制的量往往被确定为被控变量，控制变量应选择可控的、对抑制干扰因素和保持系统稳定有明显作用的量。
5）执行器、检测器的选择要考虑被控变量和控制变量的需求，也要考虑控制的条件。

（三）简单控制系统控制方案的设计

简单控制系统控制方案设计的主要内容包括：合理选择被控变量和控制变量，信息的获取与变送，控制阀的选择，控制器参数的整定及控制规律的选取等方面。

1. 被控变量的选择

被控变量的选择是控制系统设计中的关键问题。在实践中，该变量的选择以工艺人员为主，自控人员为辅，因为对控制的要求是从工艺角度提出的。但自动化专业技术人员也应多了解工艺，多与工艺人员沟通，从自动控制的角度提出建议。工艺人员与自动化专业技术人员之间的相互交流与合作，有助于选择好控制系统的被控变量。

在过程控制工业装置中，为了实现预期的工艺目标，往往有许多个工艺变量或参数可以被选择作为被控变量，也只有在这种情况下，被控变量的选择才是重要的问题。在多个变量中选择被控变量应遵循下列原则：

1）尽量选择对产品的产量和质量、安全生产、经济运行和环境保护具有决定性作用的、可按工艺操作的要求直接测量的工艺参数（如温度、压力及流量等）作为被控变量。
2）当不能用直接测量的参数作为被控变量时，可选择一个与直接测量的参数有单值函数关系、满足工艺合理性的间接参数作为被控变量。
3）被控变量必须具有足够大的灵敏度且线性度好，滞后要小，以利于得到高精度的控制质量。
4）必须考虑工艺流程的合理性和自动化仪表及装置的现状。

2. 操纵变量的选择

在选定被控变量之后，要进一步确定控制系统的操纵变量（或调节变量）。实际上，被控变量与操纵变量是放在一起综合考虑的。操纵变量的选取应遵循下列原则：

1）操纵变量必须是工艺上允许调节的变量。

2）操纵变量应该是系统中所有被控变量的输入变量中对被控变量影响最大的一个。控制通道的放大倍数 K 要尽量大一些，时间常数 T 要适当小些，滞后时间应尽量小。

3）不宜选择代表生产负荷的变量作为操纵变量，以免产量发生波动。

3. 控制规律及控制器作用方向的选择

控制规律的选择（微课）

在控制系统中，仪表选型确定以后，对象的特性是固定的；测量元件及变送器的特性比较简单，一般也是不可改变的；执行器加上阀门定位器可有一定程度的调整，但灵活性不大；主要可以改变的就是控制器的参数。系统设置控制器的目的，也是通过它改变整个控制系统的动态特性，以达到控制的目的。

控制器的控制规律对控制质量影响很大。根据不同的过程特性和要求，选择相应的控制规律，以获得较高的控制质量；确定控制器作用方向，以满足控制系统的要求，也是系统设计的一个重要内容。

（1）控制规律的选择　控制器控制规律主要根据过程特性和要求来选择。

1）比例控制。它是最基本的控制规律。当负荷变化时，克服扰动能力强，控制作用及时，过渡过程时间短，但存在余差，且负荷变化越大余差也越大。比例控制适用于控制通道滞后较小、时间常数不太大、扰动幅度较小、负荷变化不大、控制质量要求不高、允许有余差的场合，如储罐液位、塔釜液位的控制和不太重要的蒸汽压力的控制等。

2）比例积分控制。引入积分作用能消除余差，故比例积分控制是使用最多、应用最广的控制规律。但是，加入积分作用后要保持系统原有的稳定性，必须加大比例度（削弱比例作用），这就会导致控制质量有所下降，如最大偏差和振荡周期相应增大，过渡过程时间加长。对于控制通道滞后小、负荷变化不太大、工艺上不允许有余差的场合，如流量或压力的控制，采用比例积分控制规律可获得较好的控制质量。

3）微分控制。引入了微分，会有超前控制作用，能使系统的稳定性增加，最大偏差和余差减小，加快控制过程，改善控制质量，故微分控制适用于过程容量滞后较大的场合。对于滞后很小和扰动作用频繁的系统，应尽可能避免使用微分控制。

4）比例积分微分控制。微分作用对于克服容量滞后有显著效果，对克服纯滞后是无能为力的。在比例作用的基础上加上微分作用能提高系统的稳定性，加上积分作用能消除余差，又有 δ、T_I、T_D 三个可以调整的参数，因而可以使系统获得较高的控制质量。它适用于容量滞后大、负荷变化大、控制质量要求较高的场合，如反应器、聚合釜的温度控制。

（2）控制器作用方向的选择　控制器的正、反作用形式取决于被控对象、控制阀、测量变送器的正反作用。单回路控制系统各环节的正、反作用可用各环节的放大系数的符号来表示，其中被控对象对应的放大系数为 K_o，测量变送器对应的放大系数为 K_m，控制器对应的放大系数为 K_c，控制阀对应的放大系数为 K_v。对于一个闭环控制系统，要使系统正常工作，组成系统各个环节的放大系数乘积必须为负（即 $K_m K_o K_v K_c < 0$），即必须形成负反馈。因此，在实际系统分析时，为了能保证构成负反馈控制系统，应首先考虑被控对象、控制阀、测量变送器等各环节的放大倍数是正还是负，再根据负反馈控制系统各环节放大倍数符号乘积必须为负的要求，确定控制器的作用方向。

各环节放大倍数正负的确定方法是：若输入增加，输出也增加，则该环节放大倍数符号为正;若输入增加,输出减小,则该环节放大倍数符号为负。

对象的放大倍数可以是正,亦可以是负,例如,在液位控制系统中,如果控制阀装在入口处,则对象的放大倍数是正的,如图1-55a 所示;如果装在出口处,则对象的放大倍数是负的,如图1-55b 所示。在控制阀中,气开控制阀的放大倍数是正的;气关控制阀的放大倍数是负的。

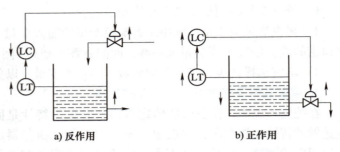

图 1-55 液位控制系统正、反作用的选择

检测元件和变送器的放大倍数一般为正。

案例分析

【案例 1】抽水马桶水箱自动控制系统的设计。

设计要求: 当水箱水位低于某一指定高度时,进水口立即进水。当水箱水位达到某一指定高度时,进水口停止进水。抽水马桶工作原理示意图如图1-56 所示。

设计分析: 从设计要求来看,这是一种自动控制,因此选择闭环控制系统。被控对象是抽水马桶的水箱,被控变量是抽水马桶水箱水位的高度,控制变量是进水管的水流量(进水量),水箱水位的高度与进水量之间呈线性关系。主要干扰因素是水箱的出水流量。

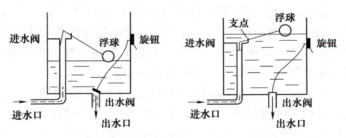

图 1-56 抽水马桶工作原理示意图

方案构思: 采用浮球作为水位高度的检测装置。当水箱的水位低于水箱的某个高度时,出现了水位差(设定的水位高度与实际水位高度之差),这个信号通过浮球、连杆机构传给进水阀,使进水阀打开,从而水箱进水;当水箱水位达到水箱的某个高度时,水位差为零,进水阀关闭。水箱水位具体控制过程为:拨动冲水旋钮,使出水阀打开,水箱冲水。与此同时,进水阀打开,水箱进水,直到达到指定水位时,进水阀关闭。

思考: 在案例 1 中,如果要节约用水,减少水箱每次冲水的量,你能设计哪几种方案?

水箱一次的冲水量实际上是随水箱的横截面积和水位设定高度而变化的,冲水量等于水箱横截面积与设定高度的乘积。因此,要减少每次冲水量,应该从减少水箱横截面积和设定高度入手。具体可参考方案有如下几种:将杠杆支点右移,使浮球在较小的高度上关闭进水阀;在水箱中放入比水重的物体,起到减小水箱平均截面积的作用(减少水箱的实际蓄水量);控制出水阀开启的时间,使其在水未放完之前关闭出水阀,这相当于改变设定高度;

设计两种冲水方式,一种是半箱水冲洗,一种是整箱水冲洗。

【案例2】物料加热器的生产工艺概况如下:在生产过程中,冷物料通过加热器经蒸汽对其加热。工艺要求:被加热物料在加热器出口处的温度为某一定值,且不允许温度过高,否则会导致物料分解,试进行控制系统设计。

设计过程如下:

1) 选择被控变量。根据生产工艺要求,被加热物料在加热器出口处的温度为一定值,故选择物料出口处的温度为被控变量。

2) 选择操纵变量。在生产过程中,影响加热器出口温度的因素主要有进入加热器的冷物料流量、初温,蒸汽的压力与流量等。在这些因素中,被加热物料的初温在某一段时间中变化不大,可近似认为不变。冷物料的流量变化对出口温度有较大影响,但该流量本身为生产过程中的负荷,不适合作为操纵变量。蒸汽压力在总管上常设计有压力恒值控制系统,因此,压力几乎不会影响出口温度。最终,选择蒸汽的流量作为操纵变量,通过调节蒸汽流量的大小来满足加热器出口温度恒定的要求。

3) 制定系统控制方案。该系统采用单回路温度控制系统,其控制方案如图1-57所示。

4) 选择控制器的控制规律。根据工艺要求,加热器出口温度为一定值,即无余差,则应选用比例积分控制规律。考虑到温度具有容量滞后的特性,则需要加入微分作用,即控制规律选择为比例积分微分控制。

5) 选择控制阀。控制阀的选择依据"执行器选型及安装"相关内容进行选择,正常时,控制阀打开供应蒸汽,当温度过高时,为避免物料分解,应关闭控制阀,因此选气开式。

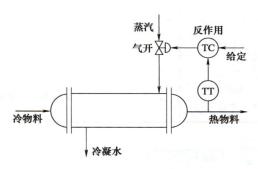

图1-57 物料加热器控制方案

6) 选择控制器的作用方向。该控制系统的控制阀为气开式,所以为正作用;对过程对象进行分析可知,蒸汽量越大,出口物料温度越高,因此,过程对象为正作用;设测量变送环节为正作用,为了保证系统为负反馈控制系统,控制器必须选择反作用方式。

 做一做: 同学们要记得填写如下项目设计记录单啊!

水箱液位控制系统设计与调试项目设计记录单见表1-13。

表1-13 水箱液位控制系统设计与调试项目设计记录单

课程名称			总学时	
项目名称			学时	
班级及组别		团队负责人	团队成员	
方案设计具体步骤				

（续）

项目设计 方案一	
项目设计 方案二	
项目设计 方案三	
最优方案	
系统框图	
控制流程图	
相关资料 及资源	PPT 课件、微课视频、自控专业工程设计标准及规范等

【项目实现】

本项目在实施过程中，需要按照所设计的水箱液位控制系统流程图，搭建单回路自动控制系统。结合项目控制要求及工艺要求，完成控制器、检测与变送装置及执行器的安装与管路连接，填写好项目实施记录。

一、物位测量仪表的安装

（一）仪表安装概述

1. 仪表安装术语

自动化仪表要完成检测或调节任务，其各部件必须组成一个回路或组成一个系统。仪表安装就是把各独立部件即仪表、管线、电缆、附属设备等按设计要求组成回路或系统，以完成检测或调节任务。也就是说，仪表安装是根据设计要求完成仪表与仪表之间、仪表与工艺管道、现场仪表与中央控制室、现场控制室之间的种种连接。这种连接可以用管道连接（如测量管道、气动管道、伴热管道等），也可以是电缆连接（包括电线和补偿导线），通常是两种连接的组合和并存。

（1）一次点　一次点指检测系统或调节系统工程中，直接与工艺介质接触的点，如压力测量系统中的取压点、温度检测系统中的热电偶（电阻体）安装点等。一次点可以在工艺管道上，也可以在工艺设备上。

（2）一次部件　一次部件又称取源部件，通常指安装在一次点的仪表加工件，如压力检测系统中的温度计接头（又称凸台）。一次部件可能是仪表元件，如流量检测系统中的节流元件，也可能是仪表本身，如容积式流量计、转子流量计等，更多的可能是仪表加工件。

（3）一次阀门 一次阀门又称要部阀、取压阀，指直接安装在一次部件上的阀门，如与取压短节相连的压力测量系统的阀门，与孔板正、负压室引出管相连的阀门等。

（4）一次仪表 一次仪表是现场仪表的一种，指安装在现场且直接与工艺介质相接触的仪表，如弹簧管压力表、双金属温度计、双波纹管差压计。热电偶与热电阻不称为仪表，它们作为感温元件，所以称为一次元件。

（5）一次调校 一次调校通称单体调校，指仪表安装前后的校验。按《自动化仪表工程施工及质量验收规范》（GB 50093—2013）的要求，原则上每台仪表都要经过一次调校。一次调校的重点是检测仪表的示值误差、变差，调节仪表的比例度、积分时间、微分时间的误差，控制点偏差，平衡度等。只有一次调校符合设计或产品说明书要求的仪表，才能安装，以保证二次调校的质量。

（6）二次仪表 二次仪表是仪表示值信号不直接来自工艺介质的各类仪表的总称。二次仪表的表示值信号通常由变送器变换成标准信号。二次仪表接受的标准信号一般有三种：气动信号，0.02~0.10kPa；Ⅱ型电动单元仪表信号，DC0~10mA；Ⅲ型电动单元仪表信号接受的标准信号，DC4~20mA。也有个别的不用标准信号。二次仪表通常安装在仪表盘上，按安装位置又可分为盘装仪表和架装仪表。

（7）现场仪表 现场仪表是安装在现场的仪表的总称，是相对于控制室而言的。可以认为除安装在控制室的仪表外，其他仪表都是现场仪表，包括所有一次仪表，也包括现场的二次仪表。

（8）二次调校 二次调校又称二次联校、系统调校，指仪表现场安装结束，控制室配管、配线完成且校验通过后，对整个检测回路或自动调节系统的检验，也是仪表交付正式使用前的一次全面校验。其校验方法通常是在测量外节上加一扰动信号，然后仔细观察组成系统的每台仪表是否工作在误差允许范围内，如果超出允许范围，又找不出准确的原因，要对组成系统的全部仪表重新调试。

（9）仪表加工件 仪表加工件是指全部用于仪表安装的金属、塑料机械加工件的总称，也就是仪表之间，仪表与工艺设备、工艺管道之间，仪表与仪表管道之间，仪表与仪表阀门之间的配管、配线，及其附加装置之间金属的或塑料的机械加工件的总称，仪表加工件在仪表安装中占有特殊地位。

（10）带控制点流程图 管道专业的图名是管道仪表图，它详细地标出仪表的安装位置，是确定一次点的重要图样。

2. 仪表安装程序

自动化仪表系统按其功能可分为检测系统、自动调节系统和信号联锁系统三大类型。从安装角度来说，信号联锁系统往往寓于检测系统和自动调节系统之中。因此安装系统只有检测系统和自动调节系统两大类型。

不管是检测系统还是自动调节系统，除仪表本身的安装外，还包括与这两大系统有关的许多附加装置的制作、安装。除此之外，仪表为工艺服务这一特性决定着它与工艺设备、工艺管道、土建、电气、防腐、保温及非标制作等各专业之间的关系，所以仪表安装必须与上述各专业密切配合。

仪表安装程序可分为三个阶段，即施工准备阶段、施工阶段和试车交工阶段。

（1）第一阶段：施工准备阶段　施工准备是安装的一个重要阶段，它的工作充分与否，直接影响施工的进展乃至仪表施工任务的完成。施工准备包括资料准备、物资准备、表格准备和工具、机具及标准仪器的准备。

（2）第二阶段：施工阶段　仪表工程的施工周期很长。在土建施工期间就要主动配合，要明确预埋件、预留孔的位置、数量、标高、坐标、大小尺寸等。在设备安装、管道安装时，要随时关心工艺安装的进度，主要是确定仪表一次点的位置。仪表施工的集中期一般是在工艺管道施工量完成70%时，这时装置已初具规模，几乎全部工种都在现场，会出现深度的交叉作业。

施工过程中主要的工作有配合工艺安装一次部件；在线仪表安装；仪表盘、柜、箱、操作台安装就位；仪表桥架、槽板安装，仪表管、线配制，支架制作安装，仪表管路吹扫、试压、试漏；单体调试，系统联校及试验；配合工艺进行单体试车；配合建设单位进行联动试车。

（3）第三阶段：试车、交工阶段　工艺设备安装就位，工艺管道试压、吹扫完毕，工程即进入单体试车阶段。试车由单体试车、联动试车和化工试车三个阶段组成。

单体试车阶段的主要工作是传动设备试运转时，只是应用一些检测仪表，并且大都是就地指示仪表，如泵出口压力指示、轴承温度指示等。大型传动设备试车时，仪表配合复杂些，除就地指示仪表外，信号、报警、联锁系统也要投入，还通过就地仪表盘或智能仪表、可编程序控制器进行控制。重要的压缩机还要进行抗振、轴位移控制。单体试车由施工单位负责，建设单位参加。

联动试车是在单体试车成功的基础上进行的。整个装置的动设备、静设备、管道都连接起来。有时用水作介质，称为水联动、打通流程。这个阶段，原则上所有自控系统都要投入运行。就地指示仪表全部投入，控制室仪表也大部分投入。自控系统先手动，系统平衡时转入自动。除个别液位系统外，全部流量系统、液位系统、压力系统、温度系统都投入运行。联动试车以建设单位为主，施工单位为辅。按规范规定，联动试车仪表正常运行72小时后，施工单位将系统和仪表交给建设单位。

化工试车是在联动试车通过的基础上进行的。顺利通过联动试车后，有些容器完成惰性气体置换后即具备了正式生产的条件。投料是试车的关键，仪表工应全力配合。建设单位的仪表工接替施工单位的仪表工进入试车，随着化工试车的进行，自控系统逐个投入，直到全部仪表投入正常运行。投料以后，施工单位仪表工仅作为保镖参加化工试车，具体操作和排除可能发生的故障全由建设单位的仪表工来完成。

仪表系统交给建设单位，这是交工的主要内容，也称为硬件。与此同时，也要把交工资料交给建设单位，这是软件。原则上交工资料要与工程同时交给建设单位，但实际中一般是在工程交工后一个月内把资料上交完毕。

3. 仪表安装技术要求

仪表安装应按照设计提供的施工图、设计变更、仪表安装使用说明书的规定进行。当设计无特殊规定时，要符合 GB 50093—2013《自动化仪表工程施工及质量验收规范》的规定。仪表和安装材料的型号、规格和材质要符合设计规定。修改设计必须要有设计部门签发的设计变更。

仪表安装中，电气设备、电气线路、防爆、接地等要求要符合 GB 50093—2013 的规定。待安装的仪表设备，要按其要求的保管条件分类、妥善保管。仪表工程用的主要安装材料，尤其是特殊材料，应按其材质、型号、规格分类保管。管件与加工件应同样对待。

仪表安装总体要求是要强调合理，然后是美观，切忌气源带水、横不平、竖不直，要整洁、干净、利索。

4. 常用仪表施工机具及标准表

（1）常用仪表施工机具　台式钻床、手电钻、电动套丝机、手动切割机、砂轮切割机、角相磨光机、砂轮机、电锤、冲击电钻、电动弯管机或液压弯管机、手动弯管机、液压开孔机、自制弯管器、电动开孔机、无油润滑压缩机。

（2）常用校验标准表　压力校验器、氧气表校验器、活塞式压力计、0.4 级标准压力表、0.25 级精密台式压力表、0.1 级和 0.05 级数字压力表、数字式万用表、数字电压表（DC0~20mA）、多功能信号发生器、频率发生器、交直流稳压电源、温度仪表校验仪（包括水浴、油浴、管状炉）、100V 绝缘电阻表、接地电阻测定仪表、气动仪表校验仪。

> **案例：某石化有限公司"7.16"着火爆炸事故**
>
> 2015 年 7 月 16 日 7 时 30 分左右，某石化有限公司液化石油气球罐区在倒罐作业过程中发生着火爆炸事故。经调查，引起事故的原因：一是企业严重违反石油石化企业"人工切水操作不得离人"的明确规定，切水作业过程中无人现场实时监护，排净水后液化石油气泄漏时未能第一时间发现和处置。二是企业违规将球罐区在用球罐安全阀的前后手阀、球罐根部阀关闭，低压液化石油气排火炬总管加盲板隔断。三是操作人员未取得压力容器和压力管道操作资格证，无证上岗。四是通过罐顶部低压液化石油气管线，采用倒出罐注水加压、倒入罐切水卸压的方式进行倒罐操作，存在很大安全风险，企业没有制定倒罐操作规程，没有安全作业方案，没有进行风险辨识。五是企业未按照规定要求对重大危险源进行管控，球罐区自动化控制设施不完善，仅具备远传显示功能，不能实现自动化控制；紧急切断阀因工厂停仪表风动改为手动，失去安全功效；未设置视频监控系统，重大危险源的管控措施严重缺失。六是安全培训不到位，管理人员专业素质低，操作人员刚刚从装卸站区转岗到球罐区工作，未经转岗培训，岗位技能不足。

（二）物位测量仪表的安装要求

工业现场较常见的物位测量仪表有玻璃板（管）液位计、外浮筒液位计、内浮筒液位计、磁致伸缩式液位计、超声波液位计、雷达物位计、导波雷达物位计、电容式液位计、静压式液位计、放射性物位仪表、钢带液位计、浮标液位计等。下面介绍几种常用物位测量仪表的安装要求。

1. 物位测量仪表通用安装要求

1）物位测量仪表的仪表连接头（管嘴）位置应避开进入设备物流的冲击。

2）仪表的观测面应朝向操作通道，周围不应有妨碍维修仪表的物件。物位测量仪表宜安装在平台一端，或加宽平台。

3）物位测量仪表的仪表连接头（管嘴）如在设备的底部，应伸入设

物位测量仪表的安装（微课）

备 100mm。

4）测量界位时，物位测量仪表的上部仪表连接头（管嘴）必须位于液相层内。

5）数个液位计组合使用时，宜采用连通管安装形式。

2. 玻璃板（管）液位计的安装要求

1）用玻璃板（管）液位计和浮球（浮筒）液位计测量同一液位时，玻璃板（管）液位计的测量范围应包括浮球（浮筒）液位计的测量范围。

2）数个液位计组合使用时，相邻的两个液位计在垂直方向应重叠 150～250mm，其水平间距宜为 200mm。

3）数个液位计组合使用时，宜采用外接连通管安装，连通管两端应装切断阀，玻璃板（管）液位计装在此管上，可不另装切断阀。

3. 外浮筒液位计的安装要求

1）液位计两端应装切断阀。

2）正常液位应在液位计测量范围的中间位置。

3）顶底式法兰式液位计的上下仪表连接头（管嘴）的间距应至少比测量范围多 500mm。

4. 内浮筒液位计的安装要求

1）正常液位应在浮筒的中间位置。

2）液位波动较大时，应加防波管。

5. 内浮球液位计的安装要求

1）液位计安装法兰的水平中心线应与正常液位一致。

2）在浮球活动范围内不应有障碍物，在物流冲击较大的场合应加防冲板。

6. 磁致伸缩式液位计的安装要求

1）磁致伸缩式液位计宜安装于容器顶部或容器侧面引出的连通管顶部。

2）安装于拱顶罐或球罐顶部的磁致伸缩式液位计宜采用法兰安装方式，法兰式仪表连接头（管嘴）的内径应大于浮子直径。

3）当磁致伸缩式液位计安装于容器外的连通管上时，连通管内径应大于浮子外径，连通管应采用非导磁材料（如不锈钢、铝或合金）制作。

7. 超声波液位计和雷达物位计的安装要求

1）测量液位的场合，宜垂直向下检测安装。

2）测量料位的场合，超声波或微波的波束宜指向料仓底部的出料口。

3）超声波液位计和雷达物位计的波束中心距容器壁的距离应大于由束射角、测量范围计算出来的最低液（料）位处的波束半径。

4）超声波液位计和雷达物位计的波束路径应避开容器进料流束的喷射范围。

5）超声波液位计和雷达物位计的波束路径应避开搅拌器及其他障碍物。

6）超声波液位计和雷达物位计的安装还应符合制造厂的要求。

8. 导波雷达物位计和电容式液位计的安装要求

1）液位计应安装于储罐的顶部，避免与设备内的可动部件相碰；当设备内介质波动剧烈时，应对导波杆（探头）加透孔式保护管固定。

2）液位计在设备外连通管上安装时，应符合下列规定：

① 导波杆（探头）的长度应包括上部和下部测量死区，其端部应低于连通管下部连接口中心至少 50mm。

② 采用双杆式探头的导波雷达液位计时，连通管直径不小于 80mm；采用单杆式探头的导波雷达液位计时，连通管直径不少于 50mm。

3) 采用电缆探头式导波雷达液位计测量大液位时，应在设备底部对电缆探头进行拉直固定，液面波动剧烈的场合应加透孔式保护管固定。

4) 被测介质温度高时，宜将变送器分离安装。

5) 导波雷达物位计与电容式液位计的安装还应符合制造厂的要求。

9. 静压式液位计的安装要求

1) 单法兰式液位计的仪表连接头（管嘴）距罐底距离应大于 300mm，且处于易于维护的方位。

2) 双法兰远传式差压液位计的安装高度不宜高于容器的下取压法兰口，并精确计算出零点和负迁移量；对传导毛细管应用角钢或钢管进行固定，环境温度变化大的场所应采取绝热保温措施。

3) 采用差压变送器测液位时，其安装应符合以下要求：

①上下取压仪表连接头（管嘴）之间距离应大于所需测量范围；下取压仪表连接头（管嘴）距罐底距离不小于 200mm，且避开液体抽出口；上取压仪表连接头（管嘴）应避开气相喷入口，无法避开时应采取防冲措施。

②测量易挥发或易冷凝介质液位时，应在负压侧（气相）加隔离罐或在正负压两侧均加隔离罐，并精确计算出零点和负迁移量。

4) 测量蒸汽锅炉汽包液位时，应安装温度自动补偿式平衡容器，并宜对导压管进行伴热和隔热保温。

5) 采用插入式反吹法测量液位时，插入导压管的端部距罐底距离至少 200mm，并切削成斜坡状。

10. 差压变送器的安装要求

差压变送器安装时应注意以下事项：

1) 取压点处应保证有直管段，两边各大于 $5D$（D 为管道直径）。

2) 在蒸汽管道上取压时，应在管道的侧面安装引压管，平衡罐应安装在引压管的最高点。

3) 排污管应安装在靠近变送器引压管连接处。

4) 变送器的安装位置应低于取压点的位置。

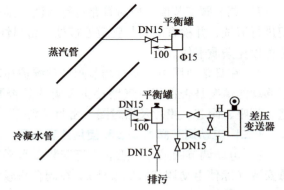

图 1-58 差压变送器的典型安装方式

差压变送器的典型安装方式如图 1-58 所示。

11. 放射性物位仪表的安装要求

放射性物位仪表的安装应严格按照制造厂的要求进行，并符合中华人民共和国有关卫生和安全防护的规范。

二、执行器的安装

(一) 气动执行器的安装和维护

气动执行器的正确安装和维护是保证它能发挥应有效用的重要一环。气动执行器的安装和维护一般应注意以下几个问题:

1) 为便于维护检修,气动执行器应安装在靠近地面或楼板的地方。当装有阀门定位器或手轮机构时,更应保证观察、调整和操作的方便。

2) 气动执行器应安装在环境温度不高于60℃和不低于-40℃的地方,并应远离振动较大的设备。为了避免膜片受热老化,调节阀的上膜盖与载热管道或设备之间的距离应大于200mm。

3) 当阀的公称通径与管道公称通径不同时,两者之间应加一段异径管。

4) 气动执行器应正立垂直安装于水平管道上。特殊情况下需要水平或倾斜安装时,除小口径阀外,一般应加支撑。即使正立垂直安装,当阀的自重较大和在有振动场合时,也应加支撑。

5) 通过调节阀的流体方向在阀体上有箭头标明,不能装反,正如孔板不能反装一样。

6) 调节阀前后一般应各装一只切断阀,以便修理时拆下调节阀。考虑到调节阀发生故障或维修时,为不影响工艺生产的继续进行,一般还装有旁路阀,如图1-59所示。

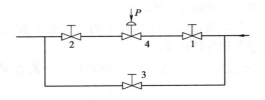

图1-59 调节阀安装示意图
1、2—切断阀 3—旁路阀 4—调节阀

气动执行器的安装(微课)

7) 调节阀安装前,应对管路进行清洗,排去污物和焊渣。安装后还应再次对管路和阀门进行清洗,并检查阀门与管道连接处的密封性能。当初次通入介质时,应使阀门处于全开位置以免杂质卡住。

8) 在日常使用中,要对调节阀经常维护和定期检修。应注意填料的密封情况和阀杆上下移动的情况是否良好,气路接头及膜片是否漏气等。检修时,重点检查的部位有阀体内壁、阀座、阀芯、膜片及密封圈、密封填料等。

(二) 电动调节阀的安装和使用注意事项

1) 电动调节阀最好是正立垂直安装在水平管道上,特殊需要时也可任意安装(除使电动调节阀倒置外)。在阀自重较大和在有振动场合倾斜安装时应加支承架。

2) 安装时,应使介质的流通方向和阀体标定箭头方向一致,电动调节阀一般应设置旁通管路。当阀的口径与管路直径不一致时,应采用渐缩管件。电动调节阀的安装地点应留有足够的空间,以便调试与维修。

电动执行器的安装(微课)

3) 安装电动调节阀时应避免给阀带来附加应力,当调节阀安装在管道较长的地方时,应安装支承架；安装在振动剧烈的场合时，应采取相应的避振措施。

4）在安装电动调节阀前，应清洗管道，清除污物，安装后使阀全开，再对管路、阀进行清洗及检查各连接处的密封性。

5）注意防潮，应防止灰尘加快阀杆与填料的磨损，引起填料处泄漏。另外，若安装在露天场合，应加装保护罩，以防暴晒雨淋。

6）打开电动执行机构外罩即可进行外部接线，在执行机构和阀开始工作之前，以及移开外壳之前，应切断执行机构的主电源。

7）将 AC 220V 电源线连接到执行机构上标有"AC 220V"的外接电源端，接地线连接到接地端。

8）为避免冷凝水进入执行机构，在环境温度变化较大或湿度较大的情况下，需要安装加热电阻。

9）手轮操作时，必须先断电源，再手动操作手轮。

10）在安装电动调节阀时，不要直接采用电焊，以免损坏内部电路。

（三）其他辅助仪表

在石油、化工等生产过程中，有许多场合对防爆有比较严格的要求，因此，气动执行器的应用最为广泛。当采用电动仪表或计算机进行控制时，就要配用电-气转换器或电-气阀门定位器，将电信号转换为标准气压信号，以便和薄膜式气动调节阀或活塞式气动调节阀配套使用。图 1-60a、b 所示分别为电-气转换器和电-气阀门定位器示意图。

电-气转换器将 DC4～20mA 转换成 20～100kPa 的标准气压信号，以便使气动执行器能接受控制器送来的统一标准信号。电-气阀门定位器除能够将 DC4～20mA 转换成 20～100kPa 的标准气压信号外，还能从调节阀推杆位移取得反馈信号，使输入电流与调节阀位移之间有良好的线性关系。电-气阀门定位器反应速度快、线性好，能克服较大的阀杆摩擦力，可消除由于传动间隙所引起的误差，因此，其用途十分广泛，尤其在阀前后压差较大的场合也能正常工作。

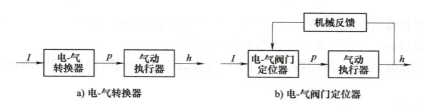

图 1-60 电-气转换示意图

1. 电-气转换器

图 1-61 所示为一种力平衡式的电-气转换器原理图。

其动作原理是：来自电动仪表的 DC4～20mA 信号通入测量线圈中，测量线圈固定在杠杆上，并能在永久磁钢的空隙中自由地上下运动；当输入电流增加时，测量线圈的电流和磁钢的恒定磁场相互作用，产生电磁力，使杠杆绕十字簧片支承逆时针方向偏转，当挡板靠近喷嘴时，使喷嘴的背压升高；喷嘴的背压经气动功率放大器放大后，即为输出信号 p，p 同时进入反馈波纹管中，产生一个使杠杆绕十字簧片支承顺时针偏转的力矩；当电磁力产生的力矩与 p 产生的反馈力矩相平衡时，p 稳定在一个数值上，使输入电流成比例地转换为 20～

100kPa 的气压信号。弹簧可用于调节输出零点。量程的粗调可左右移动反馈波纹管的安装位置，细调可调节永久磁钢的磁分路螺钉。

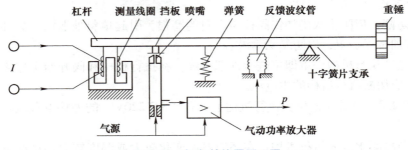

图 1-61　电-气转换器原理图

2. 阀门定位器

阀门定位器是调节阀的主要附件，它与气动调节阀配套使用，接受调节器的控制信号，然后输出信号控制气动调节阀，当调节阀动作后，阀杆的位移又通过机械装置反馈到阀门定位器，如图 1-62 所示。

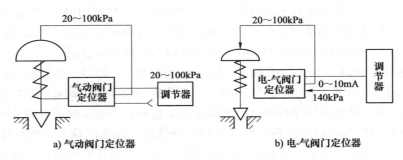

图 1-62　阀门定位器

阀门定位器按其结构形式和工作原理的不同可分为气动阀门定位器、电-气阀门定位器和智能阀门定位器。此处重点介绍电-气阀门定位器。

（1）电-气阀门定位器的用途　电-气阀门定位器可与气动执行器组成闭环回路，其主要用途如下：

1）用于高压差的场合。
2）用于高压、高温或低温介质的场合。
3）用于介质中含有固体悬浮物或黏性流体的场合。
4）用于调节阀口径较大的场合。
5）用于实现分程控制。
6）用于改善调节阀的流量特性。

（2）电-气阀门定位器的工作原理　电-气阀门定位器的工作原理如图 1-63 所示，它是根据力矩平衡原理工作的。

将调节器或操作端安全栅送来的 4～20mA 信号输入线圈后，位于线圈中的动铁（固定线圈的部分杠杆）磁化而产生磁场；同时，动铁又位于永久磁钢所产生的磁场之中。因此，两个磁场相互作用，使动铁产生以支点为中心的偏转电磁力矩。在动铁的一端固定有挡板，所以动铁的偏转改变了喷嘴与挡板之间的间隙，从而引起气动功率放大器背压的变化，背压的变化经气动功率放大器放大后，得到 20~100kPa 的气压信号，驱动气动薄膜调节阀的阀杆动作。利用调节阀推杆的位移，带动比例臂，使比例臂另一端的反馈凸轮轴转动，反馈凸轮推动反馈杆，通过反馈弹簧给动铁以反馈力矩，使动铁达到力的平衡，从而实现输入电流与阀位的比例关系。调整调零螺钉就可以改变动铁的初始位置，从而实现调零。

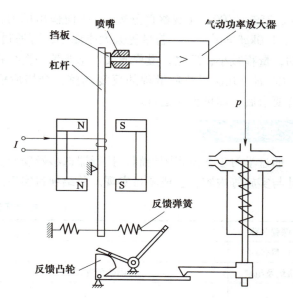

图 1-63 电-气阀门定位器的工作原理

（3）电-气阀门定位器的调校 电-气阀门定位器调校连接图如图 1-64 所示。

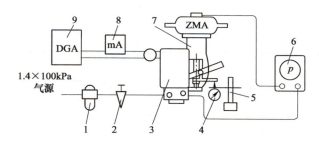

图 1-64 电-气阀门定位器调校连接图

1—过滤器 2—减压器 3—电-气阀门定位器 4—百分表 5—百分表架
6—0.5 级压力表 7—气动薄膜调节阀 8—0.5 级毫安表 9—恒流给定器（0~20mA）

下面以膜下弹簧的正作用式气动薄膜调节阀为例，其调校步骤如下。

1）校正比例臂位置。

① 将外调整螺母按执行机构的行程固定于比例臂相对应的刻度上，并将滚轮置于槽板内，使之能自由滚动，又不致脱出。槽板应水平安装。

② 校正好比例臂位置。将气源调节至 140kPa，给定电流信号 12mA，使调节阀阀杆行程为 50%，通过调整阀杆位置的升降，使比例臂处于水平位置。否则将出现线性不良，甚至产生故障。

2）零位调整和量程调整。

① 零位调整。给定信号电流 4mA，通过顺时针（输出增大）或逆时针（输出减小）旋动调零螺钉，使输出压力为 20kPa 左右，或感觉阀杆有微小的位移即可。

② 量程调整。给定信号电流 8mA、12mA、16mA、20mA，使阀杆行程对应值为 25%、

50%、75%、100%（观察百分表），或使输出压力值为 0.4kgf/cm² [⊖]、0.6kgf/cm²、0.8kgf/cm²、1.0kgf/cm² 左右，若量程偏大或偏小，可通过移动外调整螺母左右位置来调整。往左移动，量程减小；反之，量程增大。每调整一次行程，零位需重新调整。

③ 通过几次零位和量程的反复调整，合格后输入给定信号，观察其稳定性和重复性，符合要求后，即可投入运行。

整理总结

通过学习工艺流程图绘制、执行器选型及安装、参数测量仪表安装、简单控制系统方案设计与实施等内容，完成项目实现。总结项目实现过程，填写在表 1-14 中。

表 1-14 项目实现记录单

课程名称				总学时	
项目名称				学时	
班级及组别		团队负责人		团队成员	
人员分工及工作过程					
工作效果					
项目实施遇到的问题及解决方法					
相关资料及资源					
注意事项					
心得体会					

【项目运行】

安装完水箱液位控制系统后，经教师检查无误后，应进行水箱液位控制系统的调试和投运，合理设置控制器控制参数，反复调试，直到达到水箱液位控制系统的控制要求。完成项

⊖ 1kgf/cm² = 0.0980665MPa。

目报告，并对项目完成情况进行总结汇报。

 想一想：控制电路安装完成了，在投运前还需要做些什么？

一、简单控制系统的投运

生产过程自动控制系统各组成部分根据工艺要求设计好并已经完成仪表的安装和调校后，就要进行系统的投入运行（简称投运）。控制系统的投运就是将系统从手动工作状态切换到自动工作状态。

简单控制系统安装完毕或经过停车检修之后，就要（重新）投入运行。在控制系统投入运行前必须进行全面细致的检查和准备。

1. 投入运行前的准备工作

投运前，首先应熟悉工艺过程，了解主要工艺流程和对控制指标的要求，以及各种工艺参数之间的关系。熟悉控制方案，熟悉测量元件、控制阀的位置及管线走向，熟悉紧急情况下的故障处理。投运前的主要检查工作有如下几项。

1）对检测元件、变送器、控制器、显示仪表及控制阀等各仪表进行检查，确保仪表能正常使用。

2）对各连接管线、接线进行检查。检查管线是否接错及通断情况，是否有堵、漏现象，保证管线连接正确和线路畅通。例如，孔板上下游导压管与变送器高低压端的正确连接；导压管和气动管线必须畅通，中间不得堵塞；热电偶正负极与补偿导线极性、变送器、显示仪表的正确连接；三线制或四线制热电阻的正确接线等。

3）应设置好控制器的正反作用方式、手自动开关位置等，并根据经验或估算预置比例、积分和微分参数值，或者先将控制器设置为纯比例作用，比例度置于较大位置。

4）检查控制阀气开、气关形式的选择是否正确，关闭控制阀的旁路阀，打开上下游的截止阀，并使控制阀能灵活开闭。安装阀门定位器的控制阀时，应检查阀门定位器能否正确动作。

5）进行联动试验，用模拟信号代替测量变送信号，检查控制阀能否正确动作，仪表是否正确显示等；改变比例度、积分时间和微分时间，观察控制器输出的变化是否正确。采用计算机控制时，情况与采用常规控制器时相似。

2. 控制系统的投运

当控制器从手动位置切换到自动位置时，要求为无扰动切换。也就是说，从手动切换到自动过程中，不应该破坏系统原有的平衡状态，即切换过程中不能改变控制阀的原有开度。

控制系统各组成部分的投运次序通常如下：

1）检测系统投运。温度、压力等检测系统的投运较为简单，可逐个开启仪表。对于采用差压变送器的流量或液位系统，应从检测元件的根部开始，逐个缓慢地打开根部阀、截止阀等。

2）阀门手动遥控。把控制器置于手动位置，改变手动操作器的输出，使控制阀处于正常工况下的开度，将被控变量稳定在设定值上。

3）控制器的投运。将控制器参数设定为合适的参数，通过手动操作使设定值与测量值相等（偏差为零）后，切入自动。观察系统过渡过程曲线，进行控制器参数调整，直到满意为止。

当系统正确投运、控制器参数整定好后,若其品质指标一直不能达到要求,则应考虑系统设计是否存在问题,如调节阀特性选择不当等。此时,应将系统由自动切换到手动,并研究解决方案。

案例:液位计故障事故案例

11月20日早,某厂某储罐液位计显示50%左右,但操作工发现泵震动较大,下游无流量,以为泵有问题,倒副泵情况如上,导致整个工段停车后检查储罐里已经没有介质,实际液位为0,后检查发现远传液位计被冻,无法工作,事故造成工段停车4小时。

防范措施:

1)经常检查液位计显示情况,特别是DCS趋势为一直线长期无变化时,应立即通知仪表及现场巡检现场确认,冬季尤其如此。

2)冬季做好仪表保温伴热工作,现场加强巡检。

二、控制器参数的工程整定

整定控制器参数的方法很多,归纳起来可分为两大类:理论计算整定法和工程整定法。

调节器参数的工程整定(上)(微课) 调节器参数的工程整定(下)(微课)

理论计算整定法要求已知过程对象的数学模型,再使用时域或频域的分析方法进行理论计算,这种方法工作量大,可靠性不高,因此多用于理论研究中进行各种控制方案的比较。

对于工程整定法,工程技术人员无须确切知道对象的数学模型,无须具备理论计算所必需的控制理论知识,就可以在控制系统中直接进行整定,因而比较简单、实用,在实际工程中应用广泛。常用的工程整定法有经验法、临界比例度法和衰减曲线法等。

1. 经验法

这种方法实质上是一种经验试凑法,是工程技术人员在长期生产实践中总结出来的。它不需要进行事先的计算和实验,而是根据运行经验,先确定一组控制器参数经验数据,见表1-15,并将系统投入运行,通过观察人为加入扰动(改变设定值)后的过渡过程曲线,再根据各种控制作用对过渡过程的不同影响来改变相应的控制参数值,如此进行反复试凑,直到获得满意的控制品质为止。

表1-15 控制器参数经验数据

被控变量	规律的选择	比例度 $\delta(\%)$	积分时间 T_I/min	微分时间 T_D/min
流量	对象时间常数小,参数有波动,δ要大;T_I要短;不用微分	40~100	0.3~1	
温度	对象容量滞后较大,即参数受干扰候变化迟缓;δ应小;T_I要长;一般需加微分	20~60	3~10	0.5~3
压力	对象的容量滞后一般,不算大,一般不加微分	30~70	0.4~3	
液位	对象时间常数范围较大。要求不高时,δ可在一定范围内选取,一般不用微分	20~80		

由于比例控制作用是最基本的控制作用,经验整定法主要通过调整比例度 δ 的大小来满足品质指标。整定途径有以下两条:

1)先用单纯的比例(P)控制作用,即寻找合适的比例度 δ,将人为加入扰动后的过渡过程调整为 4∶1 的衰减振荡过程。

然后加入积分(I)控制作用,一般先取积分时间 T_I,为衰减振荡周期的一半左右。由于积分作用将使振荡加剧,在加入积分控制作用之前,要先减弱比例控制作用,通常将比例度增大 10%~20%。调整积分时间的大小,直到出现 4∶1 的衰减振荡。

需要时,最后加入微分(D)控制作用,即从零开始,逐渐加大微分时间 T_D。由于微分控制作用能抑制振荡,在加入微分控制作用之前,可把比例度调整到比纯比例作用时更小些,还可把积分时间也缩短一些。通过微分时间的试凑,使过渡时间最短、超调量最小。

2)先根据表 1-15 选取积分时间 T_I 和微分时间 T_D,通常取 $T_D=(1/4\sim1/3)T_I$,然后对比例度 δ 进行反复试凑,直至满意。如果开始时 T_I 和 T_D 设置得不合适,则有可能得不到要求的理想曲线。这时,应适当调整 T_I 和 T_D,再重新试凑,使曲线最终符合控制要求。

经验法适用于各种控制系统,特别适用于对象扰动频繁、过渡过程曲线不规则的控制系统。但是,使用此法主要靠经验,对于缺乏经验的操作人员来说,整定所花费的时间较多。

2. 临界比例度法

所谓临界比例度法是在系统闭环情况下,用纯比例控制的方法获得临界振荡数据,即临界比例度 δ_k 和临界振荡周期 T_k,然后利用一些经验公式,求取满足 4∶1 衰减振荡过渡过程的控制器参数。临界比例度法控制器参数计算表(4∶1 衰减比)见表 1-16。具体整定步骤如下:

表 1-16　临界比例度法控制器参数计算表(4∶1 衰减比)

控制规律	比例度 δ(%)	积分时间 T_I/min	微分时间 T_D/min
P	$2\delta_k$		
PI	$2.2\delta_k$	$0.8T_k$	
PD	$1.8\delta_k$		$0.1T_k$
PID	$1.7\delta_k$	$0.5T_k$	$0.125T_k$

1)将控制器的积分时间放在最大值($T_I=\infty$),微分时间放在最小值($T_D=0$),比例度 δ 放在较大值后,使系统投入运行。

2)逐渐减小比例度,且每改变一次 δ 值时,都通过改变设定值给系统施加一个阶跃扰动,同时观察系统的输出,直到过渡过程出现等幅振荡为止,如图 1-65 所示。此时的过渡过程称为临界振荡过程,δ_k 为临界比例度,T_k 为临界振荡周期。

3)利用 δ_k 和 T_k 这两个试验数据,按表 1-17 中的相应公式,求出控制器的各整定参数。

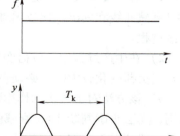

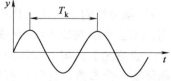

图 1-65　临界比例度法

4）将控制器的比例度换成整定后的值，然后依次加入积分时间和微分时间的整定值。如果加入扰动后，过渡过程与4∶1衰减还有一定差距，可适当调整δ值，直到过渡过程满足要求。

临界比例度法应用起来简单方便，但必须注意以下几点：

1）此方法在整定过程中必定出现等幅振荡，因而限制了使用场合。对于工艺上不允许出现等幅振荡的系统（如锅炉水位控制系统），就无法使用该方法；对于某些时间常数较大的单容对象（如液位对象或压力对象），在纯比例控制作用下是不会出现等幅振荡的，因此不能获得临界振荡的数据，从而也无法使用该方法。

2）使用该方法时，控制系统必须工作在线性区，否则得到的持续振荡曲线可能是极限值，不能依据此时的数据来计算整定参数。

3. 衰减曲线法

该方法与临界比例度法的整定过程有些相似，也是在闭环系统中先将积分时间置于最大值，微分时间置于最小值，比例度置于较大值，然后使设定值的变化作为扰动输入，逐渐减小比例度δ值，观察系统的输出响应曲线。按照过渡过程的衰减情况改变δ值，直到系统出现4∶1的衰减振荡，如图1-66所示。记下此时的比例度δ_S和衰减振荡周期T_S，然后根据表1-17所示的相应经验公式，求出控制器的整定参数。

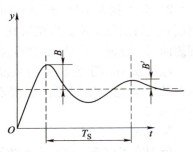

图1-66　4∶1衰减曲线法

表1-17　衰减曲线法控制器参数计算表（4∶1衰减曲线法）

控制规律	比例度δ(%)	积分时间T_I/min	微分时间T_D/min
P	δ_S		
PI	$1.2\delta_S$	$0.5T_S$	
PID	$0.8\delta_S$	$0.3T_S$	$0.1T_S$

衰减曲线法对大多数系统均可适用，且由于试验过渡过程振荡的时间较短，又都是衰减振荡，易为工艺人员所接受，故这种整定方法应用较为广泛。

应用衰减曲线法整定控制器参数时，需要注意以下几点：

1）对于反应较快的流量、管道压力及小容量的液位控制系统，要在记录曲线上认定4∶1衰减曲线和读出T_S比较困难，此时，可用记录指针来回摆动两次就达到稳定作为4∶1衰减过程。

2）在生产过程中，负荷变化会影响对象特性，因而会影响4∶1衰减曲线法的整定参数值。当负荷变化较大时，必须重新整定控制器参数值。

3）该方法对工艺扰动作用强烈且频繁的控制系统不适用，因为此时过渡过程曲线极不规则，无法正确判断4∶1衰减曲线。

一般情况下，按上述几种方法即可调整控制器的参数。但有时仅从作用方向还难以判断应调整哪一个参数，这时，需要根据曲线形状做进一步判断并进行参数调整。为了便于调试人员进行PID参数整定，人们编写了PID调节的速记口诀，具体如下：

参数整定找最佳，从小到大顺序查。
先是比例后积分，最后再把微分加。
曲线振荡很频繁，比例度盘要放大。
曲线漂浮绕大弯，比例度盘往小扳。
曲线偏离回复慢，积分时间往下降。
曲线波动周期长，积分时间再加长。
曲线振荡频率快，先把微分降下来。
动差大来波动慢，微分时间应加长。
理想曲线两个波，前高后低四比一。
一看二调多分析，调节质量不会低。

虽然提供了速记口诀，但即使对同一条过渡过程曲线，由不同经验、不同水平的人来看，也可能得出不同的结论，因此，这种方法适用于现场经验丰富、技术水平较高的专业人员。

 做一做：液位单回路控制系统的构建及运行

4. 液位单回路控制系统的构建及运行

（1）训练目的　通过实验掌握单回路控制系统的构成。学生可自行设计，构成单回路液位控制系统，并应用临界比例度法、阶跃反应曲线法和整定单回路控制系统的 PID 参数，熟悉 PID 参数对控制系统质量指标的影响，用调节器仪表进行 PID 参数的自整定和自动控制的投运。

（2）训练设备　上、下水箱，调节器，变频器，电磁阀等。

（3）系统框图　调节器控制液位单回路控制系统框图如图 1-67 所示。

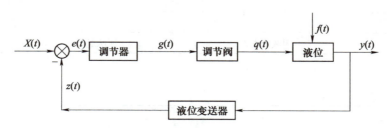

图 1-67　调节器控制液位单回路控制系统框图

（4）训练步骤　学生参考系统框图绘制工艺流程图，连接设备导线。

1）接通总电源及各仪表电源。

2）将手动阀门 V19、V3、V6 打开（下水箱将 V3、V8、V15 打开），其余阀门全部关闭。

3）整定参数值的计算。设定过渡过程的衰减比为 4∶1，整定参数值可按表 1-17 进行计算。

4）将计算所得的 PID 参数值置于控制器中。

5）使水泵在恒压供水状态下工作。观察计算机上水箱液位曲线的变化。

6）待系统稳定后，给系统加阶跃信号，观察其液位的变化曲线。

7）再等系统稳定后，给系统加扰动信号，观察液位变化曲线。

8）对记录曲线分别进行分析和处理，处理结果记录于表 1-18 中。

表 1-18 阶跃响应曲线数据处理记录表

	液位 1			液位 2		
	K_1	T_1	τ_1	K_2	T_2	τ_2
阶跃 1						
阶跃 2						
平均值						

（5）调节器的参数设置（供参考） 温度控制时调节器能自整定出比较理想的参数，如将调节器参数 Ctrl=2，则调节器进入自整定调节状态，调节完毕，Ctrl=3。

其需要设置的参数如下（708）（未列出者用出厂默认值）：

M5=10；P=6；T=1；Ctl=5；Sn=33；Dip=0；Dil=0；Dih=450；Sc=0；Op1=4；CF=2；Run=2；Loc=808。

其需要设置的参数如下（708）（未列出者用出厂默认值）：

DF=3；P=20；I=434；d=28；Sn=33（1～5V 电压输入）；Dip=0（小数点位数为 0）；Dil=0；Dih=450；Sc=0；Op1=4；CF=2；Run=2；Loc=808。

 做一做：

调试完成后，请清理工作台和工具，填写项目运行记录单，见表 1-19。

表 1-19 项目运行记录单

课程名称					总学时	
项目名称					学时	
班级及组别		团队负责人		团队成员		
人员分工及工作过程						
工作效果						
项目运行遇到的问题及解决方法						
相关资料及资源						
注意事项						
心得体会						

三、项目验收

观察项目运行情况,撰写项目报告,各小组推选一名主讲员上台讲解任务的完成情况及演示项目成果,教师、同学填写评价表,见表1-20。项目报告内容包括设计目的与内容要求、小组分工和每位组员的贡献说明、需求分析与功能设计、技术难点、项目作品特色与作品效果图、心得体会、主要参考文献、讨论会议记录等8项内容,具体报告见附录。

表1-20 评价表

测评内容	配分	评分标准	得分	合计
电路设计	25分	正确选择控制器(5分)		
		仪表选型正确(5分)		
		调节阀选型正确(5分)		
		电路图绘制正确(10分)		
电路安装	30分	零部件无损伤(5分)		
		仪表接线正确(10分)		
		调节阀接线正确(5分)		
		安装步骤方法正确(5分)		
		螺栓按要求拧紧(5分)		
电路连接	10分	接线正确(5分)		
		接线符合要求(5分)		
电路调试	15分	控制器参数设置正确(5分)		
		通信正确(5分)		
		系统运行正常(5分)		
故障检测	10分	控制系统运行中的故障能正确诊断并排除(10分)		
安全文明操作	10分	遵守安全生产规程(10分)		
总分	100分			

【知识拓展】

双容水箱液位控制系统认识

双容水箱是工业生产过程中的常见控制对象,它是由两个具有自平衡能力的单容水箱上下串联而成,通常要求对其下水箱液位进行定值控制,双容水箱中的下水箱液位即为这个系统中的被控变量,通常选取上水箱的进水流量为操纵变量。对其液位的控制通常采用模拟仪表、计算机、PLC等单回路控制。双容水箱一般表现出二阶特性。此模型在现实中也有着很广泛的应用。

双容水箱是较为典型的非线性、时延对象,工业上许多被控对象的整体或局部都可以抽象成双容水箱的数学模型,具有很强的代表性,有较强的工业背景。同时,双容水箱的数学建模以及控制策略的研究对工业生产中液位控制系统的研究有指导意义,例如工业锅炉、结晶器液位控制。而且,双容水箱的控制可以作为研究更为复杂的非线性系统的基础。

液位的高低在生产中是一个重要的参数,应用非常广泛。生产中常需测量油罐等容器内的液面高度以计算产品产量和原料消耗,作为经济核算的依据。蒸汽锅炉运行时,必须保证汽包水位有一定的高度;化工反应塔内,常需保持一定的液位以取得较高的生产率。单回路反馈控制原理以及 PID 控制原理是计算机控制技术的基础。控制对象的动态特性和数学模型是分析和设计控制系统的基础资料和基本依据。对被控过程进行研究分析、实施控制,尤其是进行最优设计时,必须首先建立其数学模型,因此,数学模型对过程控制系统的分析设计、实现生产过程的优化控制具有极为重要的意义。

一、双容水箱液位控制系统的组成

双容水箱液位控制系统主要是由供水箱、上水箱、下水箱、供水水泵、电动调节阀、流量计、液位变送器及压力变送器等元件组成,如图 1-68 所示。

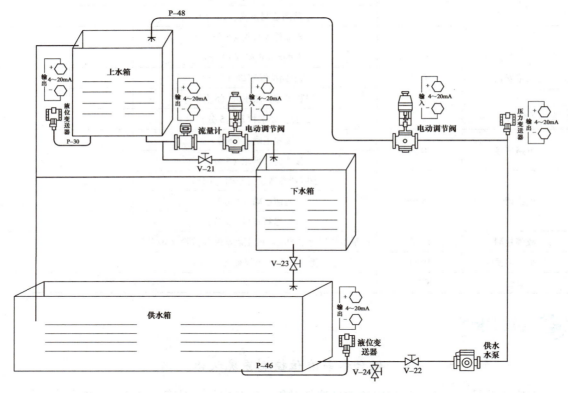

图 1-68 双容水箱液位控制系统结构图

供水箱也是储水箱,双容水箱主体由上水箱和下水箱组成。工作中,供水箱中的水经供水水泵泵出,送到上水箱和下水箱,再通过 V-23 阀排入供水箱,这样就构成了一个封闭的回路。为了防止液体溢流,在两个水箱上方安装了溢流管,直接排入供水箱。双容水箱液位控制系统流程图如图 1-69 所示。

二、双容水箱的数学模型

1. 数学模型的定义

数学模型(Mathematical Model)是一种模拟,是用数学符号、数学式子、程序、图形

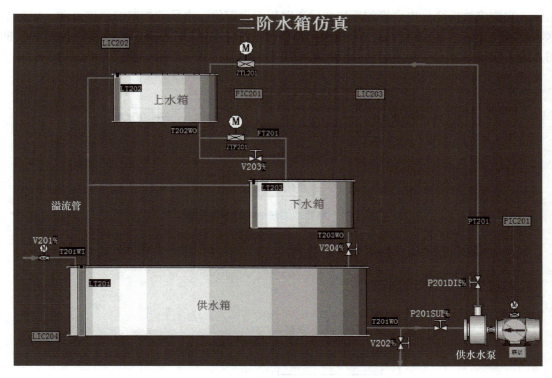

图1-69 双容水箱液位控制系统流程图

等对实际课题本质属性的抽象而又简洁的刻画,它或能解释某些客观现象,或能预测未来的发展规律,或能为控制某一现象的发展提供某种意义下的最优策略或较好策略。数学模型一般并非现实问题的直接翻版,它的建立常常既需要人们对现实问题深入细致的观察和分析,又需要人们灵活巧妙地利用各种数学知识。这种应用知识从实际课题中抽象、提炼出数学模型的过程就称为数学建模(Mathematical Modeling)。在控制系统设计工作中,需要针对被控过程中的合适对象建立数学模型。被控对象的数学模型是设计过程控制系统、确定控制方案、分析质量指标、整定调节器参数等的重要依据。

被控对象的数学模型(动态特性)是指过程在各输入量(包括控制变量和扰动量)作用下,其相应输出量(被控变量)变化函数关系的数学表达式。

2. 数学模型的建立方法

建立数学模型主要有机理建模法和实验建模法两种方法。

3. 双容水箱数学模型的建立

双容水箱是液位控制系统中的被控对象,若流入量和流出量相同,水箱的液位不变,平衡后当流入侧阀门开大时,流入量大于流出量导致液位上升。同时由于出水压力的增大使流出量逐渐增大,其趋势是重新建立起流入量与流出量之间的平衡关系,即液位上升到一定高度使流出量增大到与流入量相等,液位最后稳定在某一高度上;反之,液位会下降,并最终稳定在另一高度上。由于水箱的流入量可以调节,流出量随液位高度的变化而变化,所以只需建立流入量与液位高度之间的数学关系就可以建立该水箱对象的数学模型。

本系统的被控对象为液位水箱,其液位高度作为系统的被控变量。系统的给定信号为一定值，它要求被控变量中水箱的液位在稳态时等于设定值。由反馈控制的原理可知，应把下水箱的液位经传感器检测后的信号作为反馈信号。图 1-70 所示为双容水箱液位控制系统框图。为了实现系统在阶跃给定和阶跃扰动作用下无静差，系统的调节器应为 PI 或 PID。

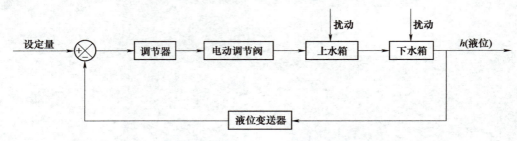

图 1-70　双容水箱液位控制系统框图

双容水箱液位控制系统构成如图 1-71 所示，由两个串联在一起的水箱组成。

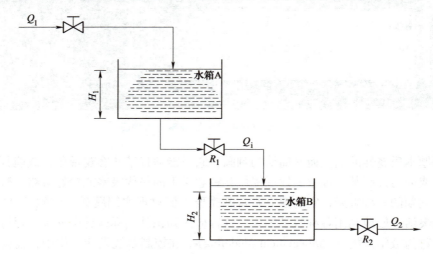

图 1-71　双容水箱液位控制系统构成

两个水箱在任何时间的物料平衡方程为

水箱 A
$$\frac{dH_1}{dt} = \frac{1}{A_1}(Q_1 - Q_i) \tag{1-31}$$

水箱 B
$$\frac{dH_2}{dt} = \frac{1}{A_2}(Q_i - Q_2) \tag{1-32}$$

其中
$$Q_1 = K_u u \quad Q_i = \frac{1}{R_1}H_1 \quad Q_2 = \frac{1}{R_2}H_2 \tag{1-33}$$

式中，A_1、A_2 为水箱 A、B 的截面积；R_1、R_2 代表线性化水阻。Q、H 和 u 等均以各个量的稳态值为起始点。

将式（1-33）代入式（1-31）和式（1-32），合并整理后得

$$T_u \frac{dH_1}{dt} + H_1 = K_u R_1 u \tag{1-34}$$

$$T_2\frac{dH_2}{dt} + H_2 - rH_1 = 0 \tag{1-35}$$

其中 $T_1 = A_1R_1, T_2 = A_2R_2, r = R_2/R_1$

从式（1-34）和式（1-35）中消去 H_1 得

$$T_1T_2\frac{d^2H_2}{dt^2} + (T_1 + T_2)\frac{dH_2}{dt} + H_2 = rK_uR_1u \tag{1-36}$$

式（1-36）显然是一个二阶微分方程，这是被控对象两个串联水箱的反映。将式(1-36)变为传递函数形式为

$$\frac{H(s)}{U(s)} = \frac{rK_uR_1}{T_1T_2s^2 + (T_1+T_2)s + 1} \tag{1-37}$$

当过程具有纯时滞，则传递函数为

$$\frac{H(s)}{U(s)} = \frac{rK_uR_1}{T_1T_2s^2 + (T_1+T_2)s + 1}e^{-\tau s} = \frac{K_0}{(T_1s+1)(T_2+1)}e^{-\tau s} \tag{1-38}$$

式中，K_0 为总放大系数。

由上述分析可知，该过程传递函数为二阶惯性环节，相当于两个具有稳定趋势的一阶自平衡系统的串联，因此也是一个具有自平衡能力的过程。其中时间常数的大小决定了系统反应的快慢，时间常数越小，系统对输入的反应越快，反之，若时间常数较大（即容器面积较大），则反应较慢。由于该过程为两个一阶环节的串联，过程等效时间常数 $T > \max(T_1, T_2)$，故总体反应要较单一的一阶环节慢得多。因此，通常可用一阶惯性环节加纯滞后来近似无相互影响的双容系统。

为保持下水箱液位的稳定，设计中采用闭环系统，将下水箱液位信号经水位检测器送至控制器（PID），控制器将实际水位与设定值相比较，产生输出信号作用于执行器（控制阀），从而改变流量调节水位。当对象是单水箱时，通过不断调整 PID 参数，单回路控制系统理论上可以达到比较好的效果，系统也将有较好的抗干扰能力。该设计对象属于双水箱系统，整个对象控制通道相对较长，如果采用单回路控制系统，当上水箱有扰动时，此扰动经过控制通路传递到下水箱，会有很大的延迟，进而使控制器响应滞后，影响控制效果，在实际生产中，如果扰动频繁出现，无论如何调整 PID 参数，都将无法得到满意的效果。

【工程训练】

汽包水位是锅炉运行的重要指标。保证水位在一定范围内，是确保锅炉安全运行的首要条件。水位过高、过低，都会给锅炉及蒸汽用户的安全操作带来不利影响。

水位过高，会影响汽包内的汽水分离，饱和水蒸气将会带水过多，导致过热器管壁结垢并损坏，使过热蒸汽的温度严重下降。

水位过低，则因汽包内的水量较少而负荷很大，加快水的汽化速度，使汽包内的水量变化速度很快，若不及时加以控制，汽包内的水有可能将全部汽化，尤其对大型锅炉，水在汽包内的停留时间极短，从而导致水冷壁烧坏，甚至引起爆炸。

汽包水位分正常水位、报警水位和保护动作水位三种。

汽包水位标准线一般在汽包中心线下 100~150mm 处，水位波动在标准水位上下 50mm

以内称为正常水位。

汽包水位达到报警水位时，应采取紧急措施恢复正常水位。

汽包水位达到保护动作水位时，保护装置动作，锅炉自动降低负荷直至机组停止运行。

设计锅炉汽包水位单回路控制系统并进行仿真调试。锅炉汽包水位示意图如图 1-72 所示。

工艺要求：锅炉汽包中给水量和锅炉蒸发量相平衡，使锅炉汽包水位维持在工艺规定的范围内。

设计要求：1）根据要求在示意图中补全控制装置，构成单回路控制系统。

2）分析指出系统的被控变量、操纵变量和主要的扰动因素。

3）画出汽包水位单回路控制系统框图。

4）选择控制规律并确定控制器的作用方向。

5）若汽包正常水位为 300mm，请合理设置 PID 参数，并进行自动控制仿真调试。

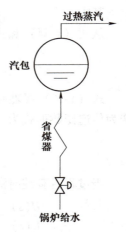

图 1-72　锅炉汽包水位示意图

项目二

加热炉控制系统的设计与调试

项目名称	加热炉控制系统的设计与调试	参考学时	26 学时
项目导入	该项目完成加热炉控制系统的设计与调试。加热炉是石油化工、发电等工业过程必不可少的重要动力设备，它所产生的高压蒸汽既可作为驱动动力源，又可作为精馏、干燥、反应、加热等过程的热源。随着工业生产规模的不断扩大，作为动力和热源的加热炉，也向着大容量、高参数、高效率的方向发展。在炼油化工生产中常见的加热炉是管式加热炉，其形式可分为箱式、立式和圆筒炉三大类。加热炉内工艺介质受热升温进行汽化，其温度的高低会直接影响后序的操作工况和产品质量。当加热炉温度过高时，会使物料在加热炉内分解，甚至造成结焦而烧坏炉管。加热炉的平稳操作可以延长炉管使用寿命。因此，加热炉温度控制要求较高。本项目要求控制加热炉内的温度达到 30℃，完成控制工作过程。		
学习目标	知识目标： 1. 准确描述串级控制的定义； 2. 能够应用控制系统设计的思路和方法，构建串级控制回路； 3. 能够根据工艺要求正确选择控制器类型、检测仪表类型和执行器类型； 4. 掌握串级控制系统控制器参数设定及整定方法； 5. 能总结串级控制系统调试及稳定运行方法。 能力目标： 1. 能绘制加热炉控制系统工艺流程图； 2. 能按照控制要求合理选择检测仪表并进行安装； 3. 具有控制系统投运、调试和维护的能力； 4. 具有小组合作、沟通表达和技术文本制作的能力。 素质目标： 1. 具有良好的工艺意识、标准意识、成本意识、质量意识和安全意识； 2. 具有分析问题和解决问题的能力； 3. 具有精益求精的工匠精神和开拓创新、勇攀高峰的信念。		
项目要求	加热炉设备的控制是根据生产负荷的需要供应热量，同时要使加热炉在安全、经济的条件下运行。加热炉燃烧系统的控制方案要满足燃烧所产生的热量，适应物料负荷的需要，保证燃烧的经济性和加热炉的安全运行，使物料温度与燃料流量相适应，保持物料出口温度在一定范围内。在实训室中，考虑安全及成本因素，使用水介质代替实际介质，项目具体要求如下： 1. 选择恰当控制规律，采用 PID 仪表控制温度、流量及压力； 2. 小组独立完成串级控制系统控制器参数设定及调整； 3. 绘制工艺流程图，选择温度、流量、压力检测仪表及执行机构并安装； 4. 调试并运行。		
实施思路	1. 构思：项目分析与知识准备，参考学时为 4 学时； 2. 设计：设计加热炉控制系统项目方案，参考学时为 8 学时； 3. 实现：选择元器件，进行硬件设计、安装，参考学时为 6 学时； 4. 运行：系统调试、运行及维护，参考学时为 8 学时。		

【项目构思】

一、项目分析

（一）设备简介

加热炉与上水箱、下水箱、储水箱相连。

下水箱有三个槽，分别是工作槽、溢流槽和缓冲槽。水箱容积 80L。当水箱进水时，水管的水先流进缓冲槽，当缓冲槽中注满水时，水流便满过缓冲槽和工作槽当中的隔板并沿此隔板缓慢注入。同时下水箱的缓冲槽可以将热水和冷水混合，控制水的温度。

上水箱有五个水槽，两个工作槽、两个缓冲槽和一个溢流槽，两个工作槽通过连通器连接，其容积比是 2：1。水箱容积 80L。系统运行过程中如水位失控，水流可以直接经过缓冲槽流进储水箱。

储水箱采用不锈钢板制成，容积 180L。系统管道采用铝塑管制成，水阀采用优质球阀。储水箱后面有球阀用于更换水。当水箱需要更换水时，将水泵打开便可将水直接排出；当水泵打开但没水抽出时，将球阀打开，空气放掉后，就可以抽出水。

锅炉采用不锈钢，共有三层：加热层、冷却层、溢流层。其中纯滞后盘管盘在溢流层之外。如图 2-1 所示。冷却层的循环水可以使加热层的热量快速散发，使加热层的温度快速下降。冷却层和加热层都有温度传感器检测其温度。配置长达 20m 的盘管，在盘管上有三个不同的温度检测点，它们的滞后时间常数不同。加热层、冷却层和盘管出来的水全部排到溢流层，然后直接排到储水箱中。

检测水温的传感器是 Cu50，在此共有五个温度传感器，如图 2-1 所示，本装置采用三线制 Cu50，经过调节器的温度变送器，可将温度信号转换成 4～20mA 交流电流信号，便于计算机采集，Cu50 传感器精度高、热补偿性好。

上水采用水泵扬程高达 10m。若上电后，虽然水泵转动，但抽不出水，可打开水箱后面的球阀将水泵中的空气放掉。如水泵长久不工作，轴承结垢无法转动，此时应旋下排气螺塞，将螺钉旋具插入水泵转轴末端的槽中转动；或者将水泵的四颗螺钉旋掉，打开水泵，然后上电观察水泵叶轮是否转动。水泵由变频器进行控制。

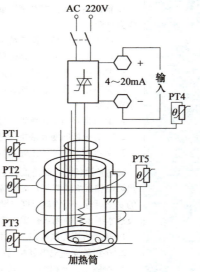

图 2-1 加热炉示意图

（二）工艺要求

1. 送料控制

1）能够检测加热炉内液位和温度。可以选择直接检测液位或者通过流量间接检测。初始状态加热炉内水位为加热圆筒高度的 30%，温度为室温。运行开始后，进水阀打开，水位上升，直到达到加热圆筒高度的 60% 后保持恒定，10% 左右的水始终流入加热筒外筒，用于加热器散热。

2)自行选择进水阀和出水阀。

2. 加热控制

1)接通加热炉电源。

2)当温度升到设定值(30℃)时,切断加热电源,加热过程结束。

3. 泄放控制

炉内温度稳定5min后,打开出水阀,当水位下降到加热圆筒高度的30%时,关闭出水阀。系统恢复到原始状态,准备进入下一循环。

(三)操作步骤

本项目按照以下步骤进行:

1)通过观察被控对象加热炉,分析其组成部分。记录水箱容积、锅炉容积、液位高度、锅炉功率等基本参数。

2)分析控制要求,找出控制系统所涉及物理量,绘制加热炉控制系统框图。

3)绘制加热炉控制系统的工艺流程图。

4)完成加热炉控制系统方案的设计。

5)完成串级控制回路搭建。

6)设置合适的参数,调试水箱液位控制系统并投运。

加热炉控制系统的设计与调试项目工单见表2-1。

表2-1 加热炉控制系统的设计与调试项目工单

课程名称	工业现场控制系统的设计与调试			总学时:96
项目二	加热炉控制系统的设计与调试			26学时
班级		团队负责人		团队成员
项目任务与要求	完成加热炉控制系统的设计与调试,项目具体要求如下: 1. 制定项目工作计划; 2. 完成加热炉控制系统框图的绘制; 3. 完成加热炉控制系统工艺流程图的绘制; 4. 完成加热炉控制系统中自动控制装置的选型; 5. 完成加热炉串级控制方案的设计; 6. 完成加热炉串级控制系统的连接; 7. 完成加热炉串级控制系统的调试并投运; 8. 针对液位单回路控制系统调试投运中出现的故障现象进行处理。			
相关资料及资源	教材、微课视频、PPT课件、仪表安装工艺及标准、安全操作规程等。			
项目成果	1. 完成加热炉控制系统的设计与调试,实现控制要求; 2. 完成CDIO项目报告; 3. 完成评价表。			
注意事项	1. 在通电投运前一定要经过指导教师的允许; 2. 严禁带电操作; 3. 遵守安全操作规程; 4. 安装完毕后应及时清理工作台,工具归位。			

工业现场控制系统的设计与 调试

 案例：高速铁路：中国闪亮的新名片

高铁是交通运输现代化的重要标志，也是一个国家工业化水平的重要体现。我国高铁发展虽然比发达国家晚40多年，但在科技创新的强力驱动下，中国高铁事业飞速发展，从引进、消化、吸收再创新到自主创新，经过几代铁路人接续奋斗，实现了从无到有、从追赶到并跑、再到领跑的历史性变化。我国成功建设了世界上规模最大、现代化水平最高的高速铁路网，形成了具有自主知识产权的世界先进高铁技术体系。习近平总书记肯定"高铁动车体现了中国装备制造业水平""是一张亮丽的名片"，提出"我国自主创新的一个成功范例就是高铁""现在已经领跑世界"。中国高铁，见证着中国综合国力的飞跃，促进了国家现代化进程。

二、复杂控制系统的认识

（一）认识复杂控制系统

 让我们先来认识一下复杂控制系统。

根据控制系统的结构及所能实现的控制任务，控制系统一般可分为简单控制系统和复杂控制系统两大类。所谓复杂，乃是相对于简单而言的。

项目一对简单控制系统的单回路控制系统进行了讨论，简单控制系统需要自动化工具少，设备投资少，维修、投运、整定较简单，生产实践证明，简单控制系统是生产过程自动化的基础，它能解决大量的生产控制问题，是最基本而且应用最广泛的生产过程控制形式，可以满足大多数实际应用的基本需求。简单控制系统是一种最基本的、使用最广泛的控制系统。

随着现代工业的快速发展和生产工艺不断革新，特别是计算机和网络技术在工业生产流水线上的广泛应用，工业生产规模向着大型化方向发展，工艺的革新必然使得对产品产量、质量、节能降耗、经济效益以及环境保护等的要求更高，对生产条件要求越来越严格，对操作条件的要求更加严格，变量间的相关关系更加复杂，对系统控制精度和功能提出许多新的要求。为适应生产发展的需要，工业控制系统不仅需要满足单部设备的控制需求，更需要满足不同生产环节之间的配合与协同。这意味着过程控制系统需要拥有更强的功能、更高的精度，以满足对工艺过程和参数的控制，以便在产量、质量、节能及环保等方面，取得更好的效果。

在这种背景下，简单控制系统显然难以满足生产过程中的全部控制要求。对于滞后很大的对象、被控变量互相关联需适当兼顾或者控制指标很严格等较难控制的过程、对控制质量要求很严的参数，对于生产过程中的一些特殊的控制过程（如物料配比、前后生产工序协调、为了生产安全需要采取软保护措施等），虽然其本身的物理和数学特性并不复杂，但是生产流程和工艺控制要求比较特殊，简单控制系统往往很难取得理想的控制效果，难以满足生产控制要求。为解决上述问题，在简单控制系统的基础上，人们改进控制结构、增加辅助回路或添加其他环节，设计开发出许多性能强大、功能多样的控制方案和设备，以满足复杂过程的控制需要，这样就出现了与简单控制系统不同的各种控制系统，这些控制系统统称为复杂控制系统。

有一些工业过程,它们存在如下一些特点:
1)输入/输出变量有两个或两个以上,且相互存在耦合。
2)过程的某些特征参数,如放大倍数、时间常数、纯滞后时间等,随时间不断变化。
3)过程的扰动量与输出量无法测量或难以测量。
4)过程的参数模型难以得到,只能获得非参数模型,如阶跃响应曲线或脉冲响应曲线等。
5)过程的响应曲线也难以得到,只能根据经验得到一系列"如果……则……"的控制规则等。

上述过程,均具有不同程度的复杂性,所以将它们统称为复杂过程,需要用到复杂控制策略构成复杂控制系统,完成一些复杂或特殊的控制任务。复杂控制系统对提高控制品质、扩大自动化应用范围起着关键性作用。粗略估计,通常复杂控制系统约占全部控制系统的10%,但是,对生产过程的贡献则达80%。

(二)复杂控制系统的概念及分类

 什么是复杂控制系统?复杂控制系统是怎么分类的?

在单回路控制系统的基础上,再增加计算环节、控制环节或者其他环节的控制系统称为复杂控制系统。

凡是多变量,如两个以上变送器、两个以上控制器或两个以上控制阀组成的多回路自动控制系统,或者虽然在结构上仍是单回路,但系统所实现的任务较特殊的自动控制系统,都可以称为复杂控制系统(Complex Control System)。

复杂控制系统由两个或两个以上简单控制系统组合起来,控制一个或同时控制多个参数。在复杂控制系统中可能有几个过程测量值、几个 PID 控制器以及不止一个执行机构,或者尽管主控制回路中被控变量、PID 控制器和执行机构各有一个,但还有其他的过程测量值、运算器或者补偿器构成辅助控制系统,这样主、辅控制回路协同完成复杂控制功能,复杂控制系统中构成的回路数也多于一个,有几个闭环回路,因此复杂控制系统也称为多回路控制系统。

复杂控制系统种类繁多,根据系统的结构和所担负的任务,复杂控制系统可以分为串级控制系统、均匀控制系统、比值控制系统、分程控制系统、前馈控制系统、选择控制系统和三冲量控制系统等,如图2-2所示。

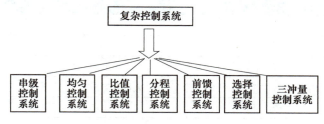

图2-2 复杂控制系统的分类

串级控制系统主要用于解决控制中遇到的滞后问题,提高控制系统的性能和精度;前馈控制系统主要解决控制中遇到的强干扰问题;比值控制系统、均匀控制系统、分程控制系统、选择控制系统主要以解决特殊控制要求为目的。

工业现场控制系统的设计与 调试

【项目设计】

本项目需要根据工艺要求，合理选择被控变量、操纵变量，构建加热炉控制系统框图，绘制加热炉控制系统流程图，对控制器进行选型，确定加热炉控制系统中温度、流量、压力等测量仪表的类型，以及量程、准确度等，确定执行器类型，完成加热炉控制项目方案设计，完成串级控制系统控制器的参数设定及调整。

案例：中国空间站交会对接控制团队

随着神舟载人飞船、探月工程、天宫空间站、火星探测工程取得一个又一个成功，中国航天技术被世界所瞩目。在航天领域中，空间交会对接技术是一个国家航天技术实力的集中体现。2022年6月5日，神舟十四号载人飞船与天和核心舱对接，只用了7个小时。在11年前，神舟八号飞船第一次跟天宫一号交会对接，历时2天，约48个小时。历经11年，将交会对接的速度提高了将近7倍，这是如何做到的？空间交会对接被形象地称为"万里穿针"，控制是核心，控制参数的设计更是难中之难。航天科技集团五院502所空间交会对接领域技术首席专家解永春作为领头人，带领交会对接控制团队，凭着"敢啃硬骨头、能坐冷板凳"的坚定意志和决心，啃下了"交会对接"技术这块硬骨头。团队潜心研究，经过近千次的仿真试验，最终飞船控制参数获得通过，使飞船以精准的姿态和位置完成对接。

一、串级控制系统方案的确定

（一）串级控制系统

让我们先来认识一下串级控制系统？

1. 串级控制系统的概述

做一做：把项目构思的工作计划单填写好！

通过搜集资料、小组讨论，制订完成本项目的项目构思工作计划，填写在表2-2中。

表2-2 加热炉控制系统设计与调试项目构思工作计划单

项目构思工作计划单			
项目		学时	
班级			
组长	组员		
序号	内容	人员分工	备注
学生确认		日期	

串级控制系统是所有复杂控制系统中应用最早、应用最多的一种，它对改善控制品质有独到之处。当过程的容量滞后较大，负荷或扰动变化比较剧烈和频繁，或者工艺对生产质量提出的要求很高，采用简单控制系统不能满足要求时，可考虑采用串级控制系统。它的特点是将两个控制器串接，主控制器的输出作为副控制器的设定。

下面以加热炉为例，介绍一下串级控制系统。

加热炉是生产中常用的设备之一，图 2-3 所示为加热炉出口温度单回路控制系统。燃料油经过雾化后在炉膛中燃烧，被加热物料流过炉膛四周的排管后，被加热到出口温度。工艺要求被加热物料的出口温度保持为某一恒定值，所以出口温度为被控变量。

影响出口温度的因素有很多，主要有燃料油方面的流量和压力波动，喷油用的过热蒸汽压力的波动，被加热物料方面的流量和入口温度的扰动和配风、炉膛漏风和大气温度方面的扰动等。

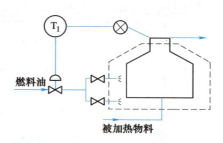

图 2-3　加热炉出口温度单回路控制反馈系统

为了使加热炉出口温度保持恒定，选取燃料油流量作为控制变量，构成如图 2-3 所示的单回路控制反馈系统。这个系统的特点是将所有对温度的干扰因素都包括在控制回路之中，其影响反映在炉子出口温度对设定值的偏差上。只要扰动导致了温度发生变化，控制器就可以通过改变控制阀的开度来改变燃料油的流量，从而把温度重新调回到设定值。但是从控制阀动作到炉子出口温度改变，需要经过炉膛燃烧、管壁传热和加热物料等一系列环节，所以控制通道的时间常数较大，容量滞后也比较大，这将导致控制作用不及时，控制质量很差。

如果设法让控制器提前动作，那么控制效果就可能得到改善。由于燃料油方面的扰动，以及配风方面的扰动等都能很快地在炉膛温度上表现出来，因此，以炉膛温度为被控变量，燃料油流量为控制变量，组成如图 2-4 所示的加热炉出口温度间接控制系统。此系统的优点是能够比较及时而有效地克服由于燃料油方面和配风方面等引起的扰动。例如：当燃料油流量发生变化时，炉膛温度能较早地反映扰动的影响，不等到影响加热炉出口温度，控制器就及时地进行控制，从而减小对加热炉出口温度的影响。但此系统不以加热炉出口温度为被控变量，所以不能保证加热炉出口温度为恒定值。例如，当被加热物料流量或入口温度发生变化时，由于此扰动没有包括在反馈回路之内，所以无法进行有效的控制。工艺上对加热炉出口温度要求很高，一般希望波动范围不超过±(1%～2%)，实践证明，采用简单的控制系统是不能满足生产要求的。

为了解决上述矛盾，可以采用串级控制系统。现以加热炉出口温度为被控变量，选取炉膛温度为辅助变量。如图 2-5 所示，用加热炉出口温度控制器的输出作为炉膛温度控制器的

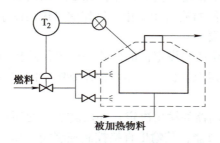

图 2-4　加热炉出口温度间接控制系统

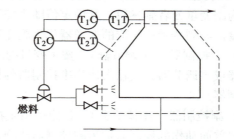

图 2-5　加热炉串级控制系统

设定值，而炉膛温度控制器的输出控制燃料油管线上的控制阀，其系统结构如图 2-6 所示。这种将两台控制器串联在一起，使被控变量控制器的输出作为辅助控制量控制器的设定值，而辅助变量控制器输出控制一台控制阀的控制系统称为串级控制系统。

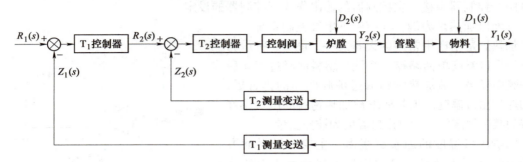

图 2-6　加热炉串级控制系统结构

2. 串级控制系统的结构

串级控制系统框图如图 2-7 所示。从图中可见，串级控制系统与简单控制系统的一个显著差别就是它形成两个闭环。主环和副环各有其测量元件和控制器，而控制阀只有一个。这样，增加的设备投资不多，而控制效果却大大提高了。

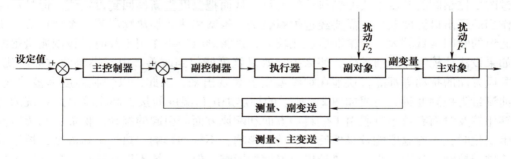

图 2-7　串级控制系统框图

串级控制系统中常用的名词术语介绍如下：

（1）主变量（主参数）　串级控制系统中起主导作用的被控变量称为主变量或主参数，它也是在串级控制系统中使之等于设定值的参数。例如加热炉控制系统中被加热物料的出口温度。与主变量相对应的变送器称为主变送器。

（2）副变量（副参数）　串级控制系统中为了稳定主变量，尽快克服扰动而引入的辅助变量称为副变量或者副参数，其设定值随主控制器的输出而变化。例如加热炉控制系统中的炉膛温度。与副变量相对应的变送器称为副变送器。

（3）主控制器（主调节器）　按主变量的测量值与设定值的偏差进行工作的控制器称为主控制器或主调节器，其输出作为副控制器的设定值。例如加热炉控制系统中的加热炉出口温度控制器。

（4）副控制器（副调节器）　设定值由主控制器的输出决定，并按副变量的测量值与设定值的偏差而动作的控制器称为副控制器或副调节器，其输出直接控制控制阀工作。例如加热炉控制系统中的炉膛温度控制器。

（5）主对象　主对象为由主变量所表征的那部分工艺设备或生产过程，其输入为副变量，输出为主变量。例如加热炉控制系统中管壁和被加热的物料的温度过程。

（6）副对象　副对象为由副变量所表征的那部分工艺设备或生产过程，其输入为控制变量（操纵变量），输出为副变量。例如加热炉控制系统中的炉膛温度过程。

（7）主回路（主环或外环）　主回路为在串级控制系统的结构图中断开副变送器以后处于外环的整个回路，是由主控制器、副控制器、控制阀、副对象、主对象及主变送器等组成的闭合回路。

（8）副回路（副环或内环）　副回路处于串级控制系统内环，是由副控制器、控制阀、副对象及副变送器等组成的闭合回路。副回路又称为随动回路。

（9）一次扰动　作用在主对象上而没有包括在副回路范围内的扰动称为一次扰动。例如加热炉控制系统中被加热物料方面的扰动。

（10）二次扰动　作用在副对象上，即包括在副回路范围内的扰动称为二次扰动。例如加热炉控制系统中燃料油方面的扰动。

 做一做：图 2-8 所示为管式加热炉出口温度与燃料油压力串级控制系统，试画出该串级控制系统框图。

3. 串级控制系统的工作过程

仍以加热炉物料出口温度与炉膛温度串级控制系统为例来分析串级控制系统的工作过程。当系统平稳时，加热炉出口温度和炉膛温度均处于相对平稳状态，调节控制阀也相应处于某一开度。当某一时刻由于某种扰动作用，系统的平衡状态受到破坏时，串级控制系统便开始动作。

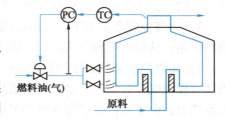

图 2-8　管式加热炉出口温度与燃料油压力串级控制系统

第一种情况：假定扰动是二次干扰，例如来自燃料油的压力或流量变化。从图 2-5 中可见，这个扰动首先反映在炉膛温度即副变量上，因此先被副控制器发现，并立即进行控制。

调节控制阀的开度，改变燃料量，克服扰动对炉膛温度的影响，以维持炉膛温度。若扰动量不大，经过副回路的及时调节，一般不会影响加热炉出口温度的变化。对于大的扰动，将会大大削弱它对加热炉出口温度的影响。当影响到加热炉出口温度即主变量时，主控制器开始工作。因此，为了消除主变量与设定值偏差，应发出控制信号去不断地调整副控制器的设定值。副控制器将根据测量值与变化了的设定值之差进行控制，直到加热炉出口温度重新回到设定值为止，从而完全克服扰动对系统的影响。由此可见，相对主变量来讲，副变量起了"温度预报"功能，副控制器具有"粗调"作用，而主控制器具有"细调"作用，两者相互配合，从而显著地提高控制效果。

第二种情况：假定二次扰动方面没有变动，而主变量在一次扰动作用下发生变化。例如扰动来自被加热物料的流量和初温，而使加热炉出口温度偏离设定值。这时主控制器产生控制作用，即主回路起调节作用，输出信号去调整副控制器的设定值。副控制器跟随这一变化的设定值动作，控制阀门开度，使加热炉出口温度恢复到设定值，从而克服该扰动对加热炉出口温度的影响。

第三种情况：假定一次扰动和二次扰动同时出现，由于副回路具有快速作用，它能够有效地克服内环的二次扰动所带来的影响，从而大大减轻主控制器的负担。而一次扰动则由主回路进行克服，从而有效地克服扰动对于主变量的影响。

综上所述，串级控制系统有很强的克服扰动的能力，特别是对进入副回路的扰动，控制力度更大。

4. 串级控制系统的特点

串级控制系统有以下几个特点。

1) 在串级控制系统中有两个闭合回路，为主回路和副回路；有两个控制器，为主控制器和副控制器；有两个测量变送器，分别测量主变量和副变量。串级控制系统中，主、副控制器是串联工作的。主控制器的输出作为副控制器的设定值，系统通过副控制器的输出去操纵执行器动作，实现对主变量的定值控制。所以在串级控制系统中，主回路是个定值控制系统，而副回路是个随动控制系统。

2) 在串级控制系统中有两个变量：主变量和副变量。一般来说，主变量是反映产品质量或生产过程运行情况的主要工艺变量。控制系统设置的目的就在于稳定这一变量，使它等于工艺规定的设定值。所以，主变量的选择原则与简单控制系统中介绍的被控变量选择原则是一样的。关于副变量的选择原则后面再详细讨论。

3) 串级控制系统由于引入副回路，改善了对象的特性，使控制过程加快，具有超前控制的作用，从而有效地克服滞后，提高了控制质量。

4) 串级控制系统由于增加了副回路，因此具有一定的自适应能力，可用于负荷和操作条件有较大变化的场合。串级控制系统由于副回路的存在，对于进入其中的扰动具有较强的克服能力；由于副回路的存在改善了过程的动态特性，提高了系统的工作频率，所以控制质量比较高。

此外副回路的快速随动特性使串级控制系统对负荷的变化具有一定的自适应能力。因此对于控制质量要求较高、扰动大、滞后时间长的过程，当采用简单控制系统达不到质量要求时，采用串级控制方案往往可以获得较为满意的效果。不过串级控制系统比简单（单回路）控制系统所需的仪表多，系统的投运和参数的整定相应地也要复杂一些。因此，如果单回路控制系统能够解决问题，就尽量不要采用串级控制系统。

对于一个控制系统来说，控制器参数是在一定的负荷、一定的操作条件下，按一定的质量指标整定得到的。因此，一组控制器参数只能适应一定的负荷和操作条件。如果对象具有非线性，那么，随着负荷和操作条件的改变，对象特性就会发生变化。这样，原先的控制器参数就不再适应了，需要重新整定。如果仍用原先的参数，控制质量就会下降。这一问题，在单回路控制系统中是难于解决的。在串级控制系统中，主回路是一个定值系统，副回路却是一个随动系统。当负荷或操作条件发生变化时，主控制器能够适应这一变化并及时地改变副控制器的设定值，使系统运行在新的工作点上，从而保证在新的负荷和操作条件下，控制系统仍然具有较好的控制质量。

5. 串级控制系统的应用场合

与单回路相比，串级控制系统所用的仪表比较多，工程整定也比较烦琐。因此在设计自动控制系统时，能用单回路控制系统解决问题就不用串级控制系统，串级控制系统是为了解决某些单回路控制系统不能满足的要求而设计的。另外，串级控制系统也不是到处都适用，它的优越性是相对的、有条件的，只有在某些情况下应用才有较为显著的效果。串级控制系统常用于下面一些生产过程：

（1）对象的容量滞后比较大的过程　一些过程的容量滞后比较大，如温度控制过程，若生产工艺对这些参数的控制精度要求比较高，用单回路控制的过渡过程时间长，超调量大，被控变量恢复慢，控制质量不能满足工艺要求时，可以采用串级控制系统。

对于这种情况，可以选择一个滞后较小的辅助变量，组成控制速度快的副回路，使对象特性得到改善，使被控过程的等效时间常数减小，加快响应速度，提高控制精度，从而获得较好的控制质量。许多以温度或质量参数为被控变量的对象，其容量滞后往往比较大，而且生产上对于某些变量的控制质量要求又比较高，因此串级控制系统用于这些对象有较大的现实意义。

（2）被控对象的纯滞后时间比较长的过程　纯滞后对控制质量的影响，采用微分控制作用也无能为力，用单回路控制系统不能满足控制质量的要求时，可采用串级控制系统来改善控制质量。

采用串级控制系统，就可以在离控制阀比较近、纯滞后比较小的地方选择一个辅助变量作为副变量，构成一个滞后较小的副回路，当扰动在它之前进入系统时，就可以在影响主变量前，及早在副变量得到反映，用副控制器及时抑制和消除进入副回路的主要扰动对主变量的影响。由于副回路的控制通道短、滞后小，因此控制作用的过调现象不显著，过渡过程的周期短，超调量也较小，整个回路起了一个超前作用，从而大大减小了主变量的波动。如火力发电厂锅炉蒸气温度串级控制系统。

（3）系统内存在变化剧烈和幅值很大的扰动作用的过程　扰动幅度大的被控过程，控制质量一般比较差，在这种情况下，为了提高系统的抗干扰能力，可以采用串级控制系统。

由于串级控制系统副回路对于其中的二次扰动具有较强的抑制和克服能力，因此只要在设计时把这种大幅度剧烈变化的扰动包括在副回路中，并把副控制器放大系数调整得比较大，就可以大大减小这些扰动对主变量的影响。这样的系统抗扰动能力将会大大提高，可以把这类扰动对主变量的影响减小到最低程度。工业锅炉汽包水位是一个很重要的变量，给水压力的变化既频繁且幅值大。为确保汽包水位控制质量，以给水流量作为副回路的被控变量，同液位一起构成串级控制系统，对于给水压力扰动对汽包水位的影响有很强的抑制能力。

（4）某些特殊的控制过程　利用串级控制系统有一定的自适应能力，来满足工艺上某些特殊的要求。例如当被控变量的设定值需要根据工艺情况经常改变时，可以采用串级控制系统来实现自动校正其设定值的要求。

再如，在过程控制中，一般被控过程的特性都存在不同程度的非线性。当负荷变化大、工作点偏移显著时，过程特性会发生明显变化。对于这种情况，在单回路控制系统中，可以通过改变控制器的整定参数来保证系统的控制品质。但对负荷频繁变化的生产过程，仅靠改变控制器整定参数来适应过程工作点变化显然是不可行的。此时如果采用串级控制系统，使非线性环节包含在副回路之内，利用串级控制系统的自适应能力，有效抑制被控过程的非线性，以保证整个系统在新负载下的稳定性，从而获得满意的控制品质。

总之，串级控制系统的应用广泛，但主要用于对象的滞后和惯性都比较大、负荷和扰动变化比较剧烈、单回路控制系统又不能胜任的控制系统。加热炉串级控制系统就是典型的一例。在具体设计时必须结合生产工艺要求和具体情况，合理运用串级控制系统的特点，才能获得预期效果。

（二）串级控制系统控制方案的设计

> 串级控制系统的控制方案如何确定？

合理地设计串级控制系统，才能使其优越性得到充分发挥，串级控制系统的设计工作主要包括主回路的设计、副回路的设计、副变量的选择、控制规律的选择、主控制器正反作用的选择、副控制器正反作用的选择等。

1. 主回路的设计

主回路设计就是确定被控变量（串级控制系统的主变量）。主变量选择原则与单回路控制系统被控变量的选择原则相同。

2. 副回路的设计

由于串级控制系统比单回路控制系统多了一个副回路，因此与单回路控制系统相比，串级控制系统具有一些单回路控制系统所没有的优点。然而，要发挥串级控制系统的优势，副回路的设计则是一个关键。副回路设计得合理，串级控制系统的优势会得到充分发挥，串级控制系统的控制质量将比单回路控制系统的控制质量有明显的提高；副回路设计不合适，串级控制系统的优势将得不到发挥，控制质量的提高将不明显，甚至弄巧成拙，这就失去设计串级控制系统的意义了。

所谓副回路的设计，实际上就是根据生产工艺的具体情况，选择一个合适的副变量，从而构成一个以副变量为被控变量的副回路。为了充分发挥串级控制系统的优势，副回路的确定应考虑如下一些原则：

（1）主、副变量间应有一定的内在联系　在串级控制系统中，副变量的引入往往是为了提高主变量的控制质量。因此，在主变量确定以后，选择的副变量应与主变量间有一定的内在联系。换句话说，在串级控制系统中，副变量的变化应在很大程度上能影响主变量的变化。

选择串级控制系统的副变量一般有两类情况。一类情况是选择与主变量有一定关系的某一中间变量作为副变量；另一类情况是选择的副变量就是操纵变量本身，这样能及时克服它的波动，减少对主变量的影响。

精馏塔塔釜温度是保证产品分离纯度（主要指塔底产品的纯度）的重要间接控制指标，一般要求它保持在一定的数值。通常采用改变进入再沸器的加热蒸汽量来克服扰动（如精馏塔的进料流量、温度及组分的变化等）对塔釜温度的影响，从而保持塔釜温度的恒定。但是，由于温度对象的滞后比较大，当蒸汽压力波动比较厉害时，会造成控制不及时，使控制质量不够理想。所以，为解决这个问题，可以构成如图2-9所示的精馏塔塔釜温度与蒸汽流量串级控制系统。温度控制器TC的输出作为蒸汽流量控制器FC的设定值，即由温度控制的需要来决定流量控制器设定值的"变"与"不变"，或变化的"大"与"小"。通过这套串级控制系统，能够在塔釜温度稳定不变时，使蒸汽流量保持恒定值；而当塔釜温度在外来扰动作用下偏离设定值时，蒸汽流量能做相应的调整，以使能量的需要与供给之间得到平衡，从而使塔釜温度保持在工艺要求的数值上。在这个例子中，选择的副变量就是操纵变量（加热蒸汽量）本身。这样，当主要扰动来自蒸汽压力或流量的波动时，副回路能及时加以克服，以大大减少这种扰动对主变量的影响，使塔釜温度的控制质量得以提高。

（2）使系统的主要扰动被包围在副回路内

串级控制系统的副回路具有反应速度快、抗干扰能力强（主要指进入副回路的扰动）的特点。如果在确定副变量时，一方面能将对主变

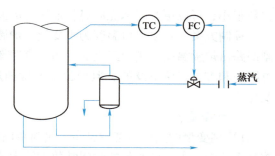

图 2-9　精馏塔塔釜温度与蒸汽流量串级控制系统

量影响最严重、变化最剧烈的扰动包围在副回路内，另一方面又使副对象的时间常数很小，这样就能充分利用副回路的快速抗干扰性能，将扰动的影响抑制在最低限度。这样，主要扰动对主变量的影响就会大大减小，从而提高了控制质量。

（3）在可能的情况下，应使副回路包围更多的次要扰动　如果在生产过程中，除主要扰动外，还有较多的次要扰动，或者系统的扰动较多且难以分出主要扰动与次要扰动，在这种情况下，选择副变量应考虑使副回路尽量多包围一些扰动，这样可以充分发挥副回路的快速抗干扰能力，以提高串级控制系统的控制质量。

需要说明的是，在考虑到使副回路包围更多扰动时，也应同时考虑到副回路的灵敏度，因为这两者经常是相互矛盾的。随着副回路包围扰动的增多，副回路将随之扩大，副变量离主变量也就越近。这样一来，副对象的控制通道就变长，滞后也就增大，从而会削弱副回路的快速、有力控制的特性。这对抑制扰动来说，就显得更为迅速、有力。

因此，在选择副变量时，既要考虑到使副回路包围较多的扰动，又要考虑到使副变量不要离主变量太近，否则一旦扰动影响到副变量，很快也就会影响到主变量，这样副回路的作用也就不大了。对于加热炉出口温度的控制问题，由于产品质量主要取决于出口温度，而且工艺上对它的要求也比较严格，为此需要采用串级控制方案。现有三种方案可供选择。

控制方案一：以出口温度为主变量、燃料油流量为副变量的串级控制系统。该控制系统的副回路由燃料油流量控制回路组成。因此，当燃料油上游侧的压力波动时，因扰动进入副回路，所以，能迅速克服该扰动的影响。但该控制方案因燃料油的黏度较大、导压管易堵而应用较少。

控制方案二：以出口温度为主变量、燃料油压力为副变量，组成如图 2-10 所示的加热炉出口温度与燃料油压力串级控制系统。该控制系统的副回路由燃料油压力控制回路组成。阀后压力与燃料油流量之间有一一对应关系，因此用阀后压力作为燃料油流量的间接变量，组成串级控制系统。同样，该控制方案因燃料油的黏度大、喷嘴易堵，故常用于使用自力式压力控制装置进行调节

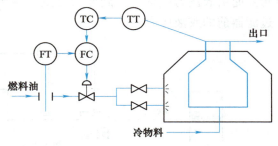

图 2-10　加热炉出口温度与燃料油压力串级控制系统

的场合，并需要设置燃料油压力的报警联锁系统。这种方案的副对象仅仅是一段管道，时间

常数很小，可以更及时地克服燃料油压力的波动。

控制方案三：以出口温度为主变量、炉膛温度为副变量的串级控制系统。该控制系统的副回路由炉膛温度控制回路组成，用于克服燃料油热值或成分的变化造成的影响，这是控制方案一和方案二所不及的。但炉膛温度检测点的位置应合适，要能够及时反映炉膛温度的变化。

3. 副变量的选择

1）副变量的选择应考虑到主、副对象时间常数的匹配，以防"共振"的发生。在串级控制系统中，主、副对象的时间常数不能太接近，这一方面是为了保证副回路具有快速的抗干扰性能，另一方面是由于串级控制系统中主、副回路之间是密切相关的，副变量的变化会影响到主变量，而主变量的变化通过反馈回路又会影响到副变量。如果主、副对象的时间常数比较接近，那么主、副回路的工作频率也就比较接近，这样一旦系统受到扰动，就有可能产生"共振"。而一旦系统发生"共振"，轻则会使控制质量下降，重则会导致系统发散而无法工作。因此，必须设法避免"共振"的发生。所以，在选择副变量时，应注意使主、副对象的时间常数之比为 3~10，以减少主、副回路的动态联系，避免"共振"。当然，也不能盲目追求减小副对象的时间常数，否则可能使副回路包围的扰动太少，使系统抗干扰能力反而减弱了。

2）当对象具有较大的纯滞后而影响控制质量时，在选择副变量时应使副回路尽量少包含纯滞后或不包含纯滞后。对于含有大纯滞后的对象，往往由于控制不及时而使控制质量很差，这时可采用串级控制系统，并通过合理选择副变量将纯滞后部分放到主对象中去，以提高副回路的快速抗扰动能力，及时克服扰动的影响，将其抑制在最小限度内，从而可以使主变量的控制质量得到提高。

某化纤厂的纺丝胶液压力控制系统工艺流程如图 2-11 所示。纺丝胶液由计量泵（作为执行器）输送至板式换热器中进行冷却，随后送往过滤器滤去杂质，然后送往喷丝头喷丝。工艺上要求过滤前的胶液压力稳定在 0.25MPa 左右，因为压力波动将直接影响到过滤效果和后面工序的喷丝质量。由于胶液黏度大，且被控对象控制通道的纯滞后比较大，单回路压力控制方案效果不好，所以为了提高控制质量，可在计量泵与板式换热器之间，靠近计量泵（执行器）的某个适当位置选择一个压力测量点，并以它为副变量组成一个压力与压力的串级控制系统。当纺丝胶液的黏度发生变化或因计量泵前的混合器有污染而引起压力变化时，副变量可及时得到反映，并通过副回路进行克服，从而稳定了过滤器前的胶液压力。

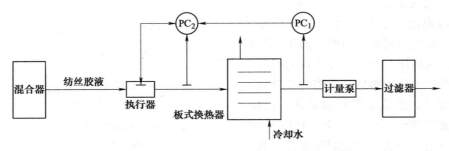

图 2-11　纺丝胶液压力控制系统工艺流程

应当指出，利用串级控制系统克服纯滞后的方法有很大的局限性，即只有当纯滞后环节能够大部分乃至全部都可以被划入到主对象中时，这种方法才能有效地提高系统的控制质量，否则将不会获得很好的效果。

3）选择副变量时需考虑到工艺上的合理性和方案的经济性。在选择副变量时，除必须遵守上述几条原则外，还必须考虑到控制方案在工艺上的合理性。一方面，主、副变量之间应有一定的内在联系；另一方面，因为自动控制系统是为生产服务的，因此在设计系统时，首先要考虑到生产工艺的要求，考虑所设置的系统是否会影响到工艺系统的正常运行，然后再考虑其他方面的要求，否则将会导致所设计的串级控制系统从控制角度上看是可行的、合理的，但却不符合工艺操作上的要求。基于以上两方面的原因，在选择副变量时，必须考虑副变量的设定值变动在工艺上是否合理。

在选择副变量时，常会出现不止一个可供选择的方案，在这种情况下，可以根据对主变量控制品质的要求及经济性等原则来进行取舍。

4. 控制规律的选择

串级控制系统有主、副两个控制器，它们在系统中所起的作用是不同的。主控制器起定值控制作用，副控制器起随动控制作用，这是选择控制规律的基本出发点。

从串级控制系统的结构上看，主回路是一个定值控制系统，因此主控制器控制规律的选择与简单控制系统类似。但采用串级控制系统的主变量往往是工艺操作的主要指标，工艺要求较严格，允许波动的范围很小，一般不允许有余差。因此，通常都采用比例积分（PI）控制规律或比例积分微分（PID）控制规律。这是因为比例作用是一种最基本的控制作用；为了消除余差，主控制器必须具有积分作用；有时，过程控制通道的容量滞后比较大（像温度过程和成分过程等），为了克服容量滞后，可以引入微分控制作用来加速过渡过程。

副回路既是随动控制系统又是定值控制系统。而副变量则是为了稳定主变量而引入的辅助变量，一般无严格的指标要求。为了提高副回路的快速性，副控制器最好不带积分控制作用，在一般情况下，副控制器只采用纯比例（P）控制规律就可以了。但是在选择流量参数作为副变量的串级控制系统中，由于流量过程的时间常数和时滞都很小，为了保持系统稳定，比例度必须选得较大，这样，比例控制作用偏弱，为了防止同向扰动的积累也适当引入较弱的积分控制作用，这时副控制器采用比例积分（PI）控制规律。此时引入积分控制作用的目的不是为了消除余差，而是增强控制作用。一般副回路的容量滞后相对较小，所以副控制器无须引入微分控制作用。这是因为副回路本身就起着快速随动作用，如果引入微分控制作用，当其设定值突变时易产生过调而使控制阀动作幅度过大，对系统控制不利。

综上所述，主、副控制器控制规律的选择应根据控制系统的要求确定。

1）主控制器控制规律的选择。根据主回路是定值控制系统的特点，为了消除余差，应采用积分控制规律；串级控制系统通常用于慢对象，为此，也可采用微分控制规律。据此，主控制器的控制规律通常为 PID 或 PI。

2）副控制器控制规律的选择。副回路对主回路而言是随动控制系统，对副变量而言是定值控制系统。因此，从控制要求看，通常无消除余差的要求，即可不用积分控制作用；但当副变量是流量并有精确控制该流量的要求时，可引入较弱的积分控制作用。因此，副控制器的控制规律通常为 P 或 PI。

例如，在加热炉出口温度与炉膛温度控制系统中，主（出口温度）控制器应选比例积分微分（PID）控制规律，而副控制器只需选择纯比例（P）控制规律就可以了。在加热炉出口温度与燃料流量控制系统中，副控制器应选择比例积分（PI）控制规律，并且应将比例度选得较大。表 2-3 提供了几种不同情况的主、副控制器控制规律的选择。

表 2-3　几种不同情况的主、副控制器控制规律的选择

主变量	副变量	主控制器	副控制器
允许波动范围小，不允许余差	引入副变量主要为保证主变量稳定	PI	P
允许波动范围小，有容量滞后		PID	
有控制质量要求或主扰动在副回路外	有控制质量要求	PI	PI
要求不高，采用串级控制系统的目的是为了主、副变量兼顾	要求不高	P	P
要求不高，采用串级控制系统的目的是为了主、副变量兼顾，并防止主变量偏差		PI	
要求不高，允许在一定范围波动	控制要求快速、精确地跟随主控制器输出变化	P	PI

由于串级控制系统应用越来越广泛，主、副变量的匹配形式也很多，其作用和要求也不完全相同，因而串级控制系统应用在特殊场合时，其主、副控制器控制规律要结合具体情况加以选择。

5. 主、副控制器正、反作用的选择

串级控制系统中，必须根据各种不同情况，选择主、副控制器的作用方向，主、副控制器正、反作用的选择顺序通常是先副后主，即先确定执行器的开、关形式及副控制器的正、反作用，然后确定主控制器的作用方向，具体选择方法如下：

（1）副控制器的正、反作用的选择　副控制器的正、反作用的选择要根据副回路的具体情况决定，而与主回路无关。副控制器的作用方向与副对象特性和执行器的气开、气关形式有关，选择原则与单回路控制系统相同，这时可不考虑主控制器的作用方向，只是将主控制器的输出作为副控制器的设定值就行了，根据工艺安全等要求，选定执行器的气开、气关形式后，使副回路成为一个稳定的负反馈系统。

（2）主控制器的正、反作用的选择　主控制器的正、反作用要根据主回路所包括的各环节情况来确定。主回路内包括主控制器、副回路、主对象和主变送器。按负反馈原理，给出"乘积为负"的判别式为

$$（主控制器 \pm）（副回路 \pm）（主对象 \pm）（主变送器 \pm）=（-）$$

因为副回路是一个随动系统，要求副变量快速地跟踪主控制器的输出变化，所以副回路可视为"正环节"。而主变送器一般都是"正"的。因此，主控制器的正、反作用实际上只取决于主对象的正、反符号，这样判别式可简化为

$$（主控制器 \pm）（主对象 \pm）=（-）$$

因此，当主对象为"正"时（主、副变量同向变化），主控制器应选"反"作用；反之，当主对象为"负"时（主、副变量反向变化），主控制器应选"正"作用。

在实际生产过程中，若要求控制系统既可以进行串级控制，又可进行由主控制器直接控制控制阀进行单回路控制（称为主控）时，其相互切换时应注意以下情况：若副控制器为

反作用，则主控制器在串级和主控时的作用方向不需要改变。若副控制器为正作用，则主控制器在串级和主控时的作用方向需要改变，以保证控制系统为负反馈。

主、副控制器作用方式见表2-4。

表2-4 主、副控制器作用方式

序号	主对象（过程）	副对象（过程）	控制阀 +(气开)、-(气关)	串级控制		主控
				副控制器	主控制器	主控制器
1	+	+	+	-	-	-
2	+	+	-	+	-	+
3	-	-	+	+	+	-
4	-	-	-	-	+	+
5	-	+	+	-	+	+
6	-	+	-	+	+	-
7	+	-	+	+	-	+
8	+	-	-	-	-	+

为了能使系统在串级控制与单回路控制（主控）之间方便切换，在控制阀开闭形式可以任选的情况下，应选择能使副控制器为反作用的那种控制阀形式，这样，可以免除在串级和主控切换时，来回改变主控制器的正、反作用方式。

此外，串级控制系统中主、副控制器的选择也可以按先主后副的顺序，即先按工艺过程特性的要求确定主控制器的作用方向，然后按一般单回路控制系统的方法再选定执行器的气开、气关形式及副控制器的作用方向。

案例分析

【案例】 下面以图2-12所示的管式加热炉出口温度与燃料油压力串级控制系统为例，说明主、副控制器正、反作用方式的确定。

（1）主、副变量

1) 主变量：加热炉出口温度。

2) 副变量：燃料油压力。

（2）副回路 从生产工艺安全要求出发，燃

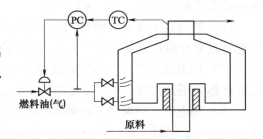

图2-12 管式加热炉出口温度与燃料油压力串级控制系统

料油控制阀应选用气开式，即一旦控制阀损坏，控制阀处于全关状态，以切断燃料油进入加热炉，从而确保其设备安全，故控制阀符号为"+"。副对象是压力对象，当控制阀开度增加时，压力将上升，故副对象符号为"+"，副变送器符号为"+"。根据副回路负反馈要求，副回路开环符号乘积为负，则副控制器应选反作用，即副控制器符号为"-"。

（3）主回路　主控制器的正、反作用只取决于主对象符号。主对象的输入信号为燃料油压力，即副变量；输出信号为出口温度，即主变量。当燃料油压力增大时，燃料油增加，提供的热量增大，出口温度也会升高，故主对象符号为"+"。为保证整个回路为负反馈，则主控制器符号应与主对象符号相反，即取符号为"-"，因此主控制器应选反作用。

串级控制系统主、副控制器正、反作用方式确定是否正确，可做如下实验：当加热炉出口温度降低时，主控制器输出量增大，即副控制器的设定值增大。因此，副控制器输出亦增大，使控制阀开度增大。这样，燃料油压力增大，进入加热炉的燃料油量亦增加，提供热量增多，从而使加热炉出口温度增高。由此可见，主、副控制器的正、反作用是正确的。

二、温度测量仪表的选型

（一）温度测量仪表的分类

 让我们来认识一下温度测量仪表。

温度是表征物体冷热程度的物理量，它是工业生产中的重要物理量。在许多生产过程中，包括物理、化学和生物的变化过程，都要求在严格的温度范围内进行。对温度进行实时监测，将其控制在指标范围内具有重要意义，是保证工业生产正常进行的重要保证。为此，温度检测仪表成为工业生产中应用最广泛的仪表之一。

温度检测仪表根据测温方式可分为接触式与非接触式两大类。接触式测温仪表通过将传感器与被测物相接触，利用物体之间的热传递，感知被测物体的温度。非接触式测温仪表利用相关仪器接收被测物体的热辐射来确定温度。

1. 接触式测温仪表

任意两个冷热程度不同的物体接触时，必然发生热交换。热量将由温度较高的物体传向温度较低的物体，直到两物体的冷热程度达到热平衡状态。根据这一原理，可通过将某一物体同被测物体相接触来测量该物体的温度。而所选物体的某一物理性质必须是连续地、单值地随温度变化而变化，并且复现性好。

（1）膨胀式温度计　膨胀式温度计是利用物体热胀冷缩的特性来测量温度的。如液体室温计及双金属片温度计等，主要用于生产过程的现场温度指示，通过目测方式读取温度。

（2）压力式温度计　在气体或液体的封闭容器中，利用压力随温度变化的性质构成的温度计称为压力式温度计，主要用于易燃、易爆、振动等环境下的温度指示。

（3）热电偶　将两种不同的导体连接在一起，并构成回路，将这两种导体的连接点放在温度不同的区域，热电效应会导致两种导体回路中产生热电动势。测量电动势数值，就可以获得导体两端的温度差。基于该原理构成的温度计称为热电偶。

（4）热电阻　金属或半导体在不同温度下电阻不同，利用这个原理，通过测量阻值来获得温度的温度计称为热电阻。工业装置中使用量最大的是热电偶和热电阻。

（5）半导体温度计　半导体PN结的结电压会随温度的变化发生改变，基于测量半导体结电压来获得温度的温度计称为半导体温度计。

工业上常用的温度检测仪表的分类见表2-5。

表 2-5 温度检测仪表的分类

测温方式	温度计种类		常用测温范围/℃	优点	缺点
非接触式测温仪表	辐射式	辐射式	400~2000	测温时，不破坏被测温度场	低温段测量不准，环境条件会影响测温准确度
		光学式	700~3200		
		比色式	900~1700		
	红外线式	热敏探测	-50~3200	测温时不破坏被测温度场，响应快，测温范围大	易受外界干扰，标定困难
		光学探测	0~3500		
		热电探测	200~2000		
接触式测温仪表	膨胀式	玻璃液体	-50~600	结构简单、使用方便、测量准确、价格低廉	量程上限和准确度受玻璃质量的限制、易碎、不能远传
		双金属	-80~600	结构紧凑、牢固可靠	准确度低、量度和使用范围有限
	压力式	液体	-30~600	耐震、坚固、防爆、价格低廉	准确度低、测量距离短、滞后大
		气体	-20~350		
		蒸气	0~250		
	热电偶	铂铑-铂	0~1600	测温范围广、准确度高，便于远距离多点集中测量和自动控制	需冷端温度补偿，在低温度测量准确度较低
		镍铬-镍铝	0~900		
		镍铬-考铜	0~600		
	热电阻	铂	-200~500	测温准确度高，便于远距离多点集中测量和准确度控制	不能测高温，需注意环境温度的影响
		铜	-50~150		
		热敏	-50~300		

2. 非接触式测温仪表

非接触式测温目前在工业上还是以辐射式测温为主，这种测温方法使测温元件不与被测温物体直接接触，由于它是通过热辐射来测温，所以不会破坏被测物体原有的温度场，反应速度快。但它受被测物体热辐射率及环境因素，如被测物体与仪表间的距离、烟尘、水汽和测温范围等因素限制，当使用不当时，会引起额外的测量误差，一般用于极高温度测量和便携式机动测量。

（1）辐射式温度计 通过测量物体热辐射功率来测量温度的温度计称为辐射式温度计，这类温度计有光学高温计、全辐射温度计和比色温度计等。

（2）红外式温度计 物体温度越高，其红外波段辐射功率越高。通过测量红外波段辐射功率制成的温度计称为红外式温度计，例如光电高温计、红外辐射温度计等。

（二）热电偶

热电偶是利用热电效应制成的测温元件，能将温度信号转换成毫伏级电动势信号，通过测量、放大热电动势，配以测量毫伏电动势的指示仪表或变送器，就可以实现温度的自动测量、显示记录、报警、远传等。热电偶一般用于测量 500℃ 以上高温，可以在 1600℃ 高温下长期使用，短期可在 1800℃ 下使用。热电偶测量范围广、结构简单、使用方便、测量温度准确可靠，信号便于远距离传输，在工业生产中应用最普遍。

1. 热电偶的工作原理

什么是热电效应？

1821年，德国物理学家赛贝克发现：加热"不同金属构成的回路"的结点，有电流在回路中流动，电流的强弱与两个结点的温差有关。

当两种不同的导体或半导体 A 和 B 组成一个回路，其两端相互连接时，只要两结点处的温度不同，回路中将产生一个电动势，该电动势的方向和大小与导体的材料及两接点的温度有关，这种物理现象称为热电效应。两种不同材料的导体所组成的回路称为热电偶。组成热电偶的导体称为热电极。热电偶所产生的电动势称为热电动势。热电偶的两个结点中，置于温度为 t 的被测对象中的结点称为测量端，又称为工作端或热端；而置于参考温度为 t_0 的另一结点称为参考端，又称为自由端或冷端。热电偶的示意图和热电效应如图 2-13 和图 2-14 所示。

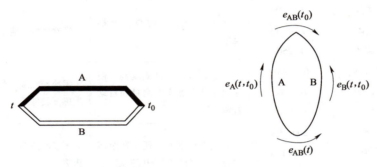

图 2-13　热电偶示意图　　　　图 2-14　热电效应

如果组成热电偶的两种电极材料相同，则无论热电偶冷、热两端的温度如何，闭合回路中的总热电动势为零；如果热电偶冷、热两端的温度相同，则无论两电极的材料如何，闭合回路中的总热电动势为零。当使用第三种材质的金属导线连接到测量仪表上时，只要第三导体与热电偶的两个结点温度相同，对原热电偶所产生的热电动势就没有影响。热电偶产生的热电动势除与冷、热两端的温度有关外，还与电极材料有关，也就是说由不同电极材料制成的热电偶在相同的温度下产生的热电动势是不同的。

2. 热电偶的分类

按用途不同，热电偶常制成以下几种形式：

（1）普通型热电偶　普通型热电偶是应用最多的，主要用来测量气体、蒸气和液体等介质的温度。根据测温范围和环境的不同，所用的热电偶电极和保护套管的材料也不同，但因使用条件基本类似，所以这类热电偶已标准化、系列化。按其安装时的连接方法可分为螺纹连接和法兰连接两种。

（2）铠装热电偶　铠装热电偶又称缆式热电偶，是由热电极、绝缘材料（通常为电熔氧化镁）、金属保护管和接线盒四者结合而成的一个坚实整体。铠装热电偶有单芯和双芯之分，其测量端有露头型、接壳型和绝缘型三种基本形式。铠装热电偶的参比端（接线盒）形式有简易式、防水式、防溅式、接插式和小线盒式等。铠装热电偶小型化、对被测温度反应快、力学性能好、结实牢靠、耐振动和耐冲击，可以弯成各种形状等优点，已广泛应用在航空、核能、电力、冶金和石油化工等部门。

（3）薄膜式热电偶　薄膜式热电偶是用真空蒸镀的方法，将热电极沉积在绝缘基板上而成的热电偶。因采用蒸镀工艺，薄膜式热电偶可以做得很薄，尺寸可以做得很小。其测量速度快，适合于测量微小面积上的瞬间温度。热电极材料以片状、针状和直接蒸镀等三种方式置于被测物体表面上。

（4）表面热电偶　表面热电偶主要用来测量圆弧形表面温度。

（5）快速消耗型热电偶　快速消耗型热电偶是一种专为测量钢水及熔融金属温度而设计的特殊热电偶。当其插入钢水后，保护帽瞬间融化，热电偶工作端即刻暴露于钢水中，在4~6s内就反映出钢水温度。测出温度后，热电偶被烧坏，只能一次性使用。也可以用补偿导线接到专用的快速电子电位差计上，直接读取钢水温度。

3. 热电偶的分度号

理论上任意两种导体或半导体都可以组成热电偶，但实际上组成热电偶的材料必须在测温范围内有稳定的化学与物理性质，热电动势大，并与温度接近线性关系。国际电工委员会（简称IEC）制定了热电偶材料的统一标准。

不同材质热电偶的热电动势与热端温度关系不同，用表示热电偶材料的分度号来区别不同热电偶。我国从1988年1月1日起，热电偶全部按IEC国际标准产生，并指定S、B、E、K、R、J、T七种标准化热电偶为我国统一设计型热电偶，其中S、B、R属于贵金属热电偶，E、K、J、T属于廉金属热电偶。如分度号T表明热电偶材料采用铜-康铜，即正极采用100%Cu，负极采用40%Ni和60%Cu制成，其他类似。

常用标准型热电偶见表2-6。铂及其合金属于贵金属，其组成的热电偶价格昂贵，优点是热电动势非常稳定、准确度高。在普通金属热电偶中，镍铬-镍硅的电动势温度关系线性度最好，铜-康铜的价格最便宜，镍铬-康铜的灵敏度最高。

表2-6　常用标准型热电偶

热电偶名称	分度号	热电丝材料	测温范围/℃	平均灵敏度/(μV/℃)	特点
铂铑30-铂铑	B	正极Pt70%，Rh30%；负极Pt94%，Rh 6%	0~1800	10	价格高、稳定性好、准确度高，可在氧化气氛中使用
铂铑10-铂	S	正极Pt90%，Rh 10%；负极Pt100%	0~1600	10	同上，线性度优于B
镍铬-镍硅	K	正极Ni90%，Cr10%；负极Ni 97%，Si2.5%Mn0.5%	0~1300	40	线性度好、价廉、稳定，可在氧化及中性气氛中使用
镍铬-康铜	E	正极Ni90%，Cr10%；负极Ni40%，Cu60%	-200~900	80	灵敏度高、价廉，可在氧化及弱还原气氛中使用
铜-康铜	T	正极Cu100%；负极Ni40%，Cu60%	-200~400	50	价廉，但铜易氧化，常用于150℃以下温度测量

4. 热电偶的分度表

热电偶的热电动势大小不仅与被测温度有关，还与自由端（冷端）温度有关，而热电动势的计算又非常困难，实际上是通过实验获得热电动势参数。将热电偶冷端温度固定为0℃，通过实验测出热端温度与热电动势的关系数据，做成标准数据表格，各种热电偶热电动势与温度的一一对应关系都可以从标准数据表格中查得，这种表格称为热电偶的分度表。

常用热电偶可分为标准热电偶和非标准热电偶两大类。所谓标准热电偶，是指国家标准规定了其热电动势与温度的关系、允许误差，并有统一的标准分度表的热电偶，它有与其配套的显示仪表可供选用。非标准热电偶在使用范围或数量级上均不及标准热电偶，一般也没有统一的分度表，主要用于某些特殊场合温度的测量。

不同材料的热电偶通常以分度号加以区分。镍铬-镍硅热电偶的分度表见表 2-7。

表 2-7 镍铬-镍硅热电偶的分度表

分度号：K （冷端温度为 0℃）

工作端温度/℃	0	10	20	30	40	50	60	70	80	90
	热电动势/mV									
-0	-0.000	-0.392	-0.777	-1.156	-1.527	-1.889	-2.243	-2.586	-2.920	-3.242
+0	0.000	0.397	0.798	1.203	1.611	2.022	2.436	2.850	3.266	3.681
100	4.096	4.508	4.919	5.327	5.733	6.137	6.539	6.939	7.338	7.737
200	8.137	8.537	8.938	9.341	9.745	10.151	10.560	10.969	11.381	11.793
300	12.207	12.623	13.039	13.456	13.874	14.292	14.712	15.132	15.552	15.974
400	16.395	16.818	17.241	17.664	18.088	18.513	18.938	19.363	19.788	20.214
500	20.640	21.066	21.493	21.919	22.346	22.772	23.198	23.624	24.050	24.476
600	24.902	25.327	25.751	26.176	26.599	27.022	27.445	27.867	28.288	28.709
700	29.128	29.547	29.965	30.383	30.799	31.214	31.629	32.042	32.455	32.866
800	33.277	33.686	34.095	34.502	34.909	35.314	35.718	36.123	36.524	36.925
900	37.325	37.724	38.122	38.519	38.915	39.310	39.703	40.096	40.488	40.897
1000	41.264	41.657	42.045	42.432	42.817	43.202	43.585	43.968	44.349	44.729
1100	45.108	45.486	45.863	46.238	46.612	46.985	47.356	47.726	48.095	48.462
1200	48.828	49.192	49.555	49.916	50.276	50.663	50.990	51.344	51.697	52.049

 做一做：确定热电动势

例：用一只镍铬-镍硅热电偶（分度号为 K）测量炉温，已知热电偶工作端温度为 800℃，自由端温度为 20℃，求热电偶产生的热电动势 $E(800, 20)$。

解：由表 2-7 可以查得

$E(800, 0) = 33.277\text{mV}$，$E(20, 0) = 0.798\text{mV}$

将以上数据代入得

$E(800, 20) = E(800, 0) - E(20, 0) = 33.277\text{mV} - 0.798\text{mV} = 32.479\text{mV}$

 做一做：确定被测实际温度

用 K 型热电偶测量某加热炉的温度。测得的电动势 $E(t, t_0) = 23699\mu\text{V}$，而自由端的温度 $t_0 = 30$℃，求被测实际温度。

5. 热电偶的冷端延长

由热电偶测温原理可知,只有当热电偶的冷端温度保持不变时,热电动势才是被测温度的单值函数。在实际应用时,因热电偶冷端暴露于空间,且热电极长度有限,其冷端温度不仅受到环境温度的影响,而且受到被测温度变化的影响,因而冷端温度难以保持恒定。这就希望将热电偶做得很长,使冷端远离工作端且进入恒温环境,但这样做要消耗大量贵重电极材料,很不经济。

例如:热电偶安装在电炉壁上,电炉周围的空气温度的不稳定会影响到接线盒中的冷端的温度,造成测量误差。为了使冷端不受测量端温度的影响,可将热电偶加长,由于热电偶的材料一般都比较贵重(特别是采用贵金属时),会增加测量费用。为了节省热电偶材料,通常采用补偿导线把热电偶的冷端(自由端)延伸到温度比较稳定的控制室内,连接到仪表端子上,补偿导线连接图如图2-15所示。

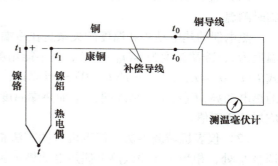

图 2-15 补偿导线连接图

一般采用在一定温度范围内(0~100℃)与热电偶热电特性相近且廉价的材料制成的导线代替热电偶来延长热电极,延伸到温度稳定处再进行温度测量,这种导线称为补偿导线。使用补偿导线犹如将热电偶延长,把热电偶的冷端延伸到离热源较远、温度恒定又较低的地方。常用的补偿导线见表2-8。

表 2-8 常用的补偿导线

补偿导线型号	配用热电偶		补偿导线材料		补偿导线绝缘层颜色	
	名称	分度号	正极	负极	正极	负极
SC	铂铑 10-铂	S	铜	铜镍	红	绿
KC	镍铬-镍硅	K	铜	铜镍	红	蓝
EX	镍铬-铜镍	E	铜铬	铜镍	红	棕
TX	铜-铜镍	T	铜	铜镍	红	白

补偿导线实际上是一支两端都打开的热电偶,它在低温段热电动势特性与对应热电偶相近。根据热电偶的中间温度定律,补偿导线和热电偶相连后,其总的热电动势等于两支热电偶产生的热电动势代数和。

必须指出,热电偶补偿导线的作用只是延长热电极,使热电偶的冷端移动到控制室的仪表端子上,它本身并不能消除冷端温度变化对测温的影响,不起补偿作用。因此,还需采用其他修正方法来补偿冷端温度 $t_0 \neq 0$ 时对测温的影响。在使用热电偶补偿导线时必须注意型号相配,极性不能接错,补偿导线与热电偶连接端的温度不能超过100℃。

6. 热电偶的冷端温度补偿

使用补偿导线只解决了冷端温度保持恒定的问题,但是在热电偶显示仪表上面的温度标尺分度或温度变送器的输出信号都是根据分度表来确定的。分度表是在冷端温度为0℃的条件下得到的。由于工业上使用的热电偶其冷端温度通常并不是0℃,因此测量得到的热电动势如不经修正就输出显示,则会带来测量误差。测量得到的热电动势必须通过修正,即冷端温度补偿,才能使被测温度与热电动势的关系符合分度表中热电偶静态特性关系,以使被测温度能真实地反映到仪表上来。

热电偶冷端温度的补偿方法通常有查表修正法、仪表机械调零法、补偿电桥法和软件补偿法。另外,科研和实验室中常采用冰浴法。

(1) 查表修正法　查表修正法是用查表计算的方法来修正冷端温度。适用于实验室或临时测温。

热电偶的热电动势和温度的关系是在冷端温度为0℃时得到的,如果测温热电偶的热端温度为 t,冷端温度为 $t_0(t_0>0℃)$,就不能用测得的 $E(t, t_0)$ 去查分度表的温度 t,必须用式 $E(t, 0) = E(t, t_0) + E(t_0, 0)$ 进行修正,式中,$E(t, 0)$ 是冷端为0℃而热端温度为 t 时的热电动势;$E(t, t_0)$ 是冷端为 t_0 而热端温度为 t 时的热电动势;$E(t_0, 0)$ 是冷端为0℃时应加的矫正值。

(2) 仪表机械调零法　仪表机械调零法指测温系统未工作前,将显示仪表的机械零点调至 t_0 处,相当于在输入热电偶热电动势之前就给显示仪表输入了电动势 $E(t_0, 0)$,此方法只适用于冷端温度比较稳定、对测量结果要求不高的场合。

(3) 补偿电桥法　补偿电桥法是利用不平衡电桥(又称冷端补偿器)产生不平衡电压来自动补偿热电偶因冷端温度变化而引起的热电动势变化,即在热电偶的测量线路中附加一个电动势。

如图2-16所示,补偿电桥由电阻 R_1、R_2、R_3(均为锰铜丝绕制的电阻)和 R_{Cu}(铜丝绕制的电阻)四个臂和桥路稳压电源组成,R_0 起到限(恒)流作用,串联在热电偶测温回路中。R_{Cu} 与热电偶冷端温度相同,阻值随温度变化。电桥在0℃时平衡,这时桥臂上的四个电阻阻值相同,电桥输出 $U = 0$。当冷端温度偏离0℃升高至 t_0 时,随着 R_{Cu} 的增大,不平衡电压 U_0 与热

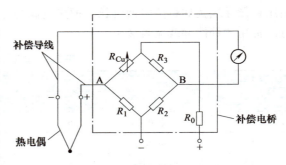

图2-16　热电偶冷端温度补偿电桥

电偶电动势相叠加后送入测量仪表。如果 U_0 正好补偿由冷端温度变化引起的热电动势变化值 $E_{AB}(t_0, 0)$,则 U 与热电动势 $E_{AB}(t, t_0)$ 叠加后,输出电动势始终为 $E_{AB}(t, 0)$,从而起到对冷端温度变化的自动补偿作用。

此方法一般在热电偶冷端处温度波动较大时采用,广泛应用于热电偶变送器冷端温度补偿。采用补偿电桥法应注意两点,一是补偿器接入测量系统时正、负极性不可接反;二是显示仪表的机械零位应调整到冷端温度补偿器设计时的平衡温度。

(4) 软件补偿法　除采用硬件电路进行热电偶冷端温度补偿外,还可用软件方法实现冷端温度补偿。当冷端温度变化时,计算机可按照计算公式对冷端温度变化进行温度自动补偿。若要对多个热电偶冷端温度进行补偿,为了避免占用通道数太多,可用补偿导线将所有热电偶冷端延伸到同一温度环境,这样只用一个温度传感器通过一个通道送入计算机即可。

(5) 冰浴法　将热电偶的冷端置于盛有绝缘油的试管,再放入冰水混合的恒温槽中,使冷端温度恒定保持在0℃。此方法多用于实验室,在工程环境中极为不方便。

(三)热电阻

 让我们来认识一下热电阻?

热电偶输出的电压都是毫伏级的,当温度差较小时,热电偶输出的热电动势很小,容易受到干扰而无法精确测量。因此,一般采用热电阻温度计测量500℃以下的温度。热电阻温度计最大的特点是性能稳定、测量准确度高、测温范围宽,同时还不需要冷端温度补偿,电阻信号便于远传,较电动势信号易于处理,且抗干扰能力强;其缺点是连接导线的电阻值易受环境温度的影响而产生测量误差,所以必须采用三线制接法。一般可在-200~500℃的范围使用。

与热电偶测温原理不同的是,热电阻是基于电阻的热效应进行温度测量的,即电阻器的阻值随温度的变化而变化的特性。因此,只要测出感温热电阻的阻值变化,就可以测量出被测温度。

目前,热电阻分为金属热电阻和半导体热敏电阻两类,半导体热敏电阻的灵敏度比金属热电阻高。

1. 金属热电阻

金属热电阻线性度好、准确度高、测温范围广,在工业温度测量中得到了广泛应用,如铂热电阻(Pt)、铜热电阻(Cu)等。从电阻随温度的变化来看,大部分金属导体都有这种性质,但并不是都能用作测温热电阻,作为热电阻的金属材料一般要求有尽可能大而且稳定的温度系数、电阻率要大(在同样灵敏度下减小传感器的尺寸)、在使用的温度范围内具有稳定的化学和物理性能、材料的复性好、电阻值随温度变化要有单值函数关系(最好呈线性关系)。

目前金属热电阻主要包括铂热电阻和铜热电阻两大类。其中铂热电阻是热电阻中测量准确度最高的一种,不仅广泛应用于工业测温,而且被制成标准的基准仪器。工业上常见的金属热电阻见表2-9。

表2-9 工业上常见的金属热电阻

名称	材料	分度号	0℃时阻值/Ω	测温范围/℃	主要特点
铂热电阻	铂	Pt10	10	-200~850	准确度高,适用于中性和氧化性介质;稳定性好,具有一定的非线性;温度越高,电阻的变化率越小;价格较贵
		Pt100	100		
铜热电阻	铜	Cu50	50	-50~150	在测温范围内电阻和温度呈线性关系;温度系数大;适用于无腐蚀介质;超过150℃易被氧化;价格较便宜
		Cu100	100		

常用的铂热电阻有两种,分度号分别为Pt100和Pt10,其中100、10表示温度$t=0$℃时的电阻值分别为100Ω和10Ω。常用的铜热电阻有两种,分度号分别为Cu100和Cu50,其中100、50表示温度$t=0$℃时的电阻值分别为100Ω和50Ω。其中Pt100和Cu50的应用较为广泛。

2. 半导体热敏电阻

半导体热敏电阻与金属热电阻相比,温度系数更大、常温下的阻值更高、灵敏度高,可用于测量微小的温度变化值,但换性差、非线性严重,测温范围只有-50~300℃,不能用于

350℃以上的高温测量。

热敏电阻通常由锰、镍、铜、钴、铁等金属氧化物按一定比例混合烧结而成，或者由单晶体半导体制成。热敏温度有正温度系数（PTC）、负温度系数（NTC）和临界温度系数（CTR）三种。其中，具有正温度系数的热敏电阻的阻值随温度的升高而增大，具有负温度系数的热敏电阻的阻值随温度的升高而减小。具有负温度系数的热敏电阻主要用于温度检测，具有正温度系数和临界温度系数的热敏电阻主要利用其阻值在特定温度下急剧变化的性质，构成温度开关元件。

典型的热敏电阻有圆形、珠形、圆片形等形式，广泛应用于汽车和家电等领域。

3. 热电阻的信号连接方式

热电阻是把温度变化转换为电阻变化的一次元件，通常需要把电阻信号通过引线传递到计算机控制装置或者其他二次仪表上。工业用热电阻安装在生产现场，与控制室之间存在一定的距离，因此热电阻的引线对测量结果会有较大的影响。

目前，热电阻的引线方式主要有三种，如图 2-17 所示。

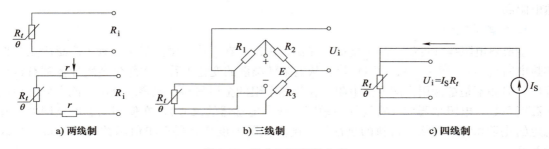

图 2-17　热电阻的引线方式

（1）两线制　在热电阻的两端各连接一根导线来引出电阻信号的方式称为两线制，如图 2-17a 所示。这种引线方式最简单，但由于连接导线必然存在引线电阻 r，r 的大小与导线的材料和长度等因素有关。很显然，图中的 $R_i \approx R_t + 2r$。因此，这种引线方式只适用于测量准确度要求较低的场合。

（2）三线制　在热电阻根部的一端连接一根导线，另一端连接两根引线的方式称为三线制，如图 2-17b 所示。这种方式通常与电桥配套使用。与热电阻 R_t 连接的三根导线，粗细、长短相同，阻值相等。当电桥设计满足一定条件时，连接导线的线电阻可以完全消去，导线电阻的变化对热电阻毫无影响。必须注意，只有在全等臂电桥（四个桥臂电阻相等），而且是在平衡状态下才是如此，否则不可能完全消除导线电阻的影响，但分析可见，采用三线制连接方法会使它的影响大大减小，因此，三线制是最常用的引线方式。

（3）四线制　在热电阻根部两端各连接两根导线的方式称为四线制，如图 2-17c 所示。其中两根引线为热电阻提供恒定电流 I_S，把 R_t 转化为电压信号 U_i，再通过另两根引线把 U_i 引至二次仪表。这种引线方式可以完全消除引线电阻的影响，主要用于高准确度的温度检测。

（四）集成温度传感器

集成温度传感器是利用晶体管 PN 结的电流电压特性与温度的关系，把敏感元件、放大电路和补偿电路等部分集成化，并把它们封装在一起的温度检测元件。集成温度传感器具有体积小、反应快、线性较好和廉价等优点。但其耐热特性和测温范围仍不如热电偶和金属热电阻,它的测温范围为 −50~150℃,适用于常温测量,如家用电器的热保护和温度的显示与控制。它在工业过程控制中主要用于温度补偿。

集成温度传感器按信号输出形式可分为模拟输出型和数字输出型两种类型,其中模拟输出型又分为电压输出型和电流输出型,数字输出型可分为开关输出型、并行输出型、串行输出型等几种不同的形式。电压输出型的优点是直接输出电压,且输出阻抗低,易于读取或控制电路接口。电流输出型和数字输出型的优点是输出阻抗极高,可以简单地使用双绞线进行数百米远的信号传输而不必考虑信号损失和干扰问题。

1. 电压输出型

电压输出型集成温度传感器常见的有 LM135、LM235 和 LM335 系列,它们的工作温度范围分别为 −55~150℃、−45~125℃和 −10~100℃。传感器外部有三个端子,一个接正电源电压,一个接负电源电压,第三个端子为调整段,用于传感器进行外部标定。

2. 电流输出型

电流输出型集成温度传感器的典型代表是 AD590,它输出的电流值与绝对温度成正比,测温范围为 −55~150℃。作为一种高阻抗电流源,AD590 具有标准化的温度特性,并具有良好的互换性。

3. 数字输出型

典型的数字输出型集成温度传感器是 DS1820,其全部模拟电流和数字电路都集成在一起,外形像一只晶体管,三个引脚分别是电源、接地线和数据线。这种由单片集成电路构成的温度传感器使用方便,测温范围为 −55~125℃,分辨率为 0.5℃。

(五)温度变送器

热电偶、热电阻是用于温度信号检测的一次元件,它需要和显示单元、控制单元配合,以实现对温度或温差的显示和控制。目前,大多数计算机控制装置可以直接输入热电阻和热电偶信号,即把电阻信号或者毫伏信号经过补偿导线直接接入到计算机控制设备上,实现被测温度的显示和控制。

但是,采用这种传统温度测量方法带来的问题是系统的 I/O 板需要特殊定购;特殊的配线导致安装和检修困难;无法通过智能数字信号对仪表进行远程的监视和调整;准确度差、输出信号弱、抗干扰能力差。在实际工作现场中,也不乏利用信号转换仪表先将传感器输出的电阻或毫伏信号转换为标准信号输出,再把标准信号接入到其他显示单元、控制单元,这种信号转换仪表即为温度变送器。

温度变送器的作用是将热电偶或热电阻输出的电动势值或电阻值转换成统一的标准信号,再送给其他仪表进行指示、记录或控制。

温度变送器的种类很多,常用的有 DDZ-Ⅲ型温度变送器、一体化温度变送器和智能式温度变送器等。

图 2-18 所示为 SBW 系列温度变送器,其中 SBWR 热电阻温度变送器是 DDZ-Ⅲ型 S 系列仪表中的现场安装式温度变送单元。它采用两线制传输方式,将热电偶、热电阻的输出信号变换成与被测温度成线性关系的 DC 4~20mA 标准电流信号。温度变送器可以安装于热电偶、热电阻的接线盒内,与之形成一体化结构,也可单独安装在仪表盘内作为转换单元。

一体化温度变送器是指将变送器模块安装在测温元件接线盒或专用接线盒内的一种温度

变送器。其测温元件（热电偶或热电阻传感器）和变送器模块形成一个整体，也可以直接安装在被测工艺管道上，输出为统一的标准信号。由于一体化温度变送器直接安装在现场，在一般情况下变送器模块内部集成电路的制成工作温度为-20~80℃，超过这一范围，电子器件的性能会发生变化，变送器将不能正常工作，因此在使用中应特别注意变送器模块所处的环境温度。这种变送器具有体积小、质量小、现场安装方便等优点，因而在工业生产中得到广泛应用。

图 2-18　SBW 系列温度变送器

数字式温度变送器以 CPU 为核心，具有信号转换、补偿、计算等多种功能，输出数字信号，并能自动诊断故障，能与上位机通信，又称智能温度变送器。随着新型传感技术、计算机技术和通信技术等在测量领域的应用，微处理器和传统变送器相结合而形成的智能变送器种类越来越多。随着智能变送器生产规模化，生产成本降低，智能变送器在石油化工装置中的应用也越来越广泛。智能变送器具有双向通信能力、自诊断能力、测量准确度高、量程范围宽和可靠性高等优点，可输出模拟、数字混合信号或全数字信号，可通过现场总线通信网络与上位计算机连接，构成现场总线控制系统；可通过手操器对智能变送器进行在线组态，便于用户调校和使用。

（六）温度测量仪表的选择

热电偶及热电阻等测温元件在测量温度时，必须同被测对象接触才能感受被测温度的变化，这种测量仪表称为接触式温度测量仪表。这类仪表若不合理选择，则不能达到经济而有效的测量温度的目的。图 2-19 所示为一般工业用测温仪表的选型原则。

选择热电偶时要根据测量准确度、测温范围、使用气氛、耐久性、响应时间测量对象的性质和状态以及经济效益等综合考虑。

1）测量准确度和测温范围的选择。使用温度在 1300~1800℃，要求准确度又比较高时，一般选用 B 型热电偶；要求准确度不高，气氛又允许可用钨铼热电偶，高于 1800℃时，一般选用钨铼热电偶；使用温度在 1000~1300℃，要求准确度又比较高时，可用 S 型热电偶和 N 型热电偶；在 1000℃以下时，一般用 K 型热电偶和 N 型热电偶；低于 400℃时，一般用 E 型热电偶；250℃以下以及负温测量时，一般用 T 型电偶，在低温时 T 型热电偶稳定而且准确度高。

2）使用气氛的选择。S 型、B 型、K 型热电偶适合于强的氧化和弱的还原气氛，J 型和 T 型热电偶适合于弱氧化和还原气氛，若使用气密性比较好的保护管，对气氛的要求就不太严格。

3）耐久性及响应时间的选择。线径大的热电偶耐久性好，但响应较慢一些；热容量大的热电偶，响应就慢，测量梯度大的温度时，在温度控制的情况下，控温就差。要求响应时间快又要求有一定的耐久性，选择铠装热电偶比较合适。

4）测量对象的性质和状态的选择。运动物体、振动物体、高压容器的测温要求机械强度高；有化学污染的气氛要求有保护管；有电气干扰的情况下要求绝缘比较高。

项目二 加热炉控制系统的设计与调试

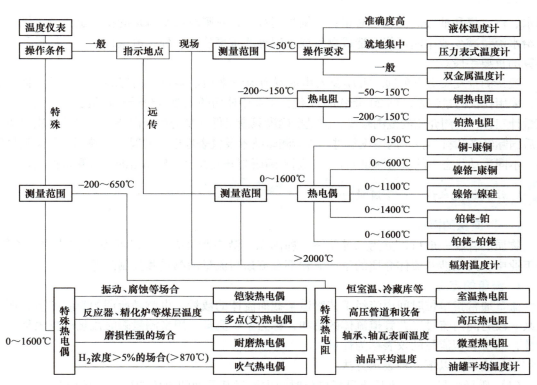

图 2-19 一般工业用测温仪表的选型原则

热电偶的选型流程：型号→分度号→防爆等级→准确度等级→安装固定形式→保护管材质→长度或插入深度。铠装热电偶型号命名方法见表 2-10。

表 2-10 铠装热电偶型号命名方法

材料	铂（WZP）	铜（WZC）
使用温度范围/℃	−200~960	−50~+150
电阻率/(Ω·m×10⁻⁶)	0.0981~0.106	0.017
0~100℃间电阻温度系数 α（平均值）/(1/℃)	0.00385	0.00428
化学稳定性	在氧化性介质中较稳定，不能在还原性介质中使用，尤其在高温情况下	超过100℃易氧化
特性	特性近于线性、性能稳定、准确度高	线性较好、价格低廉、体积大
应用	适于较高温度测量，可作为标准测温装置	适于测量低温、无水分、无腐蚀性介质的温度

三、流量测量仪表的选型

和温度、压力一样，流量也是过程控制中的重要参数，在连续生产过程中，流量是判断生产状况、衡量设备效率和经济效益的重要指标，对流量的检测是企业能源和物料管理的重要手段。例如：在火电厂的热力过程中，为了有效地进行生产操作和工艺控制，需要连续监

109

测水、汽、煤和油等的流量或总量；在锅炉运行中，对瞬时给水流量的检测也十分关键，瞬时给水流量减少或中断可能会造成爆管或干锅等严重事故。另外，流量也是产品计量和经济核算的重要手段。

流量测量发展历史久远。古埃及人用尼罗河流量来预报年收成的好坏；古罗马人修渠引水，采用孔板测量流量。到20世纪50年代，工业中使用的主要流量计有孔板、皮托管、浮子流量计三种，被测介质的范围较窄，测量准确度只满足低水平的生产需要。随着第二次世界大战后国际经济和科学技术的突飞猛进，流量测量技术及仪表也迅速发展，为满不同种类流体特性、不同流动状态下的流量测量问题，各国不断研制开发并投入使用新的流量测量仪表。

 让我们先来认识一下流量。

（一）流量的概述

物质的存在一般可以分为三种状态，即固态、液态和气态，流动状态的物体称为流体。在工业中，凡是涉及流体介质的生产流程都有流速与流量的测量和控制问题。

1. 流量的定义

流量通常指单位时间内流经工艺管道某截面流体的数量，也就是所谓的瞬时流量；而把在某一段时间内流过工艺管道流体的总和，称为累积流量。用来测量瞬时流量的仪表称为流量计，测量累积流量的仪表称为计量表。

流量通常有以下三种表示方法：

（1）质量流量 Q_m　质量流量指单位时间内流过某截面的流体的质量，单位为 kg/s。

（2）工作状态下的体积流量 Q_V　工作状态下的体积流量指单位时间内流过某截面的流体的体积，其单位为 m^3/s。

Q_V 与 Q_m 的关系为

$$Q_m = Q_V \rho \quad 或 \quad Q_V = Q_m/\rho$$

式中，ρ 为流体密度。

（3）标准状态下的体积流量 Q_{Vn}　气体是可压缩的，Q_{Vn} 会随工作状态而变化，Q_{Vn} 就是折算到标准压力和温度状态下的体积流量。在仪表计量上多数以 20℃ 及 1 个物理大气压（101.325kPa）为标准状态。

Q_{Vn} 与 Q_m、Q_V 的关系为

$$Q_{Vn} = Q_m/\rho_n \quad 或 \quad Q_m = Q_{Vn}\rho_n \qquad Q_{Vn} = Q_V\rho/\rho_n \quad 或 \quad Q_V = Q_{Vn}\rho_n/\rho$$

式中，ρ_n 为气体在标准状态下的密度。

2. 流量的测量方法

被测流体的形态有气体、液体和混合流体；测量流体流量时的条件有温度从高温到低温，压力从高压到低压，被测流量的大小从微小流量到大流量，被测流体的流动状态可以是层流、紊流等。对于液体，还存在黏度大小不同等情况。因此必须研究不同流体在不同条件下的流量测量方法，选用相应的测量仪表，以达到准确测量流量的目的。

测量流量的方法很多，有容积法、流速法、质量法及水槽法等。容积法中又有椭圆齿轮式、腰轮式、螺杆式、刮板式及旋转活塞式等；流速法中又有叶轮式、涡轮式、卡门涡流式（又称涡街式）、多普勒式、超声式、电磁式及差压式等；质量法中又有科里奥力式、量热式及角动量式等。

常见流量测量仪表的特性见表 2-11。

表 2-11 常见流量测量仪表的特性

流量测量仪表种类		检测原理	特点	用途	
差压式	孔板	基于流体流动的节流原理，利用流体流经节流装置时产生的压力差而实现流量测量	最成熟、最常用的流量测量仪表，结构简单、安装方便，但差压与流量为非线性关系	适用于管径大于 50mm、低黏度、大流量、清洁的液体、气体和蒸气的流量测量	
	喷嘴				
	文丘里管				
转子式	玻璃管转子流量计	基于流体流动的节流原理，利用流体流经转子时，截流面积的变化来实现流量测量	压力损失小、检测范围大、结构简单、使用方便，但需垂直安装	适用于小管径、小流量的液体或气体的流量测量，可进行现场指示或信号远传	
	金属管转子流量计				
容积式	椭圆齿轮流量计	采用容积分界的方法，转子每转一周都可送出固定容积的流体，因而可利用转子的转速来实现流量的测量	准确度高、量程宽、对流体的黏度变化不敏感，压力损失较小、安装使用较方便，但结构复杂、成本较高	可用于小流量、高黏度、不含颗粒和杂物、温度不太高的流体流量的测量	液体
	腰轮流量计				液体 气体
	旋转活塞流量计				液体
	皮囊式流量计				气体
速度式	水表	利用叶轮或涡轮被液体冲转后，转速与流量的关系实现流量测量	安装方便、测量准确度高、耐高压、反应快、便于信号远传、不受干扰，但需水平安装	可测脉动、洁净、不含杂质的流体流量	
	涡轮流量计				
靶式流量计		利用流体的流量与靶所受到的力之间的关系来实现流量测量	结构简单、安装方便、对介质没有要求	适用于高黏度液体和低雷诺数、易结晶或易凝结以及带有沉淀物或固体颗粒的较低温度流体的流量	
电磁流量计		利用电磁感应原理来实现流量的测量	压力损失小，不受液体物理性质和流动状态的影响，对流量变化反应速度快，仪表测量系统复杂、成本高、易受外界电磁场干扰，使用时不能有振动	可测量酸、碱、盐等导电液体溶液以及含有固体或纤维的液体的流量	
旋涡式	旋进旋涡型	利用有规则的旋涡运动来测量流体的流量	准确度高、测量范围宽、没有运动部件、无机械磨损、维护方便、压力损失小、节能效果明显	可测量各种管道中的液体、气体和蒸气流量	
	卡门旋涡型				
	间接式质量流量计				

（二）常用的流量测量仪表

 让我们来认识一下常用的流量测量仪表吧！

1. 差压式流量计

差压式流量计是目前工业生产中检测气体、蒸气、液体流量时常用的一种检测仪表，是基于流体流动的节流原理，利用流体流经节流装置时产生的压力差而实现流量测量的。差压式流量计所采用的节流装置是标准件，流量系数计算公式相当完备，这使得差压式流量计成为一种可靠性和标准化程度较高的流量测量仪表,在工业生产中广泛应用。据统计,在石油化工厂、炼油厂等企业中,所用的流量计 70%~80% 是差压式流量计。其优点为检测方法简单、没有可动部件、工作可靠、适应性强、可不经流量标定就能保证一定的准确度等。

差压式流量计由节流装置、引压管和差压计组成。

(1) 节流装置　节流装置就是设置在管道中能使流体产生局部收缩的节流元件和取压装置的总称。当管道中的流体流经节流装置时,其前后两侧产生压力差,且压力差与流体流量之间存在某一稳定的关系,由此可进行流量的测量。节流装置的形式较多,最常用的有孔板、喷嘴和文丘里管。它们的结构形式、相对尺寸、技术要求、管道条件和安装要求等均已标准化,故又称标准节流装置,如图 2-20 所示。

(2) 节流原理　流体在有节流装置的管道中流动时,在节流装置前后的管道处,流体的静压力产生差异的现象称为节流现象。

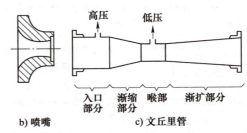

图 2-20　标准节流装置

具有一定能量的流体才可能在管道中形成流动状态。流动流体的能量有两种形式,即静压能和动能,因流体有压力而具有静压能,又因流体流动速度而具有动能。这两种形式的能量在一定的条件下可以互相转化。但是,根据能量守恒定律,在没有外加能量的情况下,流体所具有的静压能和动能,再加上克服流动阻力的能量损失,其总和是不变的。

节流装置前流体压力较高,称为正压,常以"+"标志。节流装置后流体压力较低,称为负压(注意不要与真空混淆),常以"-"标志。节流装置前后压差的大小与流量有关。管道中流动的流体流量越大,在节流装置前后产生的压差也越大,因此,只要测出孔板前后两侧压差的大小,即可得知流量大小,这就是节流装置测量流量的基本原理。图 2-21 所示为节流装置附近流速与压力的分布图,流体在管道截面 I 前,以正常的速度 v_1 流动,静压力为 p'_1。在接近节流装置时,由于流通面积的减小,形成了流束的收缩及流速的增加,通过孔板后,在惯性作用下流束继续收缩、流速继续增加,到截面 II 处流束最小、流速达到最大为 v_2,此时静压力为 p'_2。随后流束又逐渐扩大,流速减慢,到截面 III 后完全恢复,流速 v_3 又等于原来的值。但此时的静压力 p'_3,由于在孔板的端面处,流通截面突然缩小和扩大,使流体形成局部涡流,损耗了一部分能量,同时,流体流经孔板时,克服摩擦力要消耗能量,所以流体的静压力不能恢复到原来的数值 p'_1,产生了压力损失。

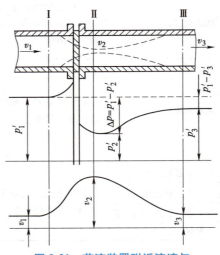

图 2-21　节流装置附近流速与压力的分布图

压差 $\Delta p = p'_1 - p'_2$ 和流量之间的关系是根据伯努利方程流体连续性原理推导出来的,它们之间的关系为

容积流量
$$Q = \alpha\varepsilon A\sqrt{\frac{2\Delta p}{\rho}}$$

质量流量
$$M = \alpha\varepsilon A\sqrt{2\rho\Delta p}$$

式中，α 为流量系数，它与节流装置的结构形式、取压方式、孔口截面积与管道截面积之比、孔口边缘锐度、管壁粗糙度等因素有关；ε 为流束膨胀系数，它与孔板前后压力的相对变化量、介质的等熵指数、孔口截面积与管道截面积之比等因素有关，应用时可查阅有关手册，对不可压缩的流体（一般指液体）来说，$\varepsilon=1$；A 为节流装置的开孔截面积；Δp 为节流装置前后实际测得的压力差；ρ 为节流装置前的流体密度。

由流量基本方程式可以看出，要知道流量与压差 $\Delta p = p_1' - p_2'$ 的确切关系，关键在于 α 的取值，α 是一个受许多因素影响的综合性参数，对于标准节流装置，其数值可从有关手册中查出；对于非标准节流装置，其值要由实验方法确定。所以，在进行节流装置的设计计算时，针对特定条件，选择一个 α 值来计算，计算的结果只能应用在一定条件下。一旦条件改变（如节流装置形式、尺寸、工艺条件等改变），就不能随意套用，必须另行计算。例如，按小负荷情况下计算的孔板，用来测量大负荷时流体的流量，就会引起较大的误差，必须加以必要的修正。

由流量基本方程式还可以看出，流量与压力差的二次方根成正比。所以，用差压式流量计测量流量时，如果不加开方器，流量标尺刻度是不均匀的。起始部分的刻度很密，后来逐渐变疏。因此，在用差压计测量流量时，被测流量值不应接近于仪表的下限值，否则误差将会很大。

2. 转子流量计

在工业生产中，测量小流量、低流速的流体流量时，对流量计的灵敏度、准确度都有一定的要求。对管径小于 50mm 和流量小到几升的流体流量的测量特别适合采用转子流量计，测量的流量可小到每小时几升。

转子流量计与差压式流量计的工作原理是不同的。差压式流量计是在节流面积（如孔板面积）不变的条件下，以差压变化来反映流量的大小。而转子流量计却是以压降不变，利用节流面积的变化来测量流量的大小，即转子流量计采用的是恒压降、变节流面积的流量测量法。

如图 2-22 所示，转子流量计基本上由两部分组成，一个是由下往上逐渐扩大的锥形管；另一个是放在锥形管内可自由运动的转子（常用不锈钢材质）。工作时，被测流体（气体或液体）由锥形管下部进入，沿着锥形管向上运动，流过转子与锥形管之间的环隙，再从锥形管上部流出。当流体流过锥形管时，位于锥形管中的转子受到一个向上的力，使转子浮起。当这个力正好等于浸没在流体里的转子重力（即等于转子重量减去流体对转子的浮力）时，即作用于转子的上下两个力达到平衡，此时转子就停浮在一定的高度上。假如被测流体的流量突然由小变大，作用在转子上的力就加大。因为转子在流体中的重力是不变的，即作用在转子上的向下的力是不变的，所以转子就

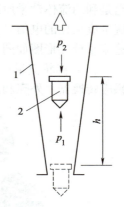

图 2-22 转子流量计原理图

1—锥形管 2—转子

上升。由于转子在锥形管中位置升高，造成转子与锥形管间环隙增大，即流通面积增大。随着环隙的增大，流过此环隙的流体流速变慢，因此，流体作用在转子上的力也就变小。当流体作用在转子上的力再次等于转子在流体中的重力时，转子又稳定在一个新的高度上。这

样，转子在锥形管中的平衡位置的高低与被测介质的流量大小相对应。如果在锥形管上沿其高度刻上对应的刻度值，那么根据转子平衡位置的高低就可以直接读出流量的大小。

上面所介绍的转子流量计只适用于就地指示。对配有电远传装置的转子流量计，可以把反映流量大小的转子高度 h 转换为电信号，传送到其他仪表进行显示、记录或控制。在工业实际应用时，由于现场环境恶劣，常采用金属管转子流量计进行就地指示和信号远传。

转子流量计是一种非标准化仪表，在大多数情况下，宜按照实际被测介质进行刻度。但仪表厂为了便于成批生产，是在工业基准状态（20℃、0.10133MPa）下用水或空气进行刻度，给出曲线的，即转子流量计的流量标尺上的刻度值，用于测量液体时代表 20℃ 时水的流量值，用于测量气体时代表 20℃、0.10133MPa 压力下空气的流量值，所以，在实际使用时，如果被测介质与标定介质不同，必须对流量指示值按照实际被测介质的密度、温度、压力等参数的具体情况进行修正。

在工业生产中，转子流量计的使用条件及注意事项如下：

1）量程比为 10∶1，尤其适合小流量的测量。

2）由于压力损失小，被测介质流量变化时反应快，使用时要垂直安装、不能倾斜。被测介质应由下往上通过，不能接反。

3）被测介质如果有污垢，会使转子质量、环隙流通面积发生变化，造成误差。

4）选用不同材料的同样形状的转子可实现量程的改变。

5）流量计在投入工作时，要缓缓开启前面的阀门。

转子流量计由一个上大下小的锥形管和置于锥形管中可以上下移动的转子组成。从结构特点上看，它要求安装在垂直管道上，垂直度要求较严，否则势必影响测量准确度。第二个要求是流体必须从下向上流动。若流体从上向下流动，转子流量计便会失去功能。

3. 涡轮流量计

在化工、炼油生产中广泛地采用涡轮流量计，涡轮流量计是叶轮式流量计的主要品种，它是利用流体动量原理实现流量测量的，它先将流速转换为涡轮的转速，再将转速转换成与流量成正比的电信号。这种流量计既可用于瞬时流量的检测，也可用于流体总量的测量。涡轮流量计外形图如图 2-23 所示。

（1）涡轮流量计的结构　涡轮流量计内部结构如图 2-24 所示，由涡轮、导流器、磁电感应转换器、外壳和前置放大器五个部分组成。

图 2-23　涡轮流量计外形图

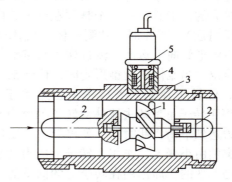

图 2-24　涡轮流量计内部结构

1—涡轮　2—导流器　3—外壳
4—磁电感应转换器　5—前置放大器

1)涡轮(叶轮):由高导磁不锈钢材料制成,是流量计的检测元件,由前后导流器上的轴承支承。涡轮芯上装有螺旋形叶片,涡轮质量很小。涡轮有直板叶片、螺旋叶片和丁字形叶片等几种。涡轮的动平衡直接影响仪表性能和使用寿命。

2)导流器:通常选用不导磁不锈钢或硬铝材料制作,对流体起导向、整流以及支撑涡轮的作用,避免流体因自旋而改变对涡轮叶片的作用角度,影响测量准确度。

3)外壳:采用不导磁不锈钢或硬铝合金制作,内装有导流器、涡轮和轴承,壳体外安装有磁电转换器,用来承受被测流体的压力、固定安装检测部件和连接管道。

4)磁电感应转换器:由永久磁钢和感应线圈组成,用来产生一个频率与涡轮转速成正比的电信号。

5)前置放大器:用于放大微弱信号,实现远距离传输。

(2)涡轮流量计的工作原理 当被测流体通过涡轮流量计时,流体通过前导流器沿轴线方向冲击涡轮叶片。流体冲击力的切向分力对涡轮产生转动力矩,使涡轮克服机械摩擦阻力和流动阻力而转动。实践表明,在一定流量范围内及一定黏度、密度的流体条件下,涡轮转速与经过涡轮的流量成正比。所以,可以通过测量涡轮的转速来测量流量,涡轮的转速通过装在外壳上的检测线圈来检测。

磁电转换器原理:当涡轮转动时,高导磁的涡轮叶片依次扫过磁电感应转换器永久磁钢的磁场,从而周期性地改变磁回路的磁阻和感应线圈的磁通量。叶片在永久磁钢正下方时磁阻最小。线圈中的磁通量周期性变化,使线圈中产生同频率的感应电动势,送入放大转换电路,经放大整形处理后,变成电脉冲信号。此电脉冲信号的频率与涡轮的转速成正比,即

$$f = \xi Q_V \qquad Q_V = \frac{f}{\xi} \qquad V = \frac{N}{\xi}$$

式中,N 为一段时间内传感器输出的脉冲总数;V 为被测流体的体积总量(m^3);ξ 为仪表系数(单位体积流量下输出的电脉冲数,$1/m^3$)。

ξ 与仪表的结构、被测介质的流动状态、黏度等因素有关,一定条件下为常数。仪表出厂时,所给仪表系数 ξ 是在标准状态下用水、空气标定时的平均值。当实际流量小于始动流量值时,涡轮不动,无信号输出。流量增加达到紊流状态后仪表系数 ξ 就基本保持不变。

涡轮流量计准确度高、反应迅速、量程范围宽,可用于脉动流量的测量。

涡轮流量计使用时的注意事项有:第一,要求被测介质洁净,变送器前须加过滤器。第二,介质的密度和黏度的变化对指示值有影响,测量气体流量时,必须对密度进行补偿。黏度在 5mPa·s 以下不需要重新标定。第三,要求水平安装,并且保证入口直管段的长度为管道内径的 10 倍以上,出口为 5 倍以上。

4. 电磁流量计

在流量测量中,当被测介质具有导电性时,可以用电磁感应的方法来测量。电磁流量计可以测量酸、碱、盐溶液和含有固体颗粒、泥沙及纤维液体的流量,其外形图如图 2-25 所示。

电磁流量计由变送器和转换器两部分组成。被测流体的流量经变送器变换成感应电动势,再经转换器将感应电动势转换成 DC 0~10mA 或 DC 4~

图 2-25 电磁流量计外形图

20mA 的统一标准信号输出，以便进行流量的指示记录；或与调节器配合使用，进行流量的自动控制。

（1）工作原理　电磁流量计的工作原理是基于法拉第电磁感应定律。在电磁流量计中，测量管内的导电介质相当于法拉第实验中的导电金属杆，上下两端的两个电磁线圈产生恒定磁场。当有导电介质流过时，则会产生感应电动势，如图 2-26 所示。

在磁感应强度为 B 的均匀磁场中，垂直于磁场方向放一个内径为 D 的不导磁管道，当导电液体在管道中以平均流速 $\bar{v}$ 流动时，导电流体就切割磁力线。B、D、$\bar{v}$ 三者互相垂直，在两电极之间产生的感应电动势 $E=BD\bar{v}$，液体的体积流量 $Q_V = \pi D^2 \bar{v}/4$。

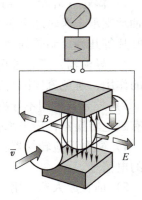

图 2-26　电磁流量计原理图

从而有

$$E = (4B/\pi D)Q_V = KQ_V$$

式中，K 为仪表常数，$K = 4B/\pi D$。

在管道直径确定、磁感应强度不变的条件下，体积流量与电磁感应电动势有一一对应的线性关系，而与流体密度、黏度、温度、压力和电导率无关。

（2）电磁流量计的选用　电磁流量计特别适宜用于化工生产，它能测各种酸、碱、盐等有腐蚀性介质的流量，也可测脉冲流量；它可测污水及大口径的水流量，也可测含有颗粒、悬浮物等物体的流量。它的密封性好，没有阻挡部件，是一种节能型流量计。它的转换简单、方便，使用范围广，并能在易爆、易燃的环境中广泛使用，是近年来发展较快的一种流量计。电磁流量计的测量口径范围很大，测量准确度一般优于 0.5 级。但是电磁流量计要求被测流体必须是导电的，且被测流体的电导率不能小于水的电导率。另外，由于衬里材料的限制，电磁流量计的使用温度一般为 0～200℃；因电极是嵌装在测量管道上的，这也使最高工作压力受到一定限制，使用范围限制在压力低于 1.6MPa。通常，大口径仪表较多应用于给排水工程；中小口径常用于固液双相流等难测流体或高要求场所，如测量造纸工业纸浆液和黑液、有色冶金业的矿浆、选煤厂的煤浆、化学工业的强腐蚀液以及钢铁工业高炉风口冷却水的控制和检漏，长距离管道煤的水力输送的流量测量和控制；小口径、微小口径常用于医药工业、食品工业、生物工程等有卫生要求的场所。

（3）注意事项　电磁流量计不能测量高温介质，一般应低于 120℃；不能测量气体、蒸汽和石油等非导电流体的流量；其输出信号只有几毫伏，要做好屏蔽和接地，防止外界干扰；变送器安装地点要远离强磁场，如大功率电机、变压器等；变送器和二次仪表必须使用电源中同一相线，否则检测信号和反馈信号相位差为 120°，仪表将不能正常工作。

5. 容积式流量计

容积式流量计是一种具有悠久历史的流量仪表，在流量计中是准确度最高的仪表之一，广泛应用于测量石油类流体（如原油、汽油、柴油、液化石油气等）、饮料类流体（如酒类、食用油等）、气体（如空气、低压天然气及煤气等）以及水的流量。

容积式流量计是利用机械测量元件把流体连续不断地分割成单个已知体积，并进行重复不断地充满和排放该体积部分的流体和累加计量出流体总量的流量仪表。容积式流量计有许多品种，常用的有椭圆齿轮流量计、腰轮流量计、刮板流量计及膜式家用煤气表等。

以椭圆齿轮流量计为例，其外形图如图 2-27 所示，椭圆齿轮流量计实际上是用容积积分的方法，直接测量流体的体积总量。如图 2-28 所示，两个相互啮合的齿轮，一个是主动轮，一个是从动轮。当流体流入时，主动轮由于受到压力的作用，带动从动轮工作。转子每旋转一周，就排出四个由椭圆齿轮与外壳围成的半月形空腔这个体积的流量。在半月形空腔容积一定的情况下，只要测出椭圆齿轮流量计的转速就可以计算出被测流体的流量。

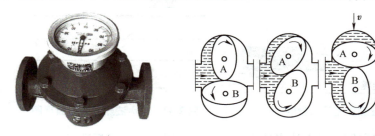

图 2-27　椭圆齿轮流量计外形图　　　　图 2-28　椭圆齿轮流量计原理图

容积式流量计的主要特点是准确度高，可达 0.2~0.5 等级；量程宽，为 10∶1；可用于测量小流量；对流体的黏度变化不敏感，几乎不受黏度等因素变化的影响，特别适合测高黏度流体的流量，但要求被测介质干净，不含固体颗粒，一般情况下，流量计前面要安装过滤器，一般小型流量计过滤器的金属网为 200~50 目，大型流量计为 50~20 目，有效过滤面积应为连接管线面积的 4~20 倍；在流量计前应设置气体分离器。其缺点是比较笨重，并且由于零件变形的影响，一般不宜在高温或低温环境中使用。

6. 靶式流量计

靶式流量计是基于障碍物（靶）正面承受流体冲击力 F 来测量流量的，即利用测量流体的动量来反映流量大小。靶式流量计外形图如图 2-29 所示，原理图如图 2-30 所示。靶式流量计将靶悬在管道中央，靶在流体中收到冲击力 F，通过以硬性橡胶模为支点的连杆传出，由力变器转换为电信号。

 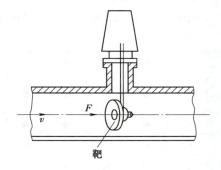

图 2-29　靶式流量计外形图　　　　图 2-30　靶式流量计原理图

靶式流量计与差压式流量计在原理上相似，但由于结构不同，靶式流量计能应用于高黏度的流体如重油、沥青等的流量测量，同时由于靶悬于管道中央，污物不易聚集，不像差压式流量计容易被堵塞，因此也可以用于有沉淀物、悬浮物的流体流量的测量。靶式流量计的准确度为 2%~3%，量程比为 3∶1，管径为 15~200mm，要求安装一定的直管道，但无须导压管线，维护比较方便。

7. 超声波流量计

由于声波传播速度与流体的流速有关，因而可以通过测量声波在流动介质中的传播速度的方法，求出流速和流量。超声波测量流量示意图如图 2-31 所示，超声波测量流量原理图如图 2-32 所示。根据对信号检测原理的不同，超声波流量计可分为时差法、相差法、频差法、声束偏移法、多普勒效应法、激光法、热电法及放射性同位素法等。

图 2-31　超声波测量流量示意图　　　　图 2-32　超声波测量流量原理图

超声波流量计安装维修方便，可直接安装于管道上；通用性好，与管道口径无关；测量范围广，不受流体物理性质、化学性质的影响，可以对任何流体进行测量；采用非接触式测量，可对不易接触和观察的流体进行测量。

（三）流量测量仪表的选择

流量测量仪表的选用会因工艺条件和被测介质的差异而有所不同，且检测要求也不一样，要使一类流量测量仪表满足所有的检测要求是不可能的。为此，全面了解各类流量测量仪表的特点和正确认识它们的性能，是合理选用仪表的前提。

各种流量测量仪表可依据流量刻度或测量范围、工艺要求和流体参数变化、安装要求、价格、被测介质或对象的不同进行选择。常用流量测量仪表与被测介质特性的关系见表 2-12。

表 2-12　流量测量仪表与被测介质特性的关系

仪表种类		介质											
		清洁液体	沾污液体	蒸气或气体	黏性液体	腐蚀性液体	腐蚀性浆液	含纤维浆液	高温介质	低温介质	低流速液体	部分充满管道	非牛顿液体
差压式流量计	孔板	○	●	○	●	◎	×	×	○	○	×	×	●
	文丘里管	○	●	●	●	●	×	×	●	●	●	×	×
	喷嘴	○	●	●	●	●	×	×	●	●	×	×	×
	弯嘴	○	●	●	×	◎	×	×	○	×	×	×	●
电磁流量计		○	○	×	×	○	○	○	●	×	×	●	×
旋涡流量计		○	●	○	●	×	×	×	●	●	◎	×	×
容积流量计		○	×	○	◎	×	×	×	◎	◎	◎	×	×
靶式流量计		○	◎	○	◎	●	×	×	●	●	●	×	●
涡轮流量计		○	●	○	●	×	×	×	●	●	×	×	×
超声波流量计		○	●	×	○	●	×	×	×	●	●	×	×
转子流量计		○	●	○	●	●	×	×	×	×	×	×	×

注：○表示适用；◎表示可以用；●表示在一定条件下可以用；×表示不可使用。

四、压力测量仪表的选型

在工业自动化生产过程中,压力和差压的测量相当广泛,正确测量和控制压力是保证生产良好运行,达到优质、高产、低功耗的重要环节,如锅炉汽包压力、炉膛压力、加热炉压力等。此外,还有一些不易直接测量的参数(如液位、流量等)往往需要通过压力或差压的测量来间接获取。因此,压力和差压的测量在各类工业生产中(如石油、电力、化工、环保等领域)占有重要地位。

(一)认识压力测量仪表

让我们来认识一下工程中的压力。

1. 概述

(1) 压力 在工程上,压力定义为垂直而均匀地作用在单位面积上的力,其数学表达式为

$$p = \frac{F}{S}$$

式中,p 为压力,单位为帕(Pa);F 为垂直作用力,单位为牛(N);S 为受力面积,单位为平方米(m^2)。

(2) 工程上的压力 工程上的压力的表示方法如图 2-33 所示,常用的压力物理量如下:

1) 绝对压力:以完全真空(即绝对零压)作参考点的压力称为<u>绝对压力</u>,用符号 p 表示。

2) 大气压力:由地球表面大气层空气重力所产生的压力称为<u>大气压力</u>,用符号 p_0 表示。

3) 表压力:以大气压力为参考点,大于或小于大气压力的压力称为<u>表压力</u>。工业上所用的压力仪表指示值多为表压力。表压力等于绝对压力与大气压力之差,即 $p_{表压}=p_1-p_0$。

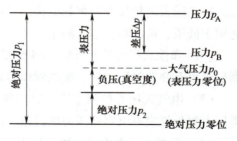

图 2-33 工程上的压力的表示方法

4) 真空度:当被测压力低于大气压力的压力值时,称为负压,也称为<u>真空度</u>。真空度等于大气压力与绝对压力之差,即 $p_{真空度}=p_0-p_2$。

5) 差压(力):任意两个相关压力之差称为差压(Δp)。

实际使用中,根据压力测量值的大小还采用 kPa(千帕)、MPa(兆帕)及 mPa(毫帕)等单位。压力单位换算对照表见表 2-13。

表 2-13 压力单位换算对照表

压力单位	帕/Pa	兆帕/MPa	工程大气压/at	标准大气压/atm	毫米汞柱/mmHg	毫米水柱/mmH$_2$O	磅力每平方英寸/(lbf/in²)	巴/bar
帕/Pa	1	1×10^{-6}	1.0197×10^{-5}	9.869×10^{-6}	7.501×10^{-3}	0.10197	1.450×10^{-4}	1×10^{-5}
兆帕/MPa	1×10^6	1	10.197	9.869	7.501×10^3	1.0197×10^5	1.450×10^2	10
工程大气压/at	9.80665×10^4	9.80665×10^{-2}	1	0.9678	735.6	1×10^4	14.22	0.980665

（续）

压力单位	帕/Pa	兆帕/MPa	工程大气压/at	标准大气压/atm	毫米汞柱/mmHg	毫米水柱/mmH$_2$O	磅力每平方英寸/(1bf/in^2)	巴/bar
标准大气压/atm	1.01325×10^5	0.101325	1.0332	1	760	1.0332×10^4	14.70	1.01325
毫米汞柱/mmHg	1.33322×10^2	1.33322×10^{-4}	1.3595×10^{-3}	1.3158×10^{-3}	1	13.60	1.934×10^{-2}	1.33322×10^{-3}
毫米水柱/mmH$_2$O	9.80665	9.80665×10^{-6}	10^{-4}	9.678×10^{-5}	7.3556×10^{-2}	1	1.422×10^{-3}	9.80665×10^{-5}
磅力每平方英寸/(lbf/in^2)	6.89476×10^3	6.89476×10^{-3}	0.07031	0.06805	51.715	7.031×10^2	1	0.0689476
巴/bar	1×10^5	0.1	1.0197	0.9869	750.1	1.0197×10^4	14.50	1

2. 压力的检测方法

常用的压力检测方法大致可以分为四类：

（1）液柱式压力检测方法 基于流体静力学原理，将被测压力转换成液体高度进行检测。这类压力测量仪表根据其结构形式可分为U形管压力计、单管压力计和斜管压力计等，适用于低压、负压和压差的测量。

（2）弹性式压力检测方法 将被测压力转换成弹性元件变形大小进行检测。这类压力测量仪表有弹簧管压力计、波纹管压力计及膜片（盒）压力计等。

（3）电气式压力检测方法 通过各种敏感元件将被测压力转换成电信号进行检测。这类压力测量仪表有电容式压力变送器、应变式压力变送器、压阻式及压电式压力传感器等。

（4）活塞式压力检测方法 根据流体传送压力的原理，使被测压力与活塞上所加的砝码质量平衡进行检测。这类压力测量仪表测量准确度高、检测时需人工增减砝码、不能自动测量，一般作为标准仪器对压力仪表进行校验。

 让我们来认识一下压力测量仪表

3. 压力计

压力测量仪表的品种规格很多，分类方法也不尽相同，压力测量仪表根据工作原理的分类及性能比较见表2-14。

表2-14 压力测量仪表根据工作原理的分类及性能比较

压力测量仪表的种类		检测原理	主要特点	用途
液柱式压力计	U形管压力计	液体静力平衡原理（被测压力与一定高度的工作液体产生的重力相互平衡）	结构简单、价格低廉、准确度较高、使用方便但测量范围较窄，易碎	适于低微静压测量，高准确度者可用作基准仪器，不适于工厂使用
	单管压力计			
	倾斜管压力计			
	补偿微压计			

（续）

压力测量仪表的种类			检测原理	主要特点	用途
弹性式压力计	弹簧管压力计		弹性元件弹性变形原理	结构简单、牢固，使用方便，价格低廉	用于高、中、低压的测量，应用十分广泛
	波纹管压力计			具有弹簧管压力计的特点，有的因波纹管位移较大，可制成自动记录	用于测量 400kPa 以下的压力
	膜片压力计			除具有弹簧管压力计的特点外，还能测量黏度较大的液体压力	用于测量低压
	膜盒压力计			其特点同弹簧管压力计	用于测量低压或微压
活塞式压力计	单活塞式压力计		液体静力平衡原理	比较复杂和贵重	可作为基准仪器，校验压力计或实现精密测量
	双活塞式压力计				
电气式压力计	压力传感器	应变式压力传感器	导体或半导体的应变效应原理	能将压力转换成电量，并进行远距离传送	用于控制室集中显示、控制
		霍尔式压力传感器	导体或半导体的霍尔效应原理		
	压力/差压变送器（分常规式和智能式）	力矩平衡式变送器	力矩平衡原理	能将压力转换成统一标准电信号，并进行远距离传送	
		电容式变送器	将压力转换成电容的变化		
		电感式变送器	将压力转换成电感的变化		
		扩散硅式变送器	将压力转换成硅杯阻值的变化		
		谐振式变送器	将压力转换成振荡频率的变化		

工业生产中常用的是弹性式压力计和电气式压力变送器。随着压力检测技术的发展和检测对象的变化，出现了用于气体压力检测的振频式压力传感器和用于液体管路压力检测的超声波式、光电式、光纤式压力传感器等，现代压力测量仪表也朝着数字化、智能化的方向发展。

压力测量仪表发展迅速，特别是压力传感器。随着集成电路技术和半导体应用技术的进步，出现了各类新型压力测量仪表，不仅能满足高温、高黏度、强腐蚀性等特殊介质的压力测量，抗环境干扰能力也在不断提高，尤其是微电子技术、微机械加工技术、纳米技术的发展，压力测量仪表正朝着高灵敏度、高准确度、高可靠性、响应速度快、宽温度范围发展，越来越小型化、多功能数字化、智能化。

下面以弹性式压力计为例进行介绍。

弹性式压力计可以和记录、电气变换、控制元件等附加装置相连，用于实现压力的记录、远距离传输、信号报警、自动控制等，因此在工业上应用较为广泛。

弹性式压力计是基于各种弹性元件工作的，当被测压力作用于弹性元件时，弹性元件便产生相应的弹性变形（即机械位移），根据变形量的大小，可以测得被测压力的数值。

弹性式压力计常用弹性元件如图 2-34 所示，包括薄膜、波纹膜、波纹管、弹簧管（单圈、多圈）等。在这些弹性元件中，薄膜、波纹膜和波纹管常被用于制作低压及微压测量仪表，而弹簧管则主要用于制造中、高压测量仪表，也可用于制成测量真空度的真空表。

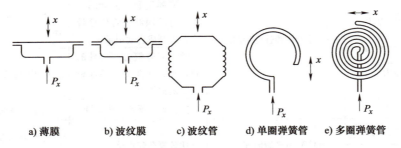

图 2-34　弹性式压力计常用弹性元件

弹性元件是核心部分，其作用是感受压力并产生弹性变形，弹性元件采用何种形式要根据测量要求来选择和设计；在弹性元件与指示机构之间主要是放大机构，其作用是将弹性元件的变形进行变换和放大；指示机构（如指针和刻度标尺）用于给出压力示值；调整机构用于调整零点和量程。

压力计（微课）

弹簧管压力表是典型的弹性式压力计。弹簧管压力表的测量范围很广，规格种类繁多。弹簧管有多圈和单圈之分，多圈弹簧管在形状上分为空间螺旋形和平面螺线形；单圈弹簧管的自由端位移变化量较小，而多圈弹簧管的变化量较大，二者有着相同的测压原理。另外普通压力表和耐腐蚀的氨用压力表、禁油的氧气压力表等外形和结构相同，只是所用的弹簧管形状或材料不同。弹簧管压力表的结构原理如图 2-35 所示。

弹簧管 1 是压力表的测量元件，是一根弯成 270° 圆弧的椭圆截面空心金属管，自由端 B 封闭，另一端固定在接头 9 上并与被测压力的介质相连。被测压力 p 由接头 9 输入，使弹簧管 1 的自由端 B 产生位移，输入压力 p 越大，弹簧管的变形就越大。弹簧管自由端 B 的位移一般很小，直接显示困难，可通过放大机构指示出来，即通过拉杆 2 使扇形齿轮 4 逆时针偏转，指针 5 通过同轴的中心齿轮 6

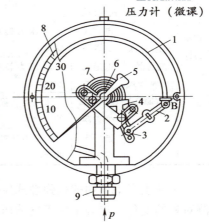

图 2-35　弹簧管压力表的结构原理
1—弹簧管　2—拉杆　3—调整螺钉
4—扇形齿轮　5—指针　6—中心齿轮
7—游丝　8—面板　9—接头

带动顺时针偏转，在面板 8 的刻度标尺上指示出被测压力 p 的数值。游丝 7 用来克服因扇形齿轮 4 和中心齿轮 6 间的传动间隙产生的仪表变差。调整螺钉 3 可改变机械传动的放大系数，实现压力表量程的调整。因为弹簧管自由端的位移与被测压力 p 成正比，所以弹簧管压力表的刻度标尺是线性的。

实际生产中经常需要把压力 p 控制在工艺要求范围内，压力超出上下限时需要报警或启动安全措施。可在普通弹簧管压力表内增加一些带有报警和控制功能的元器件，构成电接点信号压力表，当压力 p 超出范围时及时声光报警，并通过中间继电器启动安全措施。使用弹性式压力仪表检测压力时，应注意被测压力下限一般不低于量程的 1/3，上限一般不高于量程的 3/4；当被测压力变化频繁时，上限应不高于量程的 2/3，这样可确保仪表的测量准确度和使用寿命。

4. 压力传感器

压力传感器是压力检测系统中的重要组成部分，由各种压力敏感元件将被测压力信号转换成容易测量的电信号输出，用于显示仪表显示压力值，或供控制和报警使用。压力传感器的种类很多，此处主要介绍应变式压力传感器、压电式压力传感器、霍尔式压力传感器和压阻式压力传感器。

（1）应变式压力传感器　根据电阻应变原理制成，电阻应变片有金属应变片和半导体应变片两类。被测压力使应变片产生应变，当应变片产生压缩（拉伸）时，其阻值减小（增加），再通过桥式电路获得相应的毫伏级电动势输出，并用毫伏计或其他记录仪表显示出被测压力，从而组成应变片式压力传感器。

（2）压电式压力传感器　压电式压力传感器利用材料的压电效应检测压力。能够产生压电效应的材料称为压电材料，常用的压电材料有压电陶瓷、压电晶体等。

压电材料在一定方向受外力作用而产生形变时，内部会出现极化现象，同时在相对表面上产生电荷堆积，撤掉外力后，材料形变消失，表面电荷消失，材料又重新回到不带电的状态，这种现象称为压电效应，压电效应可以把动态的压力转化为电能，压电材料表面产生的电荷量与外加压力成正比。

（3）霍尔式压力传感器　根据霍尔效应制成，即利用霍尔元件将由压力引起的弹性元件的位移转换成霍尔电动势，从而实现压力的测量。将霍尔元件与弹簧管配合，就组成了霍尔式弹簧管压力传感器。

（4）压阻式压力传感器　根据单晶硅的压阻效应制成。压阻式压力传感器利用单晶硅片作为弹性敏感元件，利用集成电路的工艺在单晶硅片的特定方向扩散一组等值电阻，将电阻接成桥式电路，并将单晶硅片置于传感器腔内。当压力发生变化时，单晶硅片发生应变，使直接扩散在上面的应变电阻产生与被测压力成比例的变化，再由桥式电路获得相应的电压输出信号。

5. 压力变送器

压力变送器可将液体、气体或蒸气的压力、液位、流量等被控变量转换成统一的标准信号。压力变送器的类型很多，有矢量机构式、微位移式以及利用通信器组态来进行仪表调校及参数设定的智能式压力变送器。

矢量结构式压力变送器是依据力矩平衡原理工作的，变送器的体积大、重量大、受环境温度影响大，因有机械杠杆和电磁反馈环节，所以易损坏，其机电一体化结构给调校、维修带来困难。

随着过程控制水平的提高，可编程序调节器、可编程序控制器、DCS 等高准确度、现代化的控制仪表及装置广泛应用于工业过程控制，这对测量变送环节提出了更高的要求。于是没有机械传动装置、最大位移量不超过 0.1mm 的微位移式压力（差压）变送器应运而生。根据所用测量元件的不同，常见的微位移式压力（差压）变送器有电容式、电感式、扩散硅式和谐振式等。

(二) 压力测量仪表的选择

压力测量仪表的选用是一项重要的工作，如果选用不当，不仅不能正确、及时地反映被测对象的压力变化，还可能引起事故。选用时应根据生产工艺对压力检测的要求、被测介质的特性、现场使用的环境条件等，本着节约的原则，合理地考虑仪表的量程、准确度、类型等。

1. 就地指示压力表的选用

压力在-40~40kPa的一般介质，宜选用膜盒压力计。表壳可为圆形或矩形，准确度等级为2.5级，连接件规格为M20×1.5或48mm软接头。

压力在40kPa以上的一般介质，可选用弹簧管压力计。准确度等级为1.5或2.5级，连件规格为M20×1.5，刻度表壳直径为ϕ100mm或ϕ150mm。就地指示一般选用径向不带边，就地盘装一般选用轴向带边。

压力在-0.1~2.4MPa的一般介质，应选用压力真空表。准确度等级为1.5或2.5级，接件规格为M20×1.5，刻度表壳直径为ϕ100mm或ϕ150mm。

对于黏度较高的原油的测量，应选用隔膜压力针、膜片压力计或采取灌隔离液措施的一般压力计。准确度等级为1.5级或2.5级，连接件规格为M20×1.5，刻度表壳直径为ϕ100mm或ϕ150mm。

另外，对于特殊情况可作如下处理：

1) 对炔、烯、氨及含氨介质的测量，应选用乙炔压力计和氨用压力计。
2) 对氧气的测量，应采用氧气压力计。
3) 对硫化氢及含硫介质的测量应采用抗硫压力计。
4) 对于剧烈振动介质的测量，应采用耐振压力计。
5) 对腐蚀性介质（如硝酸、醋酸、部分有机酸或其他无机酸和碱类）的测量，宜选用耐酸压力计或膜盒压力计（防腐型）。
6) 对强腐蚀性且高黏稠、易结晶、含有固体颗粒状物质的测量，宜选用膜片压力计，或采用吹气、吹液法测量。
7) 对温度高于或等于300℃油品的压力测量，必须设隔离器（或弯管），必要时可选用耐酸压力计。
8) 小型压力计可用于就地指示仪表气源和信号的压力，表壳直径为ϕ40mm或ϕ60mm，连接件规格为M10×1或M10×1.5。

2. 压力报警仪表的选用

1) 一般场合的压力、真空的报警或联锁宜分别选用带电接点的压力表、真空表及压力真空表或压力开关，表壳直径为ϕ150mm，准确度等级为1.5级，连接件规格为M20×1.5。在爆炸危险场合，应选用防爆型。
2) 氨及氢介质的压力、真空的报警或联锁分别选用氨用电接点压力表、真空表及压力真空表。
3) 氧气介质的压力、真空的报警或联锁分别选用氧用电接点压力表、真空表及压力空表。
4) 腐蚀性介质的压力、真空的报警或联锁分别选用耐酸电接点压力表，真空表及压力真空表。

压力开关应根据火灾、爆炸危险场所的划分和使用要求来选择。压力开关在全量程范围内设定值应是可调的。

就地安装的无指示压力调节器、变送器、压力开关、减压阀宜配置直接测量工艺介质的压力表。

3. 远传压力仪表的选用

要求采用统一的标准信号时，应选用压力变送器。压力变送器的准确度应不低于0.5级。

1）对于爆炸和火灾危险场所，应选用气动压力变送器和防爆型电动压力变送器。

2）对于微压力的测量，可采用微差压变送器。

3）对于黏稠（如黏度较高的原油）、含有固体颗粒或腐蚀性介质压力的测量，可选用法兰膜片式压力变送器（温度不高于200℃）。如采用灌隔离液、吹气或打冲洗液等措施，也可采用一般的压力变送器。

4. 仪表量程的选择

仪表的量程指该仪表按规定的准确度对被测量进行测量的范围，它根据操作中需要测量的参数的大小来确定。为了保证敏感元件能在其安全范围内可靠工作，也考虑到被测对象可能发生的异常超压情况，对仪表的量程选择必须留有足够的余地。

在被测压力较稳定的情况下，最大工作压力不应超过仪表满量程的3/4；在被测压力波动较大或测振动压力的情况下，最大工作压力不应超过仪表满量程的2/3；在测量高压压力时，最大工作压力不应超过仪表满量程的3/5。为了保证测量准确度，最小工作压力不应低于仪表满量程的1/3。当被测压力变化范围大，最大和最小工作压力可能不能同时满足上述要求时，选择仪表量程应首先要满足最大工作压力条件。

根据被测压力计算得到仪表上、下限后，还不能以此直接作为仪表的量程，目前我国出厂的压力（包括差压）测量仪表有统一的量程系列，它们是 1kPa、1.6kPa、2.5kPa、4.0kPa、6.0kPa 以及它们的 10^n 倍数（n 为整数）。因此，在选用仪表量程时，应采用相应规程或者标准中的数值。

5. 仪表准确度的选择

压力测量仪表的准确度主要根据生产允许的最大误差来确定，即要求实际被测压力允许的最大绝对误差应小于仪表的基本误差。另外，在选择时应坚持节约的原则，只要测量准确度能满足生产的要求，就不必追求过高准确度的仪表。常用压力表的准确度等级为1.0级、1.6级、2.5级和4.0级。

6. 仪表类型的选择

根据工艺要求正确选用仪表类型，是保证仪表正常工作及安全生产的主要前提。压力测量仪表类型的选择主要考虑以下几个方面：

1）仪表的材料：压力检测的特点是压力敏感元件要与被测介质直接接触，因此在选择仪表材料的时候要综合考虑仪表的工作条件。例如，对腐蚀性较强的介质应使用像不锈钢之类的弹性元件或敏感元件；氨用压力计的材料不允许采用铜或铜介质，因为氨气对铜的腐蚀性极强；又如氧用压力计在结构和材质上可以与普通压力计相同，但要禁油，因为油进入氧气系统极易引起爆炸。

2）仪表的输出信号：如只需要观察压力变化的情况，应选用如弹簧管压力计甚至液柱式压力计那样的直接指示型的仪表；如需将压力信号远传到控制室或其他电动仪表，则可选用电气式压力测量仪表或其他具有电信号输出的仪表；如果控制系统要求能进行数字量通信，则可选用智能式压力测量仪表。

3) 仪表的使用环境：对爆炸性较强的环境，应选择防爆型压力仪表；对于温度特别高或特别低的环境，应选择温度系数小的敏感元件及其他变换元件。

案例分析

【案例】 某压力容器内介质的正常工作压力范围为 0.4~0.6MPa，用弹簧管压力计进行检测。要求测量误差不大于被测压力的 5%，试确定该压力计的量程和准确度等级。

解：由题意可知，被测对象的压力比较稳定，设弹簧管压力计的量程为 A，则根据压力计上限值应大于被测压力最大值的 1.5 倍，可得

$$A > 0.6\text{MPa} \times 1.5 = 0.9\text{MPa}$$

根据被测压力的最小值应不低于仪表量程的 1/3，可得

$$A < 0.4\text{MPa}/(1/3) = 1.2\text{MPa}$$

故根据仪表的量程系列，可选用量程范围为 0~1.0MPa 的弹簧管压力计。

由题意可知，被测压力允许的最大绝对误差为

$$\Delta p_{\max} = 0.4\text{MPa} \times 5\% = 0.02\text{MPa}$$

仪表准确度等级的选取应使其最大引用误差不超过允许测量误差。对于测量范围为 0~1.0MPa 的压力计，其最大引用误差为

$$\gamma_{b\max} = \frac{0.02\text{MPa} \times 100\%}{1.0\text{MPa}} = 2\%$$

故应选取 1.6 级的压力计。

做一做：同学们要记得填写如下项目设计记录单啊！

加热炉控制系统设计与调试项目设计记录单见表 2-15。

表 2-15 加热炉控制系统设计与调试项目设计记录单

课程名称				总学时	
项目名称				学时	
班级及组别		团队负责人		团队成员	
方案设计具体步骤					
项目设计方案一					
项目设计方案二					

项目二　加热炉控制系统的设计与调试

(续)

课程名称				总学时	
项目名称				学时	
班级及组别		团队负责人		团队成员	
项目设计方案三					
最优方案					
系统框图					
控制流程图					
相关资料及资源	PPT 课件、微课视频、自控专业工程设计用标准及规范等				

【项目实现】

案例：天津港"8·12"重大火灾爆炸事故

2015 年 8 月 12 日，位于天津市滨海新区天津港的某物流有限公司危险品仓库发生重大火灾爆炸事故，事故造成直接经济损失 68.66 亿元人民币。此外，本次事故对事故中心区及周边局部区域大气环境、水环境和土壤环境造成不同程度的污染。

经调查，事故直接原因是该公司危险品仓库运抵区南侧集装箱内硝化棉由于湿润剂散失出现局部干燥，在高温（天气）等因素的作用下加速分解放热，积热自燃，引起相邻集装箱内的硝化棉和其他危险化学品长时间大面积燃烧，导致堆放于运抵区的硝酸铵等危险化学品发生爆炸。

事故调查结果认定，该公司严重违法违规经营，是造成事故发生的主体责任单位。该公司严重违反天津市城市总体规划和滨海新区控制性详细规划，无视安全生产主体责任，非法建设危险货物堆场，从 2012 年 11 月至 2015 年 6 月多次变更资质经营和储存危险货物，安全管理极其混乱，致使大量安全隐患长期存在。

同时，事故还暴露出有关地方政府和部门存在有法不依、执法不严、监管不力等问题。涉及中介评估机构和设计单位、交通运输部门、海关系统、安全监管部门、规划部门等相关人员，他们在履行决策、设计、规划、评价、审批、检查等职责时出现了问题。如果当时能有一个部门坚守职业操守，都有可能阻止事故的发生。

一、温度测量仪表的安装

1. 测温元件的安装

安装温度测量仪表，要从测量准确、安装及检修方便等方面考虑，安装时应注意以下几点：

1) 与工艺管道垂直安装时，取源部件中心线应与工艺管道轴线垂直相交，如图 2-36a 所示；在工艺管道的拐弯处安装时，应逆着被测介质流向，取源部件中心线应于工艺管道中心线相重合，如图 2-36b 所示；与工艺管道成 45°斜安装时，应逆着被测介质流向，取源部件中心线应于工艺管道中心线相交，如图 2-36c 所示。应保证测温元件的感温点处于管道中流速最大处，测温元件应有足够的插入深度，以减小测量误差。

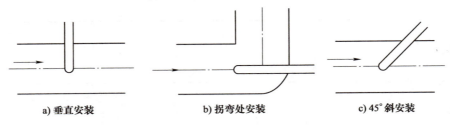

a) 垂直安装　　　　　b) 拐弯处安装　　　　　c) 45°斜安装

图 2-36　测温元件的安装位置

2) 若工艺管道过小（安装时各类玻璃液体温度计直径小于 50mm，热电偶、热电阻、双金属温度计直径小于 80mm 的管道），安装测温元件处应安装扩大管，如图 2-37 所示。

3) 热电偶、热电阻的接线盒面盖应向上，以避免雨水或其他液体、脏物进入接线盒中影响测量，如图 2-38 所示。

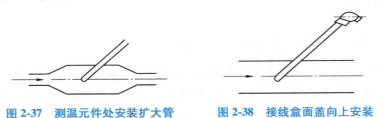

图 2-37　测温元件处安装扩大管　　　图 2-38　接线盒面盖向上安装

4) 为了防止热量损失，测温元件应插在有保温层的管道或设备处。

5) 测温元件安装在负压管道中时，必须保证其密封性，以防外界冷空气进入，使读数降低。

2. 测温元件的布线要求

1) 按照规定的型号配用热电偶的补偿导线，注意热电偶的正、负极与补偿导线的正、负极的连接，不要接错。

2) 热电阻的线路电阻一定要符合所配二次仪表的要求。

3) 为了保护连接导线与补偿导线不受外来的机械损伤，应把连接导线或补偿导线穿入钢管内或线槽板中。

4) 导线应尽量避免有接头，应具有良好的绝缘性能，尽量避开交流动力线，禁止与交流输电线合用一根穿线管，以免引起电磁感应。

5) 补偿导线不应有中间接头，否则应加装接线盒。另外，最好与其他导线分开敷设。

二、流量测量仪表的安装

1. 安装条件

流量测量仪表的安装（微课）

各种流量计由于测量原理不同,安装条件也有不同要求。例如有些仪表（如差压式、涡轮式）需要长的直管段,以保证仪表进口端流动达到充分发展,而另有一些仪表（如容积式、浮子式）则无此要求或要求很低。安装条件方面需考虑的因素包括仪表的安装方向、流动方向、上下游段管道状态、阀门位置、防护性配件、脉动流影响、振动、电气干扰和维护空间等。管道安装布置方向应该遵守仪表制造厂家规定。有些仪表水平安装和垂直安装对测量性能有较大影响,在水平管道中可能沉淀固体颗粒,因此测量浆体的仪表最好装在垂直管道上。必须遵守仪表外壳表面标注流体流动方向,因为反向流动可能损坏仪表。为防止误操作可能引起反向流动,有必要安装止回阀保护仪表。有些仪表允许双向流动,但正向和反向之间的测量性能也可能存在差异,需要对正反两个流动方向分别校验。

理想的流动状态应该是无漩涡、无流速分布畸变。大部分仪表或多或少受进口流动状况的影响,管道配件、弯管等都会引入流动扰动,可适当调整上游直管段改善流动特性。对于推理式流量计,上下游直管段长度的要求是保证测量准确度的重要条件,具体长度要求参照制造厂家的建议。

流量计校准是在实验室稳定流条件下进行的,但是实际管道流量并非全是稳定流,如管路上装有定排量泵、往复式压缩机等就会产生非定常流（脉动流）,增加测量误差。因此安装流量计必须远离脉动源。

工业现场管道振动对流量计（涡街流量计、科里奥利质量流量计等）的测量准确性也有影响。可对管道加固支撑、加装减振器等。

仪表的口径与管径尺寸不同时,可用异径管连接。流速过低会使仪表误差增加甚至无法工作,而流速过高误差也会增加,还会使测量元件超速或压力降幅过大而损坏仪表。

2. 环境条件

环境条件因素包括环境温度、湿度、大气压、安全性及电气干扰等。仪表的电子部件和某些仪表流量检测部分会受环境温度变化的影响。湿度过高会加速大气腐蚀和电解腐蚀,并降低电气绝缘；湿度过低则容易感生静电；电力电缆、电动机和电气开关都会产生电磁干扰。应用于爆炸性危险环境,按照气氛适应性、爆炸性混合物分级分组、防护电气设备类型以及其他安全规则或标准选择仪表。有可燃性气体或可燃性尘粒时必须用特殊外壳的仪表,同时不能用高电平电源。有化学侵蚀性气氛,仪表外壳必须具有外部防腐蚀和气密性。有些场所还要求仪表外壳防水。表2-16给出了常用流量计在各种环境条件下的适应性。

表2-16 常用流量计在各种环境条件下的适应性

仪表类型		温度影响	电磁干扰、射频干扰影响	本质安全防爆适用	防爆型适用	防水型适用
差压式	孔板	中	最小~小	①	①	①
	喷嘴	中	最小~小	①	①	①
	文丘里管	中	最小~小	①	①	①
	弯管	中	最小~小	①	①	①
	楔形管	中	最小~小	①	①	①
	均速管	中	最小~小	①	①	①

（续）

仪表类型		温度影响	电磁干扰、射频干扰影响	本质安全防爆适用	防爆型适用	防水型适用
浮子式	玻璃锥管	中	最小	√	√	√
	金属锥管	中	小~中	√	√	√
容积式	椭圆齿轮	大	最小~小	√	√	√
	腰轮	大	最小~小	√	√	√
	刮板	大	最小~小	√	√	√
	膜式	大	最小~小	√	√	√
涡轮式		中	中	√	√	√
电磁式		最小	中	×	√	√
旋涡式	涡街	小	大	√	√	√
	旋进	小	大	√	×	√
超声式	传播速度差法	中~大	大	×	√	√
	多普勒法	中~大	大	√	√	√
靶式		中	中	√	√	√
热式		大	小	√	√	√
科氏力质量式		最小	大	√	√	√
插入式（涡轮、电磁、涡街）		最小~中	中~大	②	√	√

注：√表示可用；×表示不可用；①取决于差压计；②取决于测量头类型。

三、压力测量仪表的安装

压力计的安装是否正确，将直接影响到测量结果的准确性及仪表的寿命。一般应注意以下事项：

1）取压点的设置必须有代表性，应选在能准确且及时反映被测压力实际数值的地方。例如，设置在被测介质流动平稳的部位，不应太靠近有局部阻力或其他受干扰的地方。取压管内端面与设备连接处的内壁应保持平齐，不应有凸出物或毛刺，以免影响流体的平稳流动。

2）测量蒸汽压力时，应加装冷凝管，以避免高温蒸汽与测压元件接触，对于有腐蚀性或黏度较大、有结晶、沉淀等介质，可安装适当的隔离罐，罐中充以中性隔离液，以防腐蚀或堵塞导压管和压力计，如图 2-39 所示。

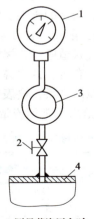
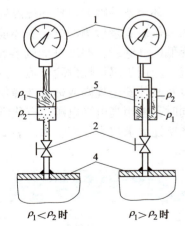

a) 测量蒸汽压力时   b) 测量有腐蚀性等介质时

图 2-39 压力计安装示意图

1—压力计 2—切断阀 3—凝液管 4—取压容器 5—隔离罐

项目二　加热炉控制系统的设计与调试

3）取压口到压力计之间应装有切断阀，以备检修压力计时使用，切断阀应装设在靠近取压口的地方。需要进行现场检验或经常冲洗导压管的地方，切断阀可改用三通阀。

4）当被测压力较小，而压力计与取压点又不在同一高度上时，对由此高度引起的测量误差，应进行修正。

压力测量仪表的安装（微课）

5）当被测压力波动剧烈和频繁（如泵、压缩机的出口压力）时，应安装缓冲器或阻尼器。

整理总结

通过学习温度、压力、流量等测量仪表的安装，串级控制系统方案的设计与实施等内容，完成项目实现内容。总结项目实现过程，填写在表2-17中。

表 2-17　项目实现记录单

课程名称				总学时	
项目名称				学时	
班级及组别		团队负责人		团队成员	
人员分工及工作过程					
工作效果					
项目实施遇到的问题及解决方法					
相关资料及资源					
注意事项					
心得体会					

【项目运行】

案例：精益求精　匠心筑梦

一丝不苟，精益求精，在专注与坚持里做到物我合一，追求卓越，这些都是工匠精神的本质内涵。早在中国古代，就有技艺精湛的鲁班、游刃有余的庖丁，他们的行技境界都是历代工匠的毕生追求。在当代也涌现出一批又一批的大国工匠，焊接火箭"心脏"的"中国第一人"、"航空"手艺人、"两丝"钳工……，他们数十年如一日地追求着职业技能的极致化，靠着传承和钻研，凭着专注和坚守，缔造了一个又一个的"中国制造"，正是这些工匠人对质量的极致追求，才使得我国在神舟飞天、蛟龙入海、嫦娥奔月、北斗组网等高科技领域取得了伟大成就。

一、串级控制系统的投运

1. 串级控制系统的实施

在主、副变量和主、副控制器的选型确定之后，就可以考虑串级控制系统的构成方案了。由于仪表种类繁多，生产上对系统功能的要求也各不相同，因此对于一个具体的串级控制系统就有着不同的实施方案。究竟采用哪种方案为好，要根据具体的情况和条件而定。

一般来说，在选择具体的实施方案时，应考虑以下几个问题：

1) 所选择的方案应能满足指定的操作要求。主要是考虑在串级运行之外，是否需要副回路或主回路单独进行自动控制，然后才能选择相应的方案。

2) 实施方案应力求实用，简单可靠。在满足要求的前提下，所需仪表装置应尽可能投资少，这样既可使操作方便，又保证经济性。采用仪表越多，出现故障的可能性也就越大。

3) 所选用的仪表信号必须互相匹配。在选用不同类型的仪表组成串级控制系统时，必须配备相应的信号转换器，以达到信号匹配的目的。

4) 所选用的副控制器必须具有外给定输入接口，否则无法接受主控制器输出的外给定信号。

5) 实施方案应便于操作，并能保证投运时实现无扰动切换。串级控制系统有时要进行副回路单独控制，有时要进行遥控，甚至有时要进行"主控"（即主控制器的输出直接控制控制阀。当有"主控"要求时，需增加一个切换开关，作"串级"与"主控"的切换之用），所有这些操作之间的切换工作要能方便实现，并且要求切换时无扰动。

2. 串级控制系统的投运

所谓投运，就是通过适当的步骤使主、副控制器先经手动调整好参数及工作状态，然后转到自动工作状态。串级控制系统选用的仪表类型不同，投运的方法也有所不同，但是所遵循的原则基本上都是相同的：一是投运顺序，一般都采用先投副回路后投主回路的投运顺序；二是投运过程必须保证无扰动切换，以保证生产的平稳运行。

为了保证串级控制系统顺利的投入运行，必须做好投运前的各项准备工作，特别是对于新设计的系统更应重视这一步。具体准备工作如下：

1) 对各类仪表和控制设备包括传感器、变送器、控制阀和控制器等进行在线检查、校验和设定，保证达到规定的要求。

2) 对电器电路的检查，主要检查电路有无接错和通断情况。对气动管线还要检查有无漏气和堵塞等情况，在一切正常的情况下，才可投入使用。

下面以DDZ-Ⅲ型仪表组成的串级控制系统为例，说明投运过程。由于DDZ-Ⅲ型仪表具有跟踪保持电路，软手动与自动输出可实现双向跟踪，所以软手动与自动之间可实现双向无平衡无扰动切换。这样就给控制系统的投运带来方便，投运步骤如下：

1) 主、副控制器均放置于软手动。主控制器置于内给定，副控制器置于外给定，并设置好主控制器的设定值；正确设置主、副控制器的正、反作用位置；主、副控制器的控制参数置于预定值（若无预定值，比例度可置于100%，积分时间置于适当数值或最大，微分时间置于零）。

2) 用副控制器的软手动进行遥控，使主变量稳定在设定值附近。

3) 副控制器由软手动切换成自动。

4) 主控制器由软手动切换成自动。

这样就完成了串级控制系统的投运，而且投运过程是无扰动的。

二、串级控制系统的参数整定

串级控制系统大多是主变量控制精度要求较高的定值控制系统，副回路是随动系统，要求副变量能准确、快速地跟随主控制器输出的变化。串级控制系统主、副回路的目标不同，对主、副变量的要求也不同。通过正确的参数整定，才可能取得期望的控制效果。

串级控制系统主、副控制器的参数整定方法分为逐步逼近法、两步整定法和一步整定法，下面分别进行介绍。

1. 逐步逼近法

逐步逼近法是一种依次整定副回路和主回路，循环进行，逐步接近主、副回路最佳整定参数的方法，其步骤如下：

1) 整定副回路。此时断开主回路，按照单回路整定方法，取得副控制器的整定参数，得到第一次副控制器参数整定值，记作 G_{C2}^1。

2) 整定主回路。把刚整定好的副回路作为主回路中的一个环节，仍按单回路整定方法，求取主控制器的整定参数，记作 G_{C1}^1。

3) 再次整定副回路，注意此时副回路、主回路都已闭合。在主控制器的整定参数为 G_{C1}^1 的条件下，按单回路整定方法，重新求取副控制器的整定参数 G_{C2}^2。至此已完成一个循环的整定。

4) 重新整定主回路。同样是在两个回路闭合、副控制器整定参数为 G_{C2}^2 的情况下，重新整定主控制器，得到 G_{C1}^2。

5) 如果调节过程仍未达到品质要求，按上面3)、4)步继续进行，直到控制效果满意为止。一般情况下，完成第3)步甚至只要完成第2)步就已满足控制品质要求，无须继续进行。这种方法费时较多。

2. 两步整定法

所谓两步整定法，就是让系统处于串级工作状态，第一步按单回路控制系统整定副控制器参数，第二步把已经整定好的副回路视为串级控制系统的一个环节，仍按单回路对主控制器进行一次参数整定。

对于一个设计合理的串级控制系统，其主、副回路中被控过程的时间常数应有适当的匹配关系，一般为 $T_{o1} = (3 \sim 10)T_{o2}$，主回路的工作周期远大于副回路的工作周期。因此，当副控制器参数整定好之后，视副回路为主回路的一个环节，按单回路控制系统的方法整定主控制器参数，而不再考虑主控制器参数变化对副回路的影响。一般串级控制系统对主变量的控制精度要求高，而对副变量的控制要求相对较低。因此，当副控制器参数整定好之后再去整定主控制器参数时，虽然会影响副变量的控制品质，但只要主变量控制品质得到保证，副变量的控制品质差一点也是可以接受的。

两步法的整定步骤如下：

1) 在生产过程稳定，系统处于串级工作状态，主、副控制器均为比例控制作用的条件下，先将主控制器的比例度 δ_1 置于 100% 刻度上，然后由大到小逐渐降低副控制器的比例度 δ_2，得到回路过渡过程衰减比为 4:1 的比例度 δ_{2s}，过渡过程的振荡周期为 T_{2s}。

2) 在副控制器的比例度等于 δ_{2s} 的条件下，逐步降低主控制器的比例度 δ_1，直到同样主回路过渡过程衰减比为 4:1 的比例度 δ_{1s}，过渡过程的振荡周期为 T_{1s}。

3) 按已求得的 δ_{1s}、T_{1s} 和 δ_{2s}、T_{2s} 值，结合已选定的调节规律，按表 2-18，计算出主、副控制器的整定参数值。

表 2-18　衰减比为 4:1 时，衰减曲线法整定参数计算表

调节规律	比例度 δ(%)	积分时间 T_I	微分时间 T_D
P	δ_s	—	—
PI	$1.2\delta_s$	$0.5T_s$	—
PID	$0.8\delta_s$	$0.3T_s$	$0.1T_s$

4) 按照"先副回路，后主回路"的顺序，将计算出的参数值设置到控制器上，做一些扰动试验，观察过渡过程曲线，做适当的参数调整，直到控制品质达到最佳或满足要求为止。

两步整定法整定的参数结果比较准确，因而在工程上应用较多。

3. 一步整定法

两步整定法虽能满足主、副变量的要求，但要分两步进行，需寻求两个衰减比为 4:1 的衰减振荡过程，比较烦琐。为了简化步骤，主、副控制器的参数也可以采用一步整定法。

所谓一步整定法，就是根据经验，先将副控制器参数一次调整好，不再变动，然后按一般单回路控制系统的整定方法直接整定主控制器参数。

由于串级控制系统对主变量的控制精度要求高，对副变量的要求较低。因此，在整定时不必把过多的精力放在整定副回路参数上。只要把副控制器的参数置于一定数值后，集中精力整定主回路，使主变量达到规定指标即可。按照经验一次设置的副控制器参数可能不一定合适，但可以通过调整主控制器的放大倍数来进行补偿，使最终结果仍然能满足主参数呈现 4:1（或 10:1）的衰减振荡过程。

经验证明，一步整定法对于对主变量要求较高，而对副变量要求不严的串级控制系统是一种较为有效的整定方法。人们经过长期的工程实践和大量的经验积累，总结出在不同的副变量情况下，副控制器参数的选择范围，见表 2-19。

表 2-19　一步整定法副控制器参数选择范围

副参数类型	副控制器比例度 δ_2(%)	副控制器比例增益 K_{p2}
温度	20~60	1.7~5.0
压力	30~70	1.4~3.0
流量	40~80	1.25~2.5
液位	20~80	1.25~5.0

一步整定法的整定步骤如下：

1）在生产过程平稳、控制系统为纯比例的运行条件下，按照表2-19所列的数据，将副控制器比例度δ_2调到某一适当的数值。

2）利用简单控制系统中任一种参数整定方法整定主控制器的参数。

3）在已整定参数条件下，观察主变量动态响应过程，适当调整主控制器的参数，使主变量满足工艺要求为止。

 做一做：

调试完成后，请清理工作台和工具，填写项目运行记录单，见表2-20。

表2-20 项目运行记录单

课程名称				总学时	
项目名称				学时	
班级及组别		团队负责人		团队成员	
人员分工及工作过程					
工作效果					
项目运行遇到的问题及解决方法					
相关资料及资源					
注意事项					
心得体会					

三、项目验收

观察项目运行情况，撰写项目报告，具体报告格式见附录。

各小组推选一名主讲员上台讲解任务的完成情况及演示项目成果，教师、同学填写评价表，见表2-21。项目报告内容包括设计目的与内容要求、小组分工和每位组员的贡献说明、

工业现场控制系统的设计与调试

需求分析与功能设计、技术难点、项目作品特色与作品效果图、心得体会、主要参考文献、讨论会议记录等内容。

表 2-21　评价表

测评内容	配分	评分标准	得分	合计
电路设计	25 分	正确选择控制器（5 分）		
		仪表选型正确（5 分）		
		调节阀选型正确（5 分）		
		电路图绘制正确（10 分）		
电路安装	30 分	零部件无损伤（5 分）		
		仪表接线正确（10 分）		
		调节阀接线正确（5 分）		
		安装步骤方法正确（5 分）		
		螺栓按要求拧紧（5 分）		
电路连接	10 分	接线正确（5 分）		
		接线符合要求（5 分）		
电路调试	15 分	控制器参数设置正确（5 分）		
		通信正确（5 分）		
		系统运行正常（5 分）		
故障检测	10 分	控制系统运行中的故障能正确诊断并排除（10 分）		
安全文明操作	10 分	遵守安全生产规程（10 分）		
总分	100 分			

【知识拓展】

 认识一下比值控制系统吧！

一、比值控制系统概述

工业过程中经常要按一定的比例控制两种或两种以上的物料量。例如，燃烧系统中的燃料与氧气量；参加化学反应的两种或多种化学物料量。一旦比例失调，就会产生浪费，从而影响正常生产，甚至造成严重不良后果。而比例得当，则可以保证优质、高产、低耗。为此，控制工程师设计了比值控制系统。

凡是用来实现两种或两种以上物料按一定比例关系关联控制以达到某种控制目的的控制系统，称为比值控制系统。在比值控制系统中，需要保持比值关系的两种物料中必有一种处于主导地位，此物料称为主动量，通常用 F_1 表示，如燃烧比值系统中的燃料量；另一种物料称为从动量，通常用 F_2 表示，如燃烧比值系统中的空气量（氧含量）。比值控制系统就是要实现从动量 F_2 与主动量 F_1 的对应比值关系，即满足关系式 $F_2/F_1=k$，k 为从动量与主动量的比值。

二、比值控制系统的类型

比值控制系统主要有单闭环比值控制系统、双闭环比值控制系统和变比值控制系统。

1. 单闭环比值控制系统

单闭环比值控制系统在结构上与单回路控制系统一样。常用的控制方案有两种形式：一种是把主动量的测量值乘以某一系数后作为从动量控制器的设定值，这种方案称为相乘方案，是一种典型的随动控制系统，如图 2-40a 所示；另一种是把主动量与从动量的比值作为从动量控制器的被控变量，这种方案称为相除方案，是典型的定值控制系统，如图 2-40b 所示。

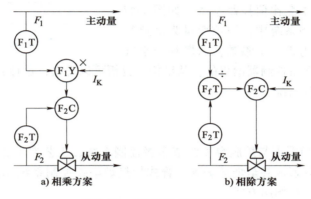

图 2-40　单闭环比值控制系统

2. 双闭环比值控制系统

由单闭环比值控制系统可知，系统中的主动量是开环的，没有受到控制。为了克服单闭环比值控制中主动量不受控，易受扰动的情况，设计了双闭环比值控制系统，如图 2-41 所示。图 2-41a 所示为相乘方案，图 2-41b 所示为相除方案。与单闭环比值控制系统相比，双闭环比值控制系统是由一个定值控制的主动量回路和一个跟随主动量变化的从动量控制回路组成。通过主动量控制回路可以克服主动量扰动，实现定值控制。从动量的控制与单闭环比

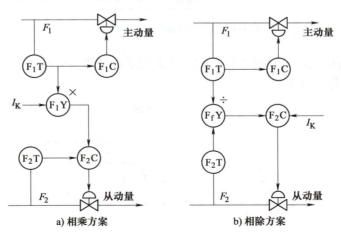

图 2-41　双闭环比值控制系统

值控制系统相同。这样,无论是主动量还是从动量,均比较稳定,系统运行相对平稳。因此,在工业生产过程中,当要求负荷变化较平稳时,可以采用这种控制方案。不过,该方案所用仪表较多,投资较高,而且投运也比较麻烦。

3. 变比值控制系统

单闭环比值控制和双闭环比值控制是实现两种物料流量间的定值控制,在系统运行过程中比值系数是不变的。但在有些生产过程中常要求两种物料流量的比值随第三个参数的需要而变化,为了满足这种控制要求,开发了变比值控制系统。如图 2-42 所示,在这个燃料控制系统中,被控变量为烟道气中的氧含量,将它作为第三个参数,而燃料与空气的比值实质上是由氧含量控制器给出的,从结构上分析可以看出,这种方案是以比值控制系统为副回路的串级控制系统。

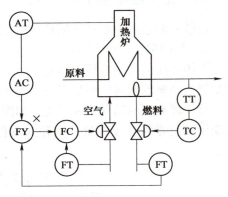

图 2-42　变比值控制系统

【工程训练】

1. 管式加热炉出口温度与炉膛温度组成串级控制系统,工艺要求加热炉出口温度不允许过高,否则物料会分解,甚至烧坏炉管。管式加热炉串级控制系统如图 2-43 所示,试确定主、副控制器的正、反作用方式。

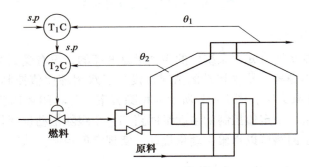

图 2-43　管式加热炉串级控制系统

2. 冷却器串级控制系统如图 2-44 所示。工艺要求冷却器出口温度不能过低。试确定主、副控制器的正、反作用方式。

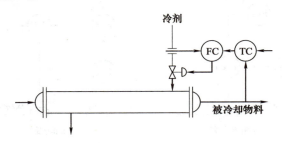

图 2-44　冷却器串级控制系统

3. 图2-45所示为一个精馏塔提馏段塔釜温度与加热蒸汽流量串级控制系统，试确定该串级控制系统的主、副控制器的正、反作用方式。

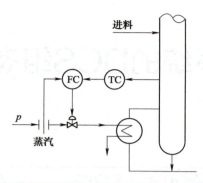

图2-45　精馏塔提馏段塔釜温度与加热蒸汽流量串级控制系统

项目 三

反应釜控制系统的DCS组态设计与调试

项目名称	反应釜控制系统的 DCS 组态设计与调试	参考学时	48 学时
项目导入	反应釜的广义理解为有物理或化学反应的容器，通过对容器的结构设计与参数配置，实现工艺要求的加热、蒸发、冷却及低高速的混配功能，广泛应用于石油、化工、橡胶、农药、染料、医药、食品，用来完成硫化、硝化、氢化、烃化、聚合、缩合等工艺过程，例如反应釜、反应锅、分解锅及聚合釜等。反应釜的控制要求，除保证物料、热量平衡外，还需要进行质量指标的控制，以及设置必要的约束条件。反应釜的种类很多，控制上的难易程度也相差很大，较为容易的控制与一个换热器相似，而对一些反应速度快、热效应强烈的反应釜，控制难度就比较大。本项目采用 DCS 作为控制器，模拟化工生产中的碘化反应，对反应釜的温度、压力、流量、液位进行控制，使生产按照工艺要求进行。		
学习目标	知识目标： 1. 能描述 DCS 的设计思想和体系结构； 2. 明确 DCS 组态的设计流程和具体工作。 能力目标： 1. 会统计 I/O 点，并填写 I/O 点统计表； 2. 会根据控制要求，进行 DCS 的硬件配置； 3. 能利用软件新建工程； 4. 能进行 DCS 设备组态、数据库组态、控制器算法组态、报表组态和图形组态； 5. 能进行系统下装； 6. 能操作监控软件； 7. 能配置和调试 DCS 网络； 8. 能修改组态参数并进行系统调试； 9. 能判断系统的故障原因并进行排除； 10. 具有小组合作、沟通表达和技术文本制作的能力。 素质目标： 1. 具有良好的工艺意识、规范意识、标准意识、成本意识、质量意识和安全意识； 2. 具有分析问题和解决问题的能力； 3. 具有爱岗敬业、认真严谨、精益求精的工作作风，勤劳刻苦、乐学善思的品质和不断探索创新的精神。		
项目要求	本项目中使用的反应釜为水热合成反应釜，用来模拟碘化反应，考虑安全因素，反应温度、压力均调整在安全范围内，温度控制在 50℃，压力 30kPa，用冷水模拟氢氧化钠物料，热水模拟碘酸钠。项目具体要求如下： 1. 实现碘化反应的综合控制； 2. 绘制工艺流程图，选择液位、流量、温度测量仪表及执行机构并安装； 3. 小组独立完成工程组态； 4. 调试并运行。		

项目三　反应釜控制系统的 DCS 组态设计与调试

（续）

实施思路	1. 构思：项目分析与知识准备，参考学时为 8 学时； 2. 设计：设计项目方案，参考学时为 10 学时； 3. 实现：进行硬件设计、安装，进行工程组态，参考学时为 20 学时； 4. 运行：系统调试、运行及维护，参考学时为 10 学时。

【项目构思】

项目来源于工业典型环节反应釜控制系统。本项目按照以下步骤进行：
1）列出 DCS 的结构组成。
2）分析反应釜控制要求，统计、确定 I/O 点数，建立数据库。
3）完成反应釜控制系统的硬件组态。
4）完成反应釜控制系统的控制方案设计。
5）完成反应釜控制系统的图形组态。
6）完成反应釜控制系统的仿真调试。
7）完成反应釜控制系统的参数整定与投运。

反应釜控制系统的 DCS 组态设计与调试项目工单见表 3-1。

表 3-1　反应釜控制系统的 DCS 组态设计与调试项目工单

课程名称	工业现场控制系统的设计与调试		总学时：96
项目一	反应釜控制系统的 DCS 组态设计与调试		48 学时
班级		团队负责人	团队成员
项目任务与要求	完成反应釜控制系统的 DCS 组态设计与调试，项目具体要求如下： 1. 制定项目工作计划； 2. 讨论 DCS 的组成； 3. 统计反应釜控制系统的 I/O 点数并绘制带 I/O 点的工艺流程图； 4. 操作完成 DCS 的硬件配置； 5. 操作完成 MACS 的软件安装； 6. 操作完成设备组态及数据库组态、控制器算法组态、报表组态及图形组态； 7. 完成系统安装及接线； 8. 完成工程下装、系统调试、运行与维护。		
相关资料及资源	教材、视频录像、PPT 课件、仪表安装工艺及标准等。		
项目成果	1. 完成反应釜控制系统的设计与调试，实现控制要求； 2. 完成 CDIO 项目报告； 3. 完成评价表。		
注意事项	1. 在通电试车前一定要经过指导教师的允许； 2. 严格遵守安全操作规程； 3. 严禁带电操作； 4. 安装完毕后应及时清理工作台，工具归位。		

工业现场控制系统的设计与 调试

一、项目分析

反应釜是工业生产中常用的设备之一。反应釜广泛应用于石油、化工、橡胶、农药、染料、医药和食品等领域,是用来完成硫化、硝化、氢化、烃化、聚合、缩合等工艺过程的压力容器。反应釜一般由传动机构、反应容器(釜体)、搅拌装置(搅拌轴、搅拌器)、传热装置(夹套)、密封装置(轴封)等组成,反应釜实物如图3-1所示,反应釜结构示意图如图3-2所示。

图3-1 反应釜实物   图3-2 反应釜结构示意图

本项目用反应釜装置来模拟碘化反应(即化合物中引入原子的反应),生产原理:$NaIO_3+Cl_2+4NaOH = Na_3H_2IO_6+2NaCl+H_2O$。

反应釜控制系统装置总图如图3-3所示。反应釜装置由反应釜本体、液位系统、压力系统、锅炉-滞后水箱温度系统四部分组成。从进料→反应→出料均能够以较高的自动化程度完成预先设定好的反应步骤,对反应过程中的温度,压力,力学(搅拌、鼓风等),反应物、产物浓度等重要参数进行严格的调控。

反应釜控制系统设计与调试项目分析(微课)

(一)反应釜本体

反应釜本体上表面有五个开孔,分别为进料口、进气口、排气口、测温口及压控口,进料口为物料的进口,本装置用冷水和热水模拟两种不同物料;进气口为保压气体进口,保压气体一般为氮气,本装置用空气模拟;排气口模拟尾气吸收装置等,废气检测合格后排出,进料完成后,此阀门可以关闭;测温口及压控口用以安装温度及压力传感器。

本体下表面及侧面也有五个开孔,分别为夹套进水口、夹套出水口、内胆出水口、夹套测温口和测液位口。可以抽热水或冷水通过反应釜的夹套进水口(出水口)进入(或流出)其夹套内部以预热或冷却反应釜内胆,反应釜结构示意图如图3-4所示。

项目三 反应釜控制系统的DCS组态设计与调试

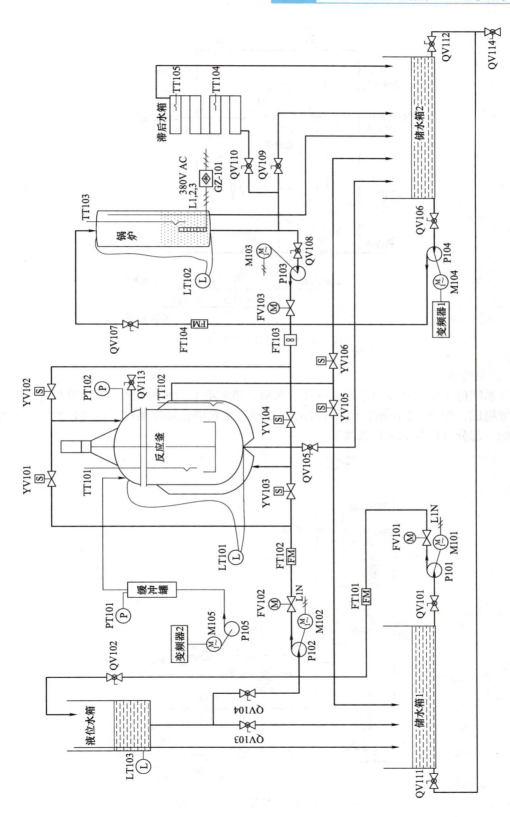

图3-3 反应釜控制系统装置总图

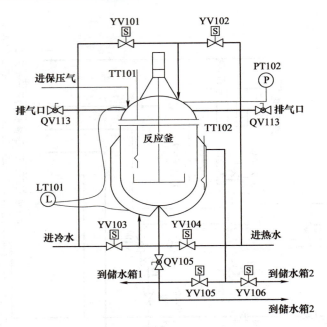

图 3-4 反应釜结构示意图

(二) 液位系统

液位系统位于整个装置的左边，由液位水箱、储水箱 1、1#冷水泵、电磁流量计、电动调节阀等组成，如图 3-5 所示。液位系统可完成单容水箱液位特性测试，也可作为反应釜综合系统的一部分（冷却和进料系统）。

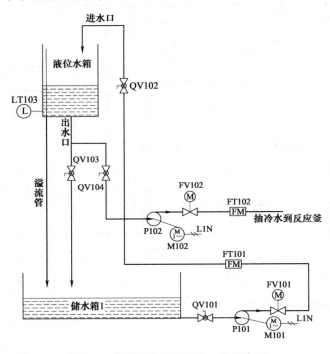

图 3-5 水箱液位系统结构工艺示意图

(三) 压力系统

压力系统位于液位系统的右边,由变频器、气泵及气压缓冲罐等组成,如图3-6所示。压力系统可以完成气压测试及单回路实训,也可作为反应釜综合系统的保压系统。

(四) 锅炉-滞后水箱温度系统

锅炉-滞后水箱温度系统位于整个装置的右边,由锅炉、滞后水箱、1#热水泵、2#热水泵、变频器、移相加热模块、液位及温度传感器等组成,如图3-7所示。锅炉把冷水加热后,其热水被锅炉出水口的热水泵抽至反应釜,以预热反应釜内胆或模拟反应釜进料。而且锅炉中的热水也可直接通过阀门QV110流到滞后水箱,以模拟温度纯滞后系统。

综上所述,反应釜装置各部分之间的关系如图3-8所示。

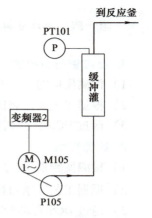

图3-6 压力系统结构工艺示意图

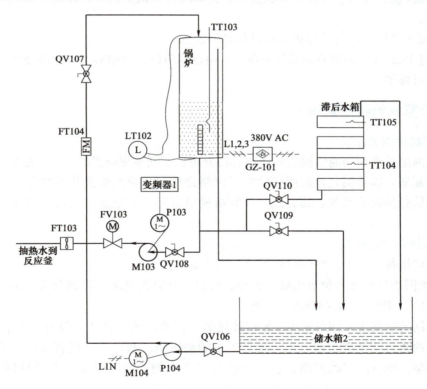

图3-7 锅炉-滞后水箱温度系统结构工艺示意图

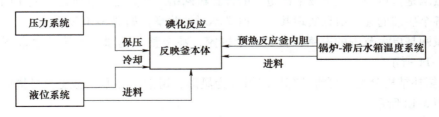

图3-8 反应釜装置各部分之间的关系

想一想：通过分析反应釜工艺流程，想想它对控制系统有哪些要求呢？

1. 反应釜压力控制

1）检测反应釜压力和空气缓冲罐压力。

2）根据工艺要求将阀 QV113 关至极小开度，自行选择相关阀门的启闭状态。

3）通过 DCS 自动调节控制气泵变频器，将压力控制在目标值。

2. 比值控制

1）检测变频器-磁力泵支路的流量 Q_1、电动阀支路的流量 Q_2。

2）根据工艺要求自行选择相关阀门的启闭状态。

3）通过 DCS 自动调节控制 1#水泵变频器，将 $K=Q_1/Q_2$ 控制在目标值。

3. 模拟碘化反应

1）检测反应釜压力、液位、内胆温度、夹套温度、锅炉液位、温度，水箱液位和系统各支路流量。

2）根据工艺要求自行选择相关阀门的启闭状态。

3）通过 DCS 自动调节控制系统中所有的电动调节阀、电磁阀，将反应釜内的温度、压力均控制在目标值。

二、计算机网络的认识

1. 计算机网络的定义

计算机网络是指利用通信设备和线路，将分布在不同地理位置的、功能独立的多个计算机系统连接起来，以功能完善的网络软件（网络通信协议及网络操作系统等）实现网络中资源共享和信息传递的系统。简言之，计算机网络就是"互联起来的独立自主的计算机集合"。

2. 计算机网络的种类

计算机网络种类繁多，可以归纳为以下几种类型。

1）依据网络规模和所覆盖地域的大小，可以将计算机网络可以划分为局域网（LAN）、城域网（MAN）和广域网（WAN）三类。

①局域网的网络规模相对较小，通信线路短，覆盖地域的直径一般为几十米至几千米。日常，家中的两台计算机连在一起，就是最小的局域网，两台计算机直接可以实现数据互传、信息共享。单位内部的网络，在一个楼内多个房间，可以组成一个局域网，如图 3-9 所示。

②城域网是覆盖一个城市或地区范围的计算机网络。例如各种连锁店，使用的就是城域网技术，各个店铺的会员信息实现共享，但又不对外共享，如图 3-10 所示。

③广域网是更大范围的网络，覆盖一个国家，甚至整个地球，也就是通常所说的互联网，如图 3-11 所示。

2）按拓扑结构分类，可将计算机网络分为星形、树形、环形、总线、网状形五种基本形式，如图 3-12 所示。

①星形拓扑结构的每个站通过点对点链路连接到中央节点，任何两点之间的通信都要通

项目三　反应釜控制系统的 DCS 组态设计与调试

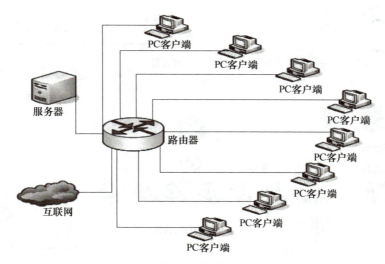

图 3-9　局域网

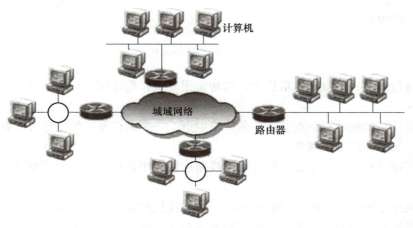

图 3-10　城域网

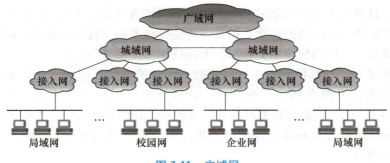

图 3-11　广域网

147

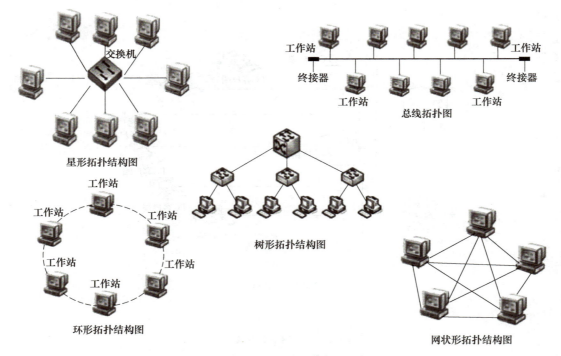

图 3-12　网络拓扑结构

过中央节点进行。中央节点通信负担重，结构也很复杂，而外围节点通信量很小，结构也较简单。

②总线拓扑结构的所有结点共享一条传输通道，一个结点发出的信息可以被网络上的多个结点接收，又称为广播式网络。

③环形拓扑结构的结点通过点到点通信线路连接成闭合环路。环中数据将沿一个方向逐站传送。

④树形拓扑结构网络中的各结点形成了一个层次化的结构，树中各个结点都为计算机。

⑤网状形拓扑结构分为全连接网状形和不完全连接网状形两种形式。

3. 计算机网络的结构与功能

根据网络的定义，一个典型的计算机网络主要由计算机系统、数据通信系统、网络软件三大部分组成。计算机系统是网络的基本模块，为网络内的其他计算机提供共享资源；数据通信系统是连接网络基本模块的桥梁，提供各种连接技术和信息交换技术；网络软件是网络的组织者和管理者，在网络协议的支持下，为网络用户提供各种服务。

（1）计算机系统　计算机系统主要完成数据信息的收集、存储、处理和输出任务，并提供各种网络资源。根据在网络中的用途，计算机系统可分为服务器（Server）和工作站（Work Station）。服务器负责数据处理和网络控制，并构成网络的主要资源。工作站又称为客户机（Client），是连接到服务器的计算机，相当于网络上的一个普通用户，它可以使用网络上的共享资源。

（2）数据通信系统　数据通信系统主要由网络适配器、传输介质和网络互联设备等组成。网络适配器又称为网卡，主要负责主机与网络的信息传输控制。传输介质包括双绞线、同轴电缆、光纤和无线电。网络互联设备用来实现网络中各计算机之间的连接、网与网之间的互联及路径选择。常用的网络互联设备有中继器（Repeater）、集线器（Hub）、网桥（Bridge）、路由器（Router）和交换机（Switch）等。

（3）网络软件　网络软件是实现网络功能所不可缺少的软环境，主要是网络通信软件、网络协议软件、网络操作系统、网络管理及网络应用软件。网络通信软件是用于实现网络中各种设备之间进行通信的软件；网络协议软件实现网络协议功能，如 TCP/IP、IPX/SPX 等；网络操作系统实现系统资源共享，管理用户的应用程序对不同资源的访问，典型的网络操作系统有 NT、Netware、UNIX 等；网络管理及网络应用软件是用来对网络资源进行管理，对网络进行维护的软件，网络管理及网络应用软件为网络用户提供服务，帮助网络用户在网络上解决实际问题。网络管理及网络应用软件种类繁多，常用的网络应用软件有 Internet Explorer、CuteFTP 以及各种杀毒软件、网关和防火墙等。

4. 计算机网络的作用

从纯技术的角度来说，计算机网络的作用主要实现了数据交换和通信、资源共享、提高系统的可靠性以及分布式网络处理和负载均衡四大功能。

（1）数据交换和通信　计算机网络中的计算机之间或计算机与终端之间可以快速可靠地相互传递数据程序或文件。

（2）资源共享　充分利用计算机网络中提供的资源（包括硬件、软件和数据）是计算机网络组网的主要目标之一。

（3）提高系统的可靠性　在一些用于计算机实时控制和要求高可靠性的场合，通过计算机网络实现备份技术，可以提高计算机系统的可靠性。

（4）分布式网络处理和负载均衡　对于大型的任务或当网络中某台计算机的任务负荷太重时，可将任务分散到网络中的各台计算机上，或由网络中比较空闲的计算机分担任务。

三、集散控制系统的认识

集散控制系统（Distributed Control System，DCS）又称分布式控制系统，是 20 世纪 70 年代中期计算机技术、控制技术、图像显示技术以及通信技术发展的产物。

认识集散控制系统（微课）

DCS 基本的设计思想是分散控制、集中操作，即采用危险分散、控制分散，而操作和管理集中，多层分级、合作自治的结构形式，实现对生产过程的监视、控制和管理。它既打破了常规控制仪表功能的局限，又较好地解决了早期计算机系统对于信息、管理和控制作用过于集中带来的危险性。与传统的集中式计算机控制系统相比，集散控制系统的危险被分散，可靠性大大增加。此外，DCS 具有友好的图形界面、方便的组态软件、丰富的控制算法和开放的联网能力，从而广泛应用于过程控制系统，尤其是大中型流程工业企业的控制系统。

从 20 世纪 90 年代开始，分布式集散控制系统在不断提高系统控制功能的同时向全面企业管理功能扩充。现有的 DCS 产品都集成了控制和管理功能，都采用多层次结构，即系统分为现场控制层、协调控制层及管理控制层等，各层功能不同。现场控制层主要完成直接数字控制（DDC）的功能；协调控制层完成计算机监督控制系统（SCC）功能；而管理控制层则完成范围更广泛、更高层的管理功能。

1. 集散控制系统的基本组成

不同厂家或同一厂家不同时期的集散控制系统（DCS）产品千差万别，但其核心结构却基本上是一致的，可以简单地归纳为"三点一线"式。"一线"是指 DCS 的骨架计算机网络。"三点"则是指连接在网络上的三种不同类型的节点，即面向被控过程现场的现场控制站、面向操作人员的操作员站和面向 DCS 监督管理人员的工程师站。DCS 的基本结构分为生产管理层、过程监控层及现场控制层三个层次，划分为过程级、操作级和管理级三级，其结构如图 3-13 所示。过程级包括现场控制站、I/O 单元和现场仪表，是主要实施部分；操作级包括操作员站和工程师站，完成系统的操作和组态；管理级主要是指工厂管理信息系统（MES 系统），作为 DCS 更高层次的应用。

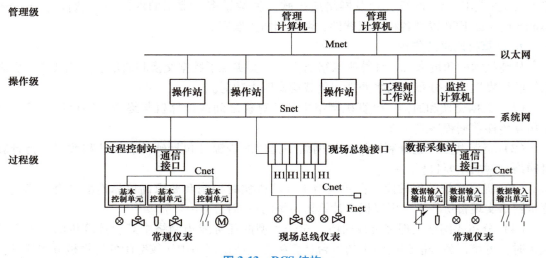

图 3-13　DCS 结构

一般情况下，一个 DCS 中只需配备一台工程师站，而现场控制站和操作员站的数量则需要根据实际要求配置。这三种节点通过系统网络互相连接并互相交换信息，协调各方面的工作，共同完成 DCS 的整体功能。

（1）DCS 网络　DCS 网络与一般通用计算机网络要求不同，它是一个实时网络，需要根据现场通信实时性的要求，在确定的时限内完成信息的传送。这里所说的"确定"的时限，是指无论在何种情况下，信息传送都能在这个时限内完成。而这个时限则是根据被控过程的实时性要求确定的。

DCS 网络根据网络的拓扑结构，大致可以分为星形、总线和环形三种。星形拓扑网络由于其必须设置一个中央节点，各个节点之间的通信必须经由中央节点进行，这种变相的集中系统不符合 DCS 的设计原则，因此星形拓扑网络基本上不被各 DCS 厂家采用。目前应用最广的网络结构是环形拓扑网络和总线拓扑网络。在这两种结构的网络中，各个节点可以说是平等的，任意两个节点之间的通信可以直接通过网络进行，而不需其他节点的介入。

为了实现传输介质共享，对于多个节点传送信息的请求必须采用分时的方法，以避免信息在网络上的碰撞。目前各种网络解决碰撞的技术有令牌方式和 CSMA/CD 方式两种。

令牌方式是以令牌划分各个节点时间片，使每一瞬间只有一个节点使用物理传输介质，即令牌环（Token Ring，适用环形拓扑网络）或令牌传递（Token Passing，适用总线拓扑网络）方式。令牌实际是一个标志信号，它规定了要使用物理传输介质的节点标志，只有符合标志的节点（节点的标志号在系统中是唯一的）才能使用网络。这就避免了某个节点传送信息时被其他节点干扰，当传送信息的节点完成传送之后，即刻释放网络，并产生一个令牌，将网络让给其他节点。令牌方式的网络要求各个节点使用网络的时间是限定的，即每个令牌从获得到释放的时间是确定的，这样才能保证通信的实时性，对于较多的数据传送请示，就有可能被分割成多个令牌周期分几次完成传送。

另一种解决碰撞的技术是载波侦听与碰撞检测技术，即 CSMA/CD 方式，这种方式不规定时间片，使用网络的节点时首先需要对网络线进行侦听，测试网络是否忙，如果忙就等待，直到网络空闲。如果两个节点同时向网络发送数据，就会造成两个节点的数据传送同时出错的情况，这时，各个需要使用网络的节点就需要延迟一个随机的时间，然后再去试图占用网络。这种网络运行机制并不具备"在确定时限内完成信息传送"的特点，因此在 DCS 中很少用，但是在更高一层的管理网络中，由于网络节点较多，令牌方式的网络开销较大，CSMA/CD 方式的网络使用更具有优越性。

（2）现场控制站　现场控制站是完成对过程现场 I/O 处理并实现直接数字控制的网络节点，硬件包括输入/输出单元（IOU）、主控单元（MCU）和电源，其主要功能有：

1）将现场各种过程量（温度、压力、流量、物位以及各种开关状态等）进行数字化，并将数字化后的量存在存储器中，形成一个与现场过程量一致的、能一一对应的、并按实际运行情况实时改变和更新的现场过程量的实时映像。

2）将本站采集到的实时数据通过网络送到操作员站、工程师站及其他现场 I/O 控制站，以便实现全系统范围内的监督和控制，同时现场 I/O 控制站还可接收由上一级操作员站、工程师站下发的信息，以实现对现场的人工控制或对本站的参数设定。

3）在本站实现局部自动控制、回路的计算、闭环控制及顺序控制等。

现场控制站的基础是输入/输出单元（IOU），其中包括数字量输入（DI）、数字量输出（DO）、模拟量输入（AI）、模拟量输出（AO）、脉冲量输入（PI）、脉冲量输出（PO）及其他一些针对特殊过程量的输入/输出模块。

主控单元（MCU）是现场控制站的核心，由控制处理器、输入/输出接口处理器、通信处理器和冗余处理器板块或模块构成。

为了保证 I/O 通道不受外界干扰，现场控制站中必须配备各种隔离和保护电路，如开关量输入/输出通道的光电隔离，模拟量输入的隔离放大器隔离等。

（3）操作员站　DCS 的操作员站是处理一切与运行操作有关的人机界面（Human Machine Interface，HMI）功能的网络节点，其主要功能就是为系统的运行操作人员提供人机界面，使操作员可以通过操作员站及时了解现场运行状态、各种运行参数的当前值、是否有异常情况发生等，并可通过输入设备对工艺过程进行控制和调节，以保证生产过程的安全、可靠、高效、高质。操作员站一般选用工业计算机（IPC），由主机设备和外部设备组成。在人机界面上监控的内容如下：

1）生产过程的模拟流程图（即用模拟图形表示的生产装置或生产线）。其中标有各关键数据、控制参数及设备状态的当前实时状态。对于生产过程至关重要的极少数关键数据需要在 CRT 屏幕的固定位置上显示，并且不随屏幕显示内容的改变或画面的滚动而改变，使

工业现场控制系统的设计与 调试

操作员在任何时候都可以一眼看到这些最重要的关键数据。

2)报警窗口。报警窗口以倒排时间顺序的方式（即最新出现的报警排在窗口的最上端）列出所有生产过程出现的异常情况，如数值越限、异常状态的出现等。报警窗口中的报警列表应包括异常出现的时间、异常状态或异常数据的值、当前状态或数据的值、该异常是否已得到操作员确认等的简要说明。在报警状态解除并经过操作员确认后，相应的报警信息应从报警队列中删除。

3)实时趋势显示。DCS 的操作员站可对一个或几个生产过程数据的最近一段时间的变化趋势用曲线表示出来，以使操作员对这个或这些数据的发展变化有所了解，并可帮助操作员分析生产过程的运行情况。

4)检测及控制仪表的模拟显示。这对于习惯在模拟仪表前进行操作的操作员来说是一种很好的显示方式。它可以提高操作员对实时数据所表示的内容及表达意义的反应速度，减少因反应迟钝而造成的失误。

5)多窗口显示能力。有时需要将几个不同的生产过程现场模拟图放在同一个屏幕上显示，以对照了解它们之间的互相影响及变化情况，这就需要操作员站具有多窗口显示能力。

6)灵活方便的画面调用、画面切换、翻页方法及"热键"功能。

7)音响报警装置。音响报警装置主要用于提醒操作员注意观察 CRT 上的报警窗口，及时了解报警情况。

除人机界面功能外，操作员站还应具有历史数据的处理功能，这主要是为了形成运行简表和历史趋势曲线。一般的运行报表可分为时报、班报、日报、周报、月报和年报等，这些报表均要调用历史数据库，按用户要求进行排版并打印输出。历史趋势曲线主要功能是了解过去某时间段内某个或某几个数据的变化情况，有时还要求与当前数据的变化情况相对照，以得到一些概念性的结论，使操作员在进行控制和调节时更具有目标性。

（4）工程师站 工程师站是控制工程师的人机界面，实现对 DCS 进行离线配置和组态工作，以及进行在线系统监督、控制、维护。其主要功能是提供对 DCS 进行组态、配置工作的工具软件，实时地监视 DCS 网络上各个节点的运行情况，使系统工程师可以通过工程师站及时调整系统配置及一些系统参数的设定，使 DCS 随时处于最佳工作状态。

1)工程师站的最主要功能是对 DCS 进行离线的配置和组态工作。组态内容包括硬件配置组态、数据库组态、控制回路组态、控制逻辑组态及监控画面组态。

在 DCS 进行配置和组态之前，只是一个硬件、软件的集合体，它对于实际应用来说是无意义的，只有在经过对应用过程进行了详细透彻的分析、设计，并按设计要求正确地完成了组态工作之后，DCS 才成为一个真正适于某个生产过程使用的应用控制系统。在 DCS 工程师站中，一般要提供硬件配置、数据库、操作员站显示画面等组态功能。

2)工程师站对 DCS 运行状态进行监视，包括各控制站的运行状态、各操作员站的运行情况、网络通信情况等。一旦发现异常，系统工程师必须及时采取措施，进行维修或调整，以使 DCS 能保证长时间连续运行，不会因生产过程的失控造成损失，另外还有对组态的在线修改功能，如上下限设定值的改变，控制参数的调整，对某个检测点或若干个检测点，甚至现场 I/O 站的离线操作等。

2. 集散控制系统的特点

与常规模拟仪表及集中型计算机控制系统相比，DCS 具有很显著的特点。

（1）系统构成灵活　从总体上看，DCS 就是由各个工作站通过网络通信系统组网而成的，可以根据生产需求，随时加入或者撤去工作站，自由增删组态画面，系统组态很灵活。

（2）操作管理便捷　DCS 的人机反馈都是通过 CRT 和键盘、鼠标等实现的，可以基于通用网络，监视生产装置、工艺生产过程、控制设备乃至整个工厂的正常运行。

（3）信息资源共享与风险分散　用多台计算机共同完成所有过程量的输入/输出，每台计算机只处理一部分实时数据；单台计算机失效只会影响到自己所处理的数据，不至于造成整个系统失去实时数据，使每台计算机的处理尽量单一化，以提高每台计算机的运行效率；单一化的处理在软件结构上容易做得简单，提高了软件的可靠性。

（4）系统扩展与升级方便　与计算机的内部总线相比，计算机网络具有设备相对简单、可扩性强、初期投资较小的特点，只要选型得当，一个网络的架构可以具有极大的伸缩性，从而使系统的规模可以在很大程度上实现扩充而并不增加很多费用。

DCS 具有层次性和可分割性，符合被控过程自身的内在规律，因此 DCS 出现后很快地得到了广泛的承认和普遍的应用，并且在较短的时间内取得了相当大的进展。

3. DCS 的发展趋势

近年来，在 DCS 关联领域有许多新进展，主要表现在以下一些方面。

（1）系统功能向开放式方向发展　传统 DCS 的结构是封闭式的，不同制造商的 DCS 之间难以兼容。而开放式的 DCS 可以赋予用户更大的系统集成自主权，用户可根据实际需要选择不同厂商的设备，连同软件资源连入控制系统，达到最佳的系统集成。这里不仅包括 DCS 与 DCS 的集成，更包括 DCS 与 PLC、FCS 及各种控制设备和软件资源的广义集成。

（2）仪表技术向数字化、智能化、网络化方向发展　工业控制设备的智能化、网络化可以促使过程控制的功能进一步分散、下移，实现真正意义上的"全数字""全分散"控制。另外，由于这些智能仪表精度高、重复性好、可靠性高，并具备双向通信和自诊断功能等特点，致使系统的安装、使用和维护工作更为方便。

（3）工业控制软件正向先进控制方向发展　广泛应用各种先进控制与优化技术是挖掘并提升 DCS 综合性能最有效、最直接，也是最具价值的发展方向，主要包括先进控制、过程优化、信息集成、系统集成等软件的开发和产业化应用。在未来，工业控制软件也将继续向标准化、网络化、智能化和开放性方向发展。

（4）系统架构向 FCS 方向发展　单纯从技术而言，现阶段现场总线集成于 DCS 的方式如下：

1）现场总线与 DCS 的 I/O 总线上的集成。即通过一个现场总线接口卡挂在 DCS 的 I/O 总线上，使得在 DCS 控制器所看到的现场总线来的信息就如同来自一个传统的 DCS 设备卡一样。艾默生（Emerson）公司推出的 DeltaV 系统采用的就是此种集成方案。

2）现场总线与 DCS 网络层的集成。就是在 DCS 更高一层网络上集成现场总线系统，这种集成方式不需要对 DCS 控制站进行改动，对原有系统影响较小，如 SMAR 公司的 302 系列现场总线产品可以实现在 DCS 网络层集成现场总线功能。

3）现场总线通过网关与 DCS 并行集成。现场总线和 DCS 还可以通过网关桥接实现并行集成，如中控集团（SUPCON）的现场总线系统，利用 HART 协议网桥连接系统操作站和现场仪表，从而实现现场总线设备管理系统操作站与 HART 协议现场仪表之间的通信功能。

一直以来，DCS 的重点在于控制，它以"分散"作为关键词。但现代发展更着重于全系统信息综合管理,今后"综合"又将成为其关键词,向实现控制体系、运行体系、计划体系和管理体系的综合自动化方向发展,实施从最底层的实时控制、优化控制上升到生产经营管理,以至最高层的战略决策,形成一个具有柔性、高度自动化的管控一体化系统。

四、工业控制网络的认识

工业控制网络是近年来发展形成的自动控制领域的网络技术,是计算机网络、通信技术与自动控制技术结合的产物。工业控制网络适应了企业信息集成系统和管理控制一体化系统的发展趋势与需要,是 IT 技术在自动控制领域的延伸,是自动控制领域的局域网。

现阶段工业控制网络包含现场总线、工业以太网、工业无线网等。根据国际电工委员会 IEC61158 标准定义,现场总线是指安装在制造或过程区域的现场装置与控制室内的自动控制装置之间数字式、串行、多点通信的数据总线。工业以太网是应用于工业控制领域的以太网技术,在技术上与商用以太网(即 IEEE 802.3 标准)兼容,但是实际产品和应用却又完全不同,主要表现为普通商用以太网产品设计时,材质的选用、产品的强度、适用性、实时性、可互操作性、可靠性、抗干扰性、本质安全性等方面不能满足工业现场的需要。

(一) 现场总线控制系统

为了克服 DCS 的技术瓶颈,进一步满足现场需要,现场总线控制系统(FCS)应运而生。FCS 实际上是连接现场智能设备和自动化控制设备的双向串行、数字式、多节点通信网络,也称为现场底层设备控制网络。和互联网、局域网等类型的信息网络不同,FCS 直接面向生产过程,因此要求很高的实时性、可靠性、资料完整性和可用性。为满足这些特性,现场总线对网络通信协议做了简化。

FCS 综合了数字通信技术、计算机技术、自动控制技术、网络技术和智能仪表等多种技术手段,从根本上突破了传统的"点对点"式的模拟信号或数字-模拟信号控制的局限性,构成一种全分散、全数字化、智能、双向、互联、多变量、多接点的通信与控制系统。相应的控制网络结构也发生了较大的变化。FCS 的典型结构分为现场层、车间层和工厂层三层,如图 3-14 所示。

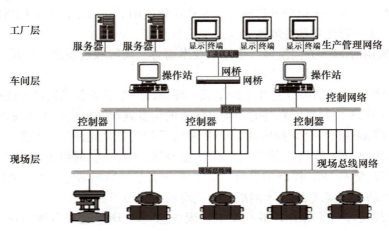

图 3-14 现场总线控制系统结构

1. 现场总线的技术特点

（1）系统的开放性　开放系统是指通信协议公开，各不同厂家的设备之间可进行互连并实现信息交换，现场总线开发者就是要致力于建立统一的工厂底层网络的开放系统。这里的开放是指对相关标准的一致性和公开性，强调对标准的共识与遵从，一个开放系统可以与任何遵守相同标准的其他设备或系统相连。

（2）互可操作性与互用性　互可操作性是指实现互联设备间、系统间的信息传送与沟通，可实行点对点、一点对多点的数字通信。而互用性则意味着不同生产厂家的性能相似的设备可进行互换而实现互用。

（3）现场设备的智能化与功能自治性　将传感测量、补偿计算、工程量处理与控制等功能分散到现场设备中完成，仅靠现场设备即可完成自动控制的基本功能，并可随时诊断设备的运行状态。

（4）系统机构的高度分散性　由于现场设备本身已可完成自动控制的基本功能，使得现场总线构成一种新的全分布式控制系统的体系结构，从根本上改变了现有 DCS 集中与分散相结合的集散控制系统体系，简化了系统结构，进一步提高了可靠性。

（5）对现场环境的适应性　作为工厂网络底层的现场总线是专为在现场环境工作而设计的，它可支持双绞线、同轴电缆、光缆、射频、红外线、电力线等，具有较强的抗干扰能力，能采用二线制实现电能传输与通信，并可满足本质安全防爆要求等。

2. 主流现场总线

现场总线发展迅速，目前已开发出 40 多种现场总线，其中最具影响力的有 5 种，分别是 PROFIBUS、FF、HART、CAN 和 LonWorks。

（1）PROFIBUS（Process Fieldbus）　PROFIBUS 由德国西门子公司于 1987 年推出，主要由 PROFIBUS-DP、PROFIBUS-PA 和 PROFIBUS-FMS 三部分组成。

PROFIBUS-DP 是一种高速（数据传输速率为 9.6kbit/s～12Mbit/s）、经济的设备级网络，主要用于现场控制器与分散 I/O 之间的通信，定义了第一、二层和用户接口，第三～七层未加描述。用户接口规定了用户及系统以及不同设备可调用的应用功能，并详细说明了各种不同 PROFIBUS-DP 设备的设备行为，同时可满足交直流调速系统快速响应的时间要求。PROFIBUS-DP 的物理层采用 EIA-RS485 协议，基于二线双端半双工差分电平发送与接收，无公共地线，能有效克服共模干扰，抑制线路噪声，传输距离为 1.2km。根据数据传输速率的不同，网络媒体采用双绞线、同轴电缆或光纤，安装简易，电缆数量以及使用的连接器、中继器、滤波器数量较少（每个中继器可延长线路 1.2km），网络成本低廉。

PROFIBUS-PA 的数据传输采用扩展的 PROFIBUS-DP 协议。另外，PROFIBUS-PA 还描述了现场设备行为的行规。PROFIBUS-PA 的传输技术可确保其本质安全性，而且可通过总线给现场设备供电。使用连接器可在 PROFIBUS-DP 总线上扩展 PROFIBUS-PA 网络，传输速率为 31.25kbit/s。

PROFIBUS-FMS 定义了第一、二、七层，应用层包括现场总线信息规范（Fieldbus Message Specification，FMS）和低层接口（Lower Layer Interface，LLI）。FMS 包括了应用协议并向用户提供了可广泛选用的强有力的通信服务。LLI 协调不同的通信关系并提供不依赖设备的第二层访问接口。PROFIBUS-FMS 主要解决车间级通信问题，完成中等传输速度的循环或非循环数据交换任务。

PROFIBUS 属于线性总线，两端有有源的总线终端电阻，传输速率为 9.6kbit/s～12Mbit/s，每分段 32 个站（不带中继），可多到 127 个站（带中继），使用 9 针 D 形插头。

（2）FF　基金会现场总线（Foundation Fieldbus，FF）由美国仪器协会（ISA）于 1994 年推出，代表公司有霍尼韦尔（Honeywell）和艾默生（Emerson），主要应用于石油化工等连续工业过程控制中的仪表。FF 的特色是其通信协议在 ISO 的 OSI 物理层、数据链路层和应用层三层之上附加了用户层，通过对象字典（Object Dictionary，OD）和设备描述语言（DeVice Description Language，DDL）实现可互操作性。目前基于 FF 的现场总线产品有美国 SMAR 公司生产的压力温度变送器，Rockwell 公司推出的 ProcessLogix 系统和艾默生公司的 Plantweb。

（3）HART 总线　可寻址远程传感器高速通路（Highway Addressable Remote Transducer，HART）由美国 ROSEMOUNT 公司于 1985 年推出，主要应用于智能变送器。HART 为一种过渡性标准，它通过在 4～20mA 电源信号线上叠加不同频率的正弦波（2200Hz 表示"0"，1200Hz 表示"1"）来传送数字信号，从而保证了数字系统和传统模拟系统的兼容性，预计其生命周期为 20 年。

（4）CAN 总线　控制器局域网（Controller Area Network，CAN）总线由德国博世（BOSCH）公司于 1993 年推出，应用于汽车监控、开关量控制、制造业等，其介质访问方式为非破坏性总线仲裁技术，适用于实时性要求很高的小型网络，且开发工具廉价。

摩托罗拉（Motorola）、英特尔（Intel）、飞利浦（Philips）等公司均生产独立的 CAN 芯片和带有 CAN 接口的 80C51 芯片。CAN 总线产品有罗克韦尔公司的 DeviceNet、研华公司的 ADAM 数据采集产品等。

（5）LonWorks　LonWorks 由美国埃施朗（Echelon）公司于 1991 年推出，主要应用于楼宇自动化、工业自动化和电力行业等。LonTalk 通信协议是 LonWorks 技术和核心，涵盖全部七层协议，其介质访问方式为 P-P CSMA（预测 P-坚持载波监听多路复用），采用网络逻辑地址寻址方式。优先权机制保证了通信的实时性，安全机制采用证实方式，因此能构建大型网络控制系统。埃施朗公司推出的 Neuron 神经元芯片实质为网络型微控制器，该芯片强大的网络通信处理功能配以面向对象的网络通信方式，大大降低了开发人员在构造应用网络通信方面所需花费的时间和费用，可将精力集中在所擅长的应用层，进行控制策略的编制，因此业内许多专家认为 LonWorks 是一种很有发展前景的现场总线。基于 LonWorks 的总线产品有美国 Action 公司的 Flexnet&Flexlink 等。

（二）工业以太网

控制网络的基本发展趋势是逐渐趋向于开放性、透明的通信协议。现场总线技术出现问题的根本原因在于现场总线的开放性是有条件的、不彻底的。正因为如此，工业以太网得以兴起。以太网作为目前应用最广泛的局域网技术，在工业自动化和过程控制领域得到了越来越多的应用。

以太网具有传输速度快、耗能低、易于安装和兼容性好等优势。由于它支持几乎所有流行的网络协议，所以广泛用于商业系统中。近些年来，随着网络技术的发展，以太网进入了控制领域，形成了新型的以太网控制网络技术——工业以太网。出现这个情况的一个主要原因是工业自动化系统向分布化、智能化控制方面发展，开放的、透明的通信协议是必然的要求。目前的现场总线由于种类繁多，互不兼容，尚不能满足这一要求。而以太网的 TCP/IP

的开放性使得其在工业控制领域的通信环节中具有无可比拟的优势。依靠以太网和互联网技术实现信息共享,对企业实施管控一体化必将产生深远的影响。

(1) 实时性　传统的以太网采用的是一种随机访问协议——带冲突检测的载波监听多路介质访问控制协议(CSMA/CD),在对响应时间要求严格的控制过程中会产生冲突。近些年来出现了快速交换式以太网技术,采用全双工通信,可以完全避免 CSMA/CD 中的冲突,并且可以方便地实现优先级机制,保证网络带宽的最大利用率和最好的实时性能,从而有效地克服 CSMAC 主从、令牌等介质访问控制协议可能存在的通信阻滞对工业控制过程的影响。另一方面,网络速度也在不断提高,从最初的十兆以太网(10Mhiv/s)发展到快速以太网(100MLiv),再到千兆以太网,甚至已经出现了完整的万兆以太网解决方案。因此,有理由相信,未来的以太网完全可以满足工业控制系统对实时性的要求。

(2) 透明的 TCP/IP　TCP/IP 已是国际共通的标准,TCP/IP 极其灵活,几乎所有的网络底层技术都可用于传输 TCP/IP 通信。应用 TCP/IP 的以太网已成为最流行的分组交换局域网技术,同时也是最具开放性的网络技术。TCP/IP 进入工业现场,使得工厂的管理可以深入到控制现场,是企业内联网延伸到现场设备的基础。可以通过互联网实现工业生产过程远程监控、系统远程测试和设备故障远程诊断,具有 TCP/IP 接口的现场设备,可以无须通过现场的计算机直接连接互联网,实现远程监控或远程维修功能。

(3) 资源共享　目前,一旦选用某一种现场总线作为现场自动化的网络架构,则所有的硬件采购、布线施工、软件开发、维护等都受制于此架构。若要利用其他公司的产品,则系统的集成又将成为难点。采用工业以太网架构后,无论是电缆、连接器、集线器、交换机还是网络接口,甚至软件开发环境皆与主流市场相同,很容易达到资源共享,并且产品选择余地大,产品价格更低。

五、HOLLiAS-MACS 系统的认识

(一) HOLLiAS-MACS 系统结构

MACS 软件与 K 系列硬件共同构建的 MACS-K 系统是和利时公司推出的面向过程自动化应用的大型分布式控制系统,采用全冗余、多重隔离等可靠性设计,并吸收了安全系统的设计理念,为系统的长期稳定运行提供保障。

MACS-K 系统结构(微课)

MACS-K 系统结构图如图 3-15 所示,由网络和各种"站"组成。

1. 网络

网络由管理网(MNET)、系统网(SNET)及控制网(CNET)三层构成。

管理网为可选网络层,用于和厂级生产管理系统(如 MES)、第三方管理软件等进行通信,并可通过 Internet 实现信息发布,实现数据的共享和高级管理,如物联网、云服务。系统网用于连接操作员站、工程师站、历史站和现场控制站,采用 TCP/IP 的通信协议,通信媒介采用五类屏蔽双绞线(即网线)或光纤;系统网通常冗余配置,默认使用 128、129 两个网段。控制网用于连接现场控制站的控制器和各 I/O 模块,采用 PROFIBUS-DP 的通信协议,通信媒介采用屏蔽双绞线或光纤,它是现场控制站内部的网络。

2. 站

站主要包括工程师站(ES)、操作员站(OPS)、历史站(HIS)和现场控制站(FCS)。

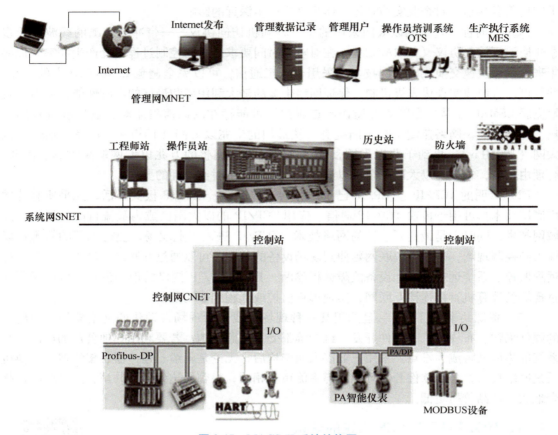

图 3-15 MACS-K 系统结构图

操作员站用于对现场工艺进行监视和控制，站号范围为 80~111 和 208~239，通常从小到大进行选择。工程师站用于完成所有离线功能的组态，包括控制站组态、操作员站组态、图形组态、报表组态和公用信息组态等，工程师站站号和操作员站一样。历史站用于历史数据库、实时数据库、报表打印、报警和 I/O 服务，一般冗余配置，历史站站号和操作员站一样。现场控制站由机柜、电源模块、I/O 模块和控制器等硬件构成，实现现场各种电信号的采集和输出，运行控制器中的控制方案，现场控制站站号范围为 10~73。

3. 系统指标

（1）系统规模　一个项目最多支持 15 个域，即 15 个工程，每个工程都需要给其分配域号，域号范围是 0~14。每个域最多设置 64 台操作员站，64 台现场控制站。

（2）单个现场控制站规模　I/O 模块数为 100 个；I/O 点数为 1600 点；模拟量控制回路数为 128 个。

（二）K 系列硬件设备

1. 主控制器模块 K-CU01

（1）功能　K-CU01 是 K 系列硬件的控制器模块，是系统的核心控制部件，主要工作是收集 I/O 模块上报的现场数据，根据组态的控制方案完成对现场设备的控制，同时负责提供数据到上层操作员站显示。

控制器基本功能块主要包括系统网通信模块、核心处理器、协处理器（IO-BUS 主站 MCU）、现场通信数据链路层、现场通信物理层以及外围一些辅助功能模块。

K-CU01 控制器模块支持两路冗余 IO-BUS 和从站 I/O 模块进行通信，支持两路冗余以太网和上位机进行通信，实时上传过程数据以及诊断数据。可以在线下安装和更新工程，且不会影响现场控制。

K-CU01 控制器模块支持双冗余配置使用。当冗余配置时，其中一个控制器出现故障，则该控制器会自动将本机工作状态设置为从机，并上报故障信息；若作为主机出现故障，则主从切换；若作为从机出现故障，则保持该状态。

主控单元采用"模块+底座"组合的结构，安装在机柜中，支持导轨和平板安装方式。两块控制器模块 K-CU01 和两块 IO-BUS 模块安装在 4 槽主控底座 K-CUT01 上，就构成了一个基本的控制器单元。控制器单元结构示意图如图 3-16 所示。

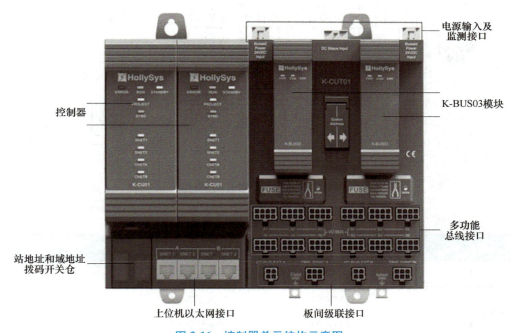

图 3-16　控制器单元结构示意图

通过主控底座的主控背板完成两个控制器模块之间的冗余连接，控制器模块通过 IO-BUS 模块扩展可以连接最多 100 个 I/O 模块。

通过选用不同的 IO-BUS 模块，控制总线拓扑结构可构成星形拓扑和总线拓扑；同时支持远程 I/O 机柜。控制总线结构示意图如图 3-17 所示。

（2）拨码开关　4 槽底座左下角设有 2 组地址拨码开关，分别设置主控站地址（CN）和主控域地址（DN），表 3-2 和表 3-3 分别为其拨码开关的定义。

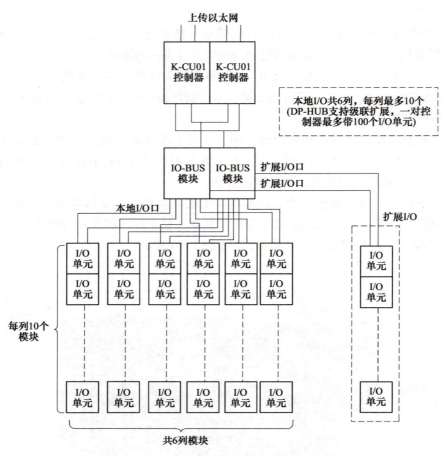

图 3-17 控制器总线结构示意图

表 3-2 主控站地址拨码开关定义

管脚号	信号定义	说明	
1	STATION0	站地址第 1 位	
2	STATION1	站地址第 2 位	
3	STATION2	站地址第 3 位	
4	STATION3	站地址第 4 位	ON 为 0 OFF 为 1
5	STATION4	站地址第 5 位	
6	STATION5	站地址第 6 位	
7	STATION6	站地址第 7 位	
8	Unuse1	保留	

项目三 反应釜控制系统的 DCS 组态设计与调试

表 3-3 主控域地址拨码开关定义

管脚号	信号定义	说明	
1	DOMAIN0	域地址第 1 位	
2	DOMAIN1	域地址第 2 位	ON 为 0
3	DOMAIN2	域地址第 3 位	OFF 为 1
4	DOMAIN3	域地址第 4 位	
5	DOMAIN4	域地址第 5 位	
6	NC	无连接	
7	BAT_CON	掉电保持开关,ON 为使能	
8	Download	分别下装	

主控站地址和域地址通过两个红色拨码开关设定。站地址使用 8 位拨码开关 CN 的前 7 位;域地址使用 8 位拨码开关 DN 的前 5 位,如图 3-18 所示。

当拨码开关的某位位于 ON 时,对应的数值为 0,位于 OFF 时,对应的数值为 1。以站地址为例,7 位拨码开关的数值从高位到低位排列,组成一个二进制数,该二进制数对应的十进制数就是控制站的站号,如图 3-19 所示。

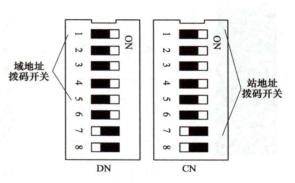

图 3-18 主控拨码开关示意图

例如:拨码开关从高位(第 7 位)到低位(第 1 位)依次设定为 0001010,对应十进制数 10 就是控制站的站号,如图 3-20 所示。

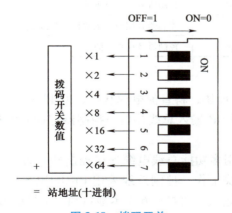

图 3-19 拨码开关

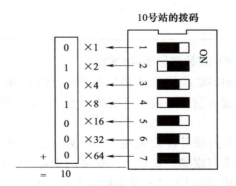

图 3-20 拨码开关示例(10 号站)

(3)状态指示灯 K-CU01 面板上的状态指示灯用来显示控制器的电源、工程、网络、主从等工作状态,以增强维护工作的效率,K-CU01 状态指示灯说明见表 3-4。

表 3-4　K-CU01 状态指示灯说明

主控制器	灯名称	颜色	状态	含义
	RUN	绿	亮	正常运行
			灭	停止运行
	STANDBY	黄	亮	主控单元为从
			灭	主控单元为主
	ERROR	红	亮	主控故障或未完成初始化
			灭	主控单元正常运行
	PROJECT	黄	亮	主控有工程
			闪	主机正在被下装工程,从机正在被冗余工程
			灭	主控没有工程
	SYNC	绿	亮	同步通路正常
			闪	同步数据正常
			灭	同步通路故障(单主控)
	Snet1	黄	亮	系统网 1 链接正常
			闪	系统网 1 链接正常并处于数据交流
			灭	系统网 1 故障
	Snet2	黄	亮	系统网 2 链接正常
			闪	系统网 2 链接正常并处于数据交流
			灭	系统网 2 故障
	CnetA	黄	亮	控制器 A 网节点正常
			闪	控制器 A 网节点正常且有数据交换
			灭	控制器 A 网点故障
	CnetB	黄	亮	控制器 B 网节点正常
			闪	控制器 B 网节点正常且有数据交换
			灭	控制器 B 网点故障

2. IO-BUS 模块 K-BUS02

K-BUS02 模块是 K 系列 8 通道星形 IO-BUS 模块,将直流电源状态、IO-BUS 链路故障、机柜温度等信息上报给控制器。通过 PROFIBUS-DP 输入总线接口与控制器进行通信和数据交换。

K 系列硬件模块采用 A、B 两根冗余的专用多功能总线电缆连接控制器和各个 I/O 模块,提供双现场、双系统、双多功能总线供模块工作,控制总线采用 PROFIBUS-DP 协议。控制总线通过 IO-BUS 模块扩展方式与 I/O 模块连接,可扩展 6 个本地口和一个扩展口 EXT,如图 3-21 所示。

K-BUS02 模块 6 个本地口,可连接 6 列模块,最多可连接 60 个 I/O 模块,同时支持柜外扩展,再连接 40 个远程 I/O 模块,最多连接 100 个模块,最多 3 级级联。

K-BUS02 模块支持带电插拔,支持冗余配置,支持多种故障检测功能,能够检测出 8 通道总线的断路、总线差分线之间短路等故障信息,并上报控制器,且某一通道故障不影响其

项目三 反应釜控制系统的 DCS 组态设计与调试

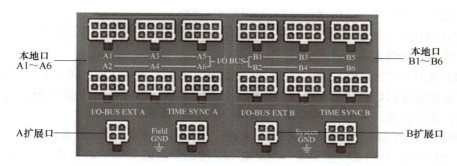

图 3-21 IO-BUS 接口

他通道通信，通信状态指示灯可表示各总线段的工作状态，并为网络诊断提供参考。

K-BUS02 模块支持机柜温度检测，测温范围为-20~60℃，温度数据上报控制器；另外还支持查询 10 个 AC/DC 电源模块输出电压稳定性功能，默认前 6 通道使能状态，其余 4 通道处于关闭状态。

K-BUS02 模块面板上的状态灯用来显示现场实时电源、网络、通道的工作状态，为维护人员提供直观和快捷的故障提示，K-BUS02 状态指示灯说明见表 3-5。

表 3-5 K-BUS02 状态指示灯说明

K-BUS02 模块	灯名称	功能	颜色	含义
	PWR	系统电源灯	绿	模块电源正常
				模块电源不正常
	COM	DP 通信灯	绿	与主控 DP 通信正常
				与主控 DP 通信异常
				模块硬件自检正常，但组态配置不正常
	ERR	模块故障指示	红	模块板级故障
				模块板级工作正常
	COM1~COM8	通道 DP 通信灯	黄	DP 通信通道回路正常，无数据流
				通道网络交换数据
	FAU1~FAU8	通道 DP 通信故障灯	红	DP 通道回路正常
				DP 通道断路故障、差分线断路故障、总线差分线信号的长时间逻辑"0"故障

注：状态灯有三种闪烁状态，不同的闪烁状态表示不同的含义，请注意区分。
闪亮：1.5s 亮，0.5s 灭；慢闪：0.5s 亮，1.5s 灭；快闪：0.5s 亮，0.5s 灭。

3. I/O 模块

DCS 现场信号类型可分为模拟量输入（AI）、模拟量输出（AO）、数字量输入（DI）、数字量输出（DO）、热电偶信号（TC）、热电阻信号（RTD）以及特殊类模块，如脉冲量输入（PI）模块。

（1）K-AI01 8 通道模拟量输入模块　K-AI01 为 K 系列 8 通道模拟量通道隔离输入模块，测量范围 0~22.7mA 模拟信号（默认出厂量程 4~20mA），可冗余配置。无须跳线就可设置

163

为有源或无源工作方式，可以接两线制或四线制仪表信号。

K-AI01 模块可以配套 K-AT01 底座使用，当冗余配置时，则选择 K-AT21 底座，通过电缆连接构成完整的测量模块单元。

K-AI01 模块可冗余配置，顺序上电时，先上电的模块为主模块；同时上电时，系统分配，可根据模块指示灯来区分主模块和从模块。当主模块故障或信号通道故障时，冗余模块自动切换。冗余模块的地址设置为 $2N$，$2N+1$（$N=5\sim54$）。

K-AI01 模块各通道提供了强大的过电流、过电压防护功能，通道误接 DC±30V 和 AC220V、现场设备短路或误接大地，模块都不会损坏。故障消除后通道将自动恢复到正常状态。

K-AI01 模块配套 8 通道的端子底座，用于连接现场信号线缆。接线端子底座有 36 位，其中 32 位用于连接现场设备信号电缆线，每 4 个接线端子为 1 通道。最后 4 位是测试接线端子，提供测试点。K-AI01 端子接线示意图如图 3-22 所示。

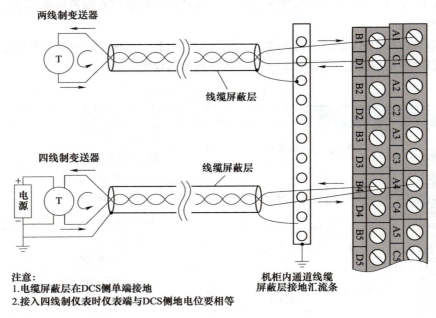

图 3-22 K-AI01 端子接线示意图

（2）K-AIH01 8 通道带 HART 模拟量输入模块 K-AIH01 为 K 系列 8 通道模拟量通道隔离输入模块，支持 PROFIBUS-DP 协议和 HART 协议；可以接两线制仪表或四线制仪表，测量范围 0~22.7mA 模拟信号（默认出厂量程 4~20mA），同时与现场 HART 智能仪表执行器进行通信，以实现现场仪表设备的参数设置、诊断和维护等功能；可以按 1∶1 冗余配置。

K-AIH01 模块可以配套 K-AT01 底座使用，当需要冗余配置时，可以选择 K-AT21 底座，通过电缆连接，构成完整的电流测量模块单元。冗余模块的地址设置为 $2N$，$2N+1$（$N=5\sim54$）。K-AIH01 模块冗余配置时，功能具体参考 K-AI01 模块。

K-AIH01 模块配套 8 通道的端子底座，用于连接现场信号线缆。接线端子底座有 36 位，其中 32 位用于连接现场设备信号电缆线，每 4 个接线端子为 1 通道。K-AIH01 端子接线示意图如图 3-23 所示。

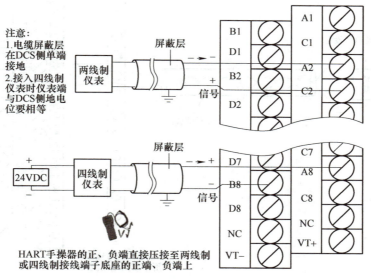

图 3-23　K-AIH01 端子接线示意图

（3）K-AO01 8 通道模拟量输出模块　K-AO01 为 8 通道模拟量通道隔离输出模块，最大输出范围为 0~22.7mA 模拟信号（默认出厂量程 4~20mA）。K-AO01 可按 1∶1 冗余配置，实现冗余 AO 输出，增加系统的可靠性。

K-AO01 模块也具备强大的过电流、过电压保护功能，误接 DC ±30V 和过电流都不会损坏。同时，配合增强型底座还可以做到现场误接 AC 220V 不损坏。K-AO01 模块每个输出通道单独进行故障输出组态，可在主控模块通信中断或发生通道输出故障时，保持上一周期数据或输出预设安全值，以适应不同的现场需求。

K-AO01 可以配套 K-AT01 底座使用。如果需要冗余配置，可以和增强型底座 K-AT21 配合使用。K-AO01 每通道预留 4 位接线端子接入现场信号，使用其中 2 位接线端子连接现场设备，如图 3-24 所示。

（4）K-RTD01 8 通道热电阻输入模块　K-RTD01 为 K 系列 8 通道热电阻通道隔离输入模块，支持两线制、三线制、四线制 RTD 信号，其最大测量范围为 Pt10：-200~850℃；Pt100：-200~850℃；Cu10：-50~150℃；Cu50：-50~150℃；Cu100：-50~150℃；BA1：-200~650℃；BA2：-200~650℃；G53：-50~150℃。

K-RTD01 模块配套的 8 通道的端子底座，用于连接现场信号线缆。接线端子底座有 36 位，其中 32 位用于连接现场设备信号电缆线，每 4 个接线端为 1 通道，可连接两线制、三线制或四线制 RTD 信号。最后 4 位是测试接线端子，提供测试点。为保证信号质量，现场至底座建议使用带屏蔽层的电缆线。K-RTD01 端子接线示意图如图 3-25 所示。

（5）K-TC01 8 通道热电偶输入模块　K-TC01 为 K 系列 8 通道热电偶与毫伏输入模块，最大测温范围为-270~1372℃，既可以测量热电偶信号，也可以测量现场毫伏信号，支持 K、E、J、S、R、B、N、T 型热电偶和毫伏信号。K-TC01 模块可以配套 K-TT01 底座使用，通过电缆连接构成完整的热电偶测量模块单元。

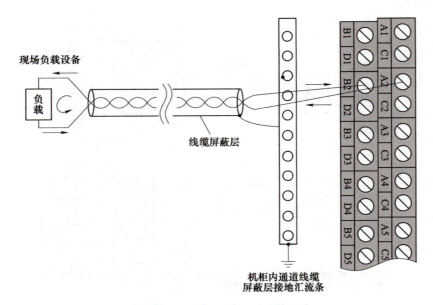

图 3-24 K-AO01 端子接线示意图

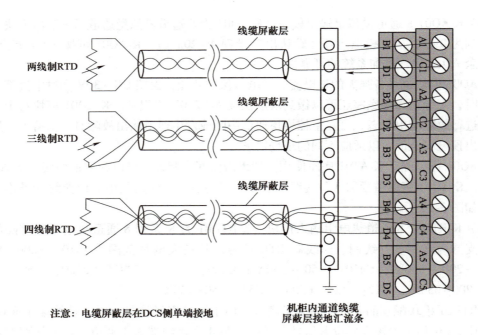

注意：电缆屏蔽层在DCS侧单端接地

图 3-25 K-RTD01 端子接线示意图

根据热电偶测温原理，需要进行冷端温度补偿，K-TC01 提供两种方法：

方法 1：Pt100 测定冷端温度补偿。模块利用底座内置的 Pt100 来测量冷端温度，并进行补偿上报控制器，使用内置算法进行补偿，不需再行组态。

方法 2：组态设定冷端温度补偿，利用内置算法自动进行运算补偿。

两种方法中，优先选择方法 1，方法 2 作为备用方案，在方法 1 失效时系统自动使用方法 2。冷端温度补偿框图如图 3-26 所示。

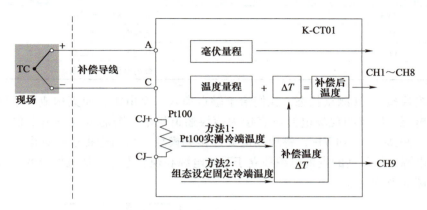

图 3-26　冷端温度补偿框图

K-TC01 模块配套 8 通道的端子底座，用于连接现场信号线缆。接线端子底座有 36 位，其中 32 位用于连接现场设备信号电缆线，每 4 个接线端为 1 通道。最后 4 位是测试接线端子，提供测试点。K-TC01 端子接线示意图如图 3-27 所示。

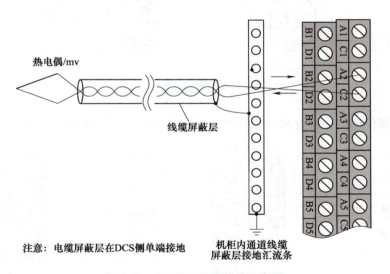

图 3-27　K-TC01 端子接线示意图

（6）K-DI01 16 通道 DC 24V 数字量输入模块　K-DI01 为 K 系列 16 通道 DC 24V 数字量输入模块，可以按 1∶1 冗余配置，可接有源触点和无源触点。

K-DI01 模块与 K-DIT01 底座配套使用，可以接入来自现场的干触点和湿触点。当接入干触点时，需要接入查询电源，在 K-DI01 模块的底座（K-DIT01）上，有 4 位电源接线端子，作为现场电源和查询电源的接线端，以适应 DI 信号查询电源不同的接线需求。底座接线端子信号定义见表 3-6。

表 3-6 底座接线端子信号定义

接线端子	信号定义
24V+	现场电源输出正端
24V−	现场电源输出负端
VI+	查询电源输入正端
VI−	查询电源输入负端

为方便模块检测 DI 测点状态,我们给干触点串入一个电源,使其构成一个回路,此电源称为查询电源。底座的现场电源不直接为模块通道供电,若需要现场电源供电,则短接 24V+ 和 VI+、短接 24V− 和 VI−,将现场电源连接到模块,为通道提供查询电源。也可以连接外部查询电源,K 系列的查询电源独立于系统电源和现场电源,从机柜内的查询电源分配板引出,如图 3-28 所示。

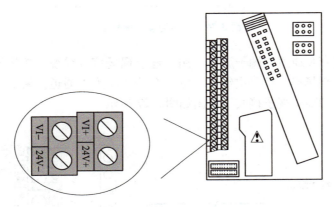

图 3-28 底座查询电源接线端子

内部和外部供电的干触点和两线制接近开关端子(位移传感器)接线图如图 3-29 所示。

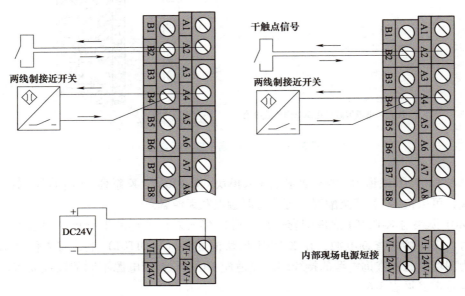

图 3-29 内部和外部供电的干触点和两线制接近开关端子接线图

湿触点和三线制 PNP 接近开关端子接线图如图 3-30 所示。

（7）K-DI11 16 通道 DC 48V 数字量输入模块

K-DI11 为 K 系列 16 通道 DC 48V 数字量输入模块，可以按 1∶1 冗余配置，也可以接有源触点和无源触点。此模块与 K-DI01 区别在于它的查询电源是 48V 的，其他特性和用法一样，请参照 K-DI01 的说明。

（8）K-DO01 16 通道 DC 24V 数字量输出模块

K-DO01 模块是 16 通道 DC 24V 数字量输出模块，与继电器端子板 K-DOR01 相连，输出 16 路继电器数字量信号，以驱动现场设备。K-DO01 模块、K-DOT 底座及端子板的配套使用接线如图 3-31 所示。

K-DO01 模块配套 K-DOT01 底座使用，与端子底座 K-DOR01 连接构成完整的数字量输出模块单元。模块插在模块底座上，模块底座的 DB37 插座连接到继电器端子板，端子板上的接线端子负责连接现场控制设备。端子板可配置成干触点输出，也可通过接查询电源后配置成湿接点输出。

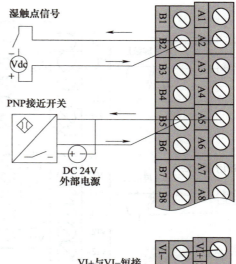

图 3-30 湿触点和三线制 PNP 接近开关端子接线图

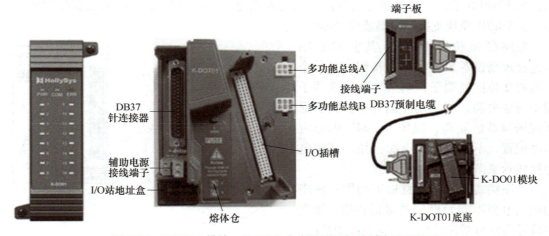

图 3-31 K-DO01 模块、K-DOT 底座及端子板的配套使用接线

现场信号接线说明如下：

K-DO01 模块可以输出现场信号干触点常开或常闭触点，也可以输出配辅助电源后湿触点常开或常闭触点。干触点输出端子接线如图 3-32 所示，湿触点输出端子接线如图 3-33 所示。

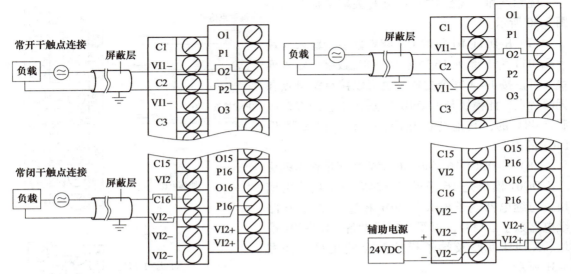

图 3-32　干触点输出端子接线示意图　　　　图 3-33　湿触点输出端子接线示意图

（9）K-SOE01 16 通道 DC 24VSOE 输入模块　在生产现场，为追查事故发生的原因，需明确事件发生前后顺序，就需要采集、记录事件发生的时间，以分析是哪个事件导致，记录各个事件时间的记录集合就称为事件顺序记录，简称 SOE。

为了精确地分辨出各个事件的先后顺序，SOE 采集周期记录必须达到 1ms 甚至更小的时间分辨率。K 系列 16 通道 DC 24VSOE01 输入模块支持 PROFIBUS 协议。模块采用螺钉固定在端子底座的安装方式，通过 64 针欧式连接器可以与配套的端子底座 K-DIT01 连接，通过冗余 IO-BUS 总线与控制器通信和向冗余电源供电，实现 SOE 信号的采集信号和校时信号。K-SOE01 模块支持触点型或电平型信号。

底座有 36 位接线端子，其中 32 位用于连接现场设备 SOE 信号电缆线，且每个通道有 2 位接线端子；剩余 4 位接线端子用于现场电源，以驱动光耦合器。为了保证现场与系统隔离，现场 DC 24V 电源应单独配置，不能和系统电源公用。底座电源接线示意图如图 3-34 所示。

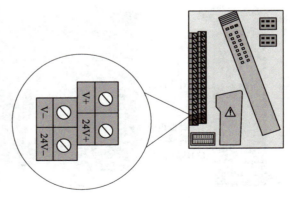

图 3-34　底座电源接线示意图

底座接线时，需注意以下问题：底座的现场电源不能为模块的通道供电；接收的信号必须分辨现场供电情况和端子接线，有触点型系统内部提供查询电压、触点型外部提供查询电压和电平型 DC 24V 电平输入三种。

触点型信号输入，内部提供查询电压。当 K-SOE01 模块接收触点型（干触点）信号且内部提供查询电压时，A、B 端子接入触点型信号，而 24V+ 与 V+、24V− 与 V− 分别短接，以从内部链接现场电源作通道查询电源。底座接线端子示意图如图 3-35 所示。

当 K-SOE01 模块接收触点型（干触点）信号且外部查询电压供电时，A、B 连接触点型信号，而 V+ 与 V- 连接外部查询电压，24V+ 与 24V- 不接线，此时系统的查询电源由机柜机笼背板的查询电源分配板引出，与系统电源和现场电源独立。外供电触点型信号接线示意图如图 3-36 所示。

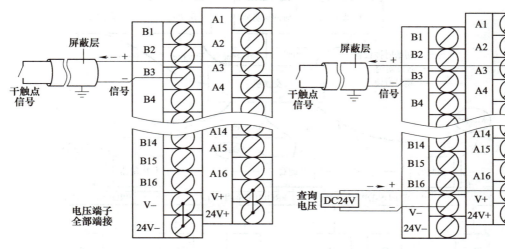

图 3-35　底座接线端子示意图　　　　图 3-36　外供电触点型信号接线示意图

当电平型（湿触点）信号输入时，必须将 24V 电源串联在回路中，A、B 连接电压信号（A 为负，B 为正），而 V+ 与 V- 短接，24V+ 与 24V- 不接线。电平型信号接线示意图如图 3-37 所示。

K-SOE01 模块对时有两种方式，一种是冗余控制器间硬对时；另一种是控制器与 SOE 模块通过 PROFIBUS-DP 协议方式对时。

当 GPS 作为时钟源时，对时的过程示意图如图 3-38 所示。历史站、OPS 向 GPS 对时，控制器向 OPS 对时，不同控制器的时钟进行 NTP 校时，SOE 模块向控制器对时。在系统初始状态下，历史站、OPS 可选择在线的某个控制器并设定初始时间，其他控制器与该控制器通过 NTP 网络对时，并依靠"硬对时线"发送整分信息，分辨率可达 1ms；控制器与 SOE 模块之间通过 PROFIBUS-DP 协议的方式进行对时。

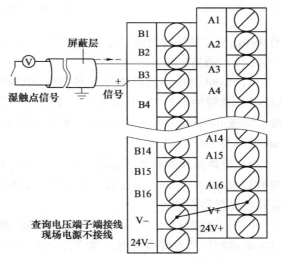

图 3-37　电平型信号接线示意图

系统是否对时，取决于工程需求。当工程有多个 K-SOE01 模块时要求对时，需保证控制器时钟与所有 SOE 模块时钟一致。

（10）特殊类模块 K-PI01 6 通道脉冲输入模块　K-PI01 是 K 系列 6 通道脉冲输入模块，与 K-POT01 底座配套使用。模块与底座通过 64 针欧式连接器连接，脉冲量信号通过底座上的双排接线端子输入，构成一个完整的脉冲量输入单元。通过组态，K-PI01 能够测量 0.1～10kHz

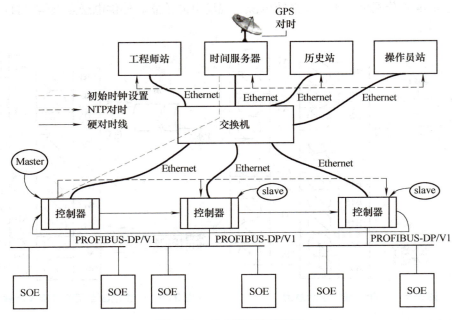

图 3-38 对时的过程示意图

的脉冲信号,并进行频率值或累积值的计算,通过 IO-BUS 上报给控制器。

(11)通信模块及底座

1)K-MOD01 通信模块为 K 系列中 PROFIBUS-DP/Modbus 网桥通信模块,支持 PROFI-BUS-DP 总线协议与 Modbus 协议,通过 PROFIBUS-DP 总线与控制器进行组态参数与数据交换,实现 DP 从站功能,同时通过 Modbus 通信协议获取或下发 Modbus 数据,从而实现 Modbus 设备与 DCS 的连接。

2)模块采用螺钉固定在端子底座,通过 64 针欧式连接器与 K-PAT01 连接使用,底座的 DB9 线缆和 Modbus 接线端子负责接入现场 Modbus 设备,再通过冗余的 IO-BUS 总线与 K 系列主控制器模块进行通信。

(12)电源模块 在 K 系列中,现场控制柜接入 2 路独立的 AC220V 电源构成冗余:UPS 电源和厂用保安段电源,并进行电源转换。电源转换过程如图 3-39 所示。

图 3-39 电源转换过程

1)K-PW01 交流电源配电板 一般安装在机柜背面。接入外部电源时,通过"交流电源冗余分配模块"(内置空开),实现双路 AC220V 输入,每路分配 5 路 AC220V 输出转换,且每路输出可单独控制并具有单路输出指示功能，如图 3-40 所示。

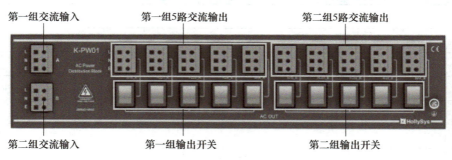

图 3-40　K-PW01 交流电源配电板

2）SM910 是 DC 24V 电源模块，用来提供 DC 24V 系统电源、现场电源及查询电源，实现 DC 220V 到 DC 24V 输出的转换，输入与输出隔离，具有输出短路保护功能，故障消除后电源自动恢复。

3）SM913 是 DC 24V 电源模块，用来提供 DC 24V 现场电源，实现 DC 220V 到 DC 24V 输出的转换，输入与输出隔离，也具有输出短路保护功能，故障消除后电源自动恢复。

4）SM920 是 DC 48V 电源模块，用来提供 DC 48V 查询电源，实现 DC 220V 到 DC 48V 输出的转换，输入与输出隔离，同时具有输出短路保护功能，故障消除后电源自动恢复。

5）K-PW11 直流配电板实现直流电源冗余，4 组输入，2 组输出。将 1 组（2 路）DC 24V 系统电源冗余并联输出，2 组（每组 2 路）DC 24V（120W/240W）现场电源冗余并联输出，1 组（2 路）DC 24V/48V 辅助（查询）电源冗余并联输出，并检测各输入电源的电压状态。一方面通过预制电缆给底座提供系统/现场电源，同时将另一方面将输入低电压报警信号输出给 IO-BUS 模块，再就是给查询电源分配板提供输入查询电源。

6）K-PW21 是查询电源分配板，为 DI 模块提供 DC 24V/DC 48V 查询电源，有两路冗余 DC 24V/48V 输入，16 路 DC 24V/48V 输出，并有单路输出短路保护和 LED 指示功能，每路输出串接一个自恢复保险丝（750mA），在输出短路的情况下，保险丝断开保护电源，LED 灯指示，故障排除后，保险丝恢复导通。注意：每个 I/O 控制机柜最多只能配置 2 个查询电源分配板。

（13）端子底座　端子底座负责连接现场仪表和其他辅助功能（冗余、防误接 AC220V、DB37 电缆接口等）。K 系列模块全系列特点为采用双冗余多功能总线和双冗余供电工作方式，任意断一根多功能总线，都不会影响系统工作；现场电源和系统电源隔离供电，仪表由现场电源供电，数字电路和通信电路由系统电源供电，因此现场干扰不影响数字电路和通信；支持带电热插拔。

 做一做：把项目构思的工作计划单填写好！

通过学习反应釜分类及控制规律、集散控制系统基础知识等资料，小组讨论，制定完成反应釜控制系统的 DCS 组态设计与调试项目构思工作计划，填写在表 3-7 中。

工业现场控制系统的设计与调试

表3-7 反应釜控制系统的DCS组态设计与调试项目构思工作计划单

项目构思工作计划单				
项目				学时：
班级				
组长		组员		
序号	内容		人员分工	备注
学生确认			日期	

【项目设计】

本项目需要按照 DCS 组态设计流程，完成新建工程、导入 I/O 点数据库、硬件配置、控制程序的编写、保存编译、反应釜工艺流程画面的组态设计、反应釜 DCS 控制系统的仿真调试、下装与调试投运。

案例：某药业自动化改造项目

吉林某药业集团提取车间作为企业用能核心，企业的用水、用电70%都集中在提取车间，采用传统的纯人力操作设备，产能落后、生产效率低、运行成本高，厂区供暖完全采用采暖锅炉供给，每年耗费大量的煤。基于以上情况，结合社会劳动力短缺的大环境，为优化车间的运营和生产，提高生产效率和产品质量，降低企业运营成本，提高企业效益，集团以提取车间为突破口进行节能减排、降耗增效的一系列改造行动，经过潜心研究、反复试验、不断探索，历时2年终于按照实际生产需求自主研发出具有公司特色的自动化系统，最终实现生产高度自动化，确保了高度符合 GMP 要求，满足安全、高效的生产过程。成功对提取罐自动化、真空站自动化、供暖系统自动化、刮板浓缩罐自动化进行改造。通过自动化程序的编写、集中监控的设计、人机界面的设计，实现界面简单化、功能最大化、操作方便化。提取车间通过提取罐、真空泵、采暖系统余热回收等改造，使工人的劳动强度明显降低，提高了工人的工作激情，而且每年可节约运行成本近127.84万元。

本部分内容将以和利时的 DCS 软件 HOLLiAS-MACS 和 K 系列硬件为例，详细介绍反应釜控制系统的设计，主要讲解 DCS 体系结构、硬件和软件，并完成 I/O 点数统计、仪表选型、DCS 体系结构及各硬件选型等工作。

一、I/O 点数统计

根据系统控制要求，统计各类型点的数量（标明控制回路所用的信号）。物理量信号的总数量和性质决定 DCS 的规模，而硬件也与物理量点数量和性质有直接关系。

物理量点指工业控制现场有对应设备的位号或测点。

项目三 反应釜控制系统的 DCS 组态设计与调试

 做一做：

根据 DCS 的概念和反应釜工艺设计及控制要求，请每个小组根据项目资料，确定控制点数，并根据设计要求将相应 I/O 点加到工艺流程图中。AI 点统计表、RTD 点统计表、AO 点统计表、DI 点统计表、DO 点统计表和测点数量统计表见表 3-8~表 3-13。

表 3-8　AI 点统计表

点名	测点说明	信号类型	量程下限	量程上限	量纲	报警高高限	报警高限	报警低限	报警低低限
PT101	缓冲罐压力	4~20mA	0	300	kPa	250	100	—	—
PT102	反应釜压力	4~20mA	0	300	kPa	250	100	—	—
LT101	反应釜液位	4~20mA	0	50	cm	45	40	10	5
LT102	锅炉液位	4~20mA	0	50	cm	45	40	10	5
LT103	液位水箱液位	4~20mA	0	50	cm	30	25	10	5
FT101	1#冷水泵出水流量	4~20mA	0	2.4	m³/h	2.3	0.5	—	—
FT102	2#冷水泵出水流量	4~20mA	0	10	m³/h	1.2	0.5	—	—
FT103	2#热水泵出水流量	4~20mA	0	1.2	m³/h	1.1	0.5	—	—
FT104	1#热水泵出水流量	4~20mA	0	0.96	m³/h	0.95	0.85	—	—

表 3-9　RTD 点统计表

点名	测点说明	信号类型	量程下限	量程上限	量纲	报警高高限	报警高限	报警低限	报警低低限
TT101	反应釜内胆温度	PT100_RTD	0	400	℃	95	85	—	—
TT102	反应釜夹套温度	PT100_RTD	0	100	℃	95	85	—	—
TT103	锅炉温度	PT100_RTD	0	100	℃	95	85	—	—
TT104	滞后水箱长滞后温度	PT100_RTD	0	100	℃	95	85	—	—
TT105	滞后水箱短滞后温度	PT100_RTD	0	100	℃	95	85	—	—

表 3-10　AO 点统计表

点名	测点说明	信号类型	量程上限	量程下限	量纲
TV101	锅炉加热温度调节给定	4~20mA	100	0	%
PV101	压力罐气压调节给定	4~20mA	100	0	%
FV101	1#冷水泵出水流量调节给定	4~20mA	100	0	%
FV102	2#冷水泵出水流量调节给定	4~20mA	100	0	%
FV103	2#热水泵出水流量调节给定	4~20mA	100	0	%
FV104	1#热水泵出水流量调节给定	4~20mA	100	0	%

175

表 3-11　DI 点统计表

点名	测点说明	信号类型	报警属性
DI101	锅炉防干烧保护	DI	状态"1"报警
DI102	反应釜防干烧保护	DI	状态"1"报警

表 3-12　DO 点统计表

点名	测点说明	信号类型
DO101	1#冷水泵启停	无源常开触点
DO102	2#冷水泵启停	无源常开触点
DO103	2#热水泵启停	无源常开触点
DO104	反应釜搅拌电动机启停	无源常开触点
DO105	1#电磁阀启停	无源常开触点
DO106	2#电磁阀启停	无源常开触点
DO107	3#电磁阀启停	无源常开触点
DO108	4#电磁阀启停	无源常开触点
DO109	5#电磁阀启停	无源常开触点
DO110	6#电磁阀启停	无源常开触点

表 3-13　测点数量统计表

测点合计	AI	AO	RTD	DI	DO	模块总数
	9	6	5	2	10	6

二、仪表选型

 想一想：按照反应釜控制要求，如何选择检测传感器、执行器？

根据已学习过的内容进行检测传感器、执行器选型，见表 3-14（供参考）。

表 3-14　检测传感器、执行器选型

序号	类别	参数	数量/个
1	温度检测传感器	温度仪表，Pt100 热电阻（三线）	6
2	压力液位变送器	电容式压力液位变送器，准确度为±0.25%	3
3	磁翻板液位变送器	流量范围：0~600mm；输出信号：4~20mA	1
4	压力变送器	电容式压力变送器：0~0.25MPa，准确度为±0.25%	1
5	电磁流量计	带就地显示；流量范围：0~2m³/h；测量精度：0.5%；输出信号：DC 4~20mA 或 DC 1~5V（带液晶就地显示）	1
6	涡轮流量计	流量范围：0~2m³/h；带就地数显；测量准确度：0.5%；输出信号：DC 4~20mA 或 DC 1~5V	1

（续）

序号	类别	参数	数量/个
7	电动调节阀	输入控制信号：DC 4~20mA 或 DC 1~5V； 重复精度：≤±1%；DG20~DG10	1
8	电磁阀	双位双通电磁阀	22

三、DCS 硬件选型

根据硬件介绍及相应的注意事项，为 DCS 硬件选型配置。简易硬件选型表见表 3-15，测点数量统计表见表 3-16，据此进行系统规模、机柜、控制器、控制器背板、IO-BUS 模块、电源模块、I/O 模块的选型配置。

表 3-15　简易硬件选型表

序号	类别	型号	说明
		K 系列简易硬件选型表	
1	控制器模块	K-CU01	控制器（运算调度周期最快为 100ms）
2	常用 I/O 模块	K-AI01	8 通道模拟量输入模块
		K-AIH01	8 通道带 HART 模拟量输入模块
		K-TC01	8 通道热电偶与毫伏输入模块
		K-RTD01	8 通道热电阻输入模块
		K-AO01	8 通道模拟量输出模块
		K-DI01	16 通道 DC 24V 数字量输入模块
		K-DI11	16 通道 DC 48V 数字量输入模块
		K-SOE01	16 通道 DC 24V SOE 输入模块
		K-DO01	16 通道 DC 24V 数字量输出模块
		K-PI01	6 通道脉冲输入模块
3	常用功能模块	K-BUS02	8 通道星形 IO-BUS 模块
		K-BUST02	IO-BUS 总线终端匹配器
4	电源模块及配电板	SM910	DC 24V（120W）电源模块
		SM913	DC 24V（240W）电源模块
		SM920	DC 48V 电源模块
		K-PW01	交流电源分配板
		K-PW11	直流电源分配板
		K-PW21	查询电源分配板

表 3-16　测点数量统计表

测点合计	AI	AO	Pt100	TC	DI	DO
	9	6	5	0	2	10

1. 系统规模

1）现场控制站的数量：此项目的总点数为 32，所以选择一个现场控制站，站号定为 10。

2）操作员站的数量：根据项目实际需求来确定，但至少有一台，此项目冗余配置，站号分别为 80、81。

3）历史站：冗余配置，分别配置在不同的操作员站上。

2. 机柜

1）系统主机柜数量：1 个（受物理量点数和现场控制站数量限制）；型号：SP108。

物理量点：实际工艺现场采集或控制的信号，通过电缆和模块进行连接。

中间量点：参与逻辑运算的自定义点，不是工艺现场采集或控制的信号，无实际电缆连接。

2）网络柜：数量：1 个（配置交换机 GM010_ISW_24L）；型号：FP604。

3. 控制器

数量：1 对；型号：K-CU01。

4. 控制器底座

数量：1 个；型号：K-CUT01。

5. IO-BUS 模块

数量：1 对。按照此项目的规模，可以选择星形拓扑和总线拓扑，目前星形拓扑应用较多，所以选择这种类型配置控制网。型号：IO-BUS02。

6. I/O 模块及底座（此配置不是唯一配置，供参考）

I/O 模块及底座选型见表 3-17 所示。

表 3-17 I/O 模块及底座选型

测点合计	AI	AO	Pt100	TC	DI	DO	统计
	9	6	5	0	2	10	
模块型号	K-AI01	K-AO01	K-RTD01		K-DI01	K-DO01	
数量	2	1	1		1	1	6
底座型号	K-AT01	K-AT01	K-TT01		K-DIT01	K-DOT01	
数量	2	1	1		1	1	6
继电器端子板型号						K-DOR01	
数量						1	1

7. 电源

电源选型要考虑到所有模块的功耗总和，且不能超过所选电源功耗的 80%（请参照电源部分的说明）。电源选型见表 3-18。

表 3-18 电源选型

类别		型号	数量
电源	交流电源配电板	K-PW01	1 块
	直流电源配电板	K-PW11	1 块
	查询电源分配板	K-PW21	1 块
	DC 24V（120W）电源模块	SM910	1 对
	DC 24V（240W）电源模块	SM913	1 对

四、DCS 软件设计和组态

（一）HOLLiAS-MACS 软件介绍

HOLLiAS-MACS 是一款集成软件，可根据实际项目需求选择相应的安装角色，以实现相应的功能。安装角色包括工程师站、操作员站、历史站和报表打印站。

1. 软件运行环境

为保证系统安全稳定运行，推荐在以下环境下安装软件。

（1）工程师站和操作员站环境配置

1）操作系统：Windows XP Professional+SP3，Windows 7 Professional 32 位。

2）应用软件：Open Office 或 Microsoft Office2007。

3）计算机硬件：Intel Pentium（R）Dual-Core 3.2GHz，2G 以上内存，250G 以上硬盘，工程师站/操作员站显示器分辨率 1680×1050。

4）网卡：2 个 100M/1000M 自适应网卡。

实际配置情况应该与上述配置相当，或高于上述配置。

（2）历史站环境配置

1）操作系统：Windows Server 2003 R2，Windows Server 2008 R1，Windows XP Professional +SP3，Windows 7 Professional 32 位。

2）应用软件：Open Office 或 Microsoft Office 2007。

3）计算机硬件：Intel Pentium（R）Dual-Core 3.2GHz，4G 以上内存，CDROM，500G 以上硬盘。

4）网卡：2 个 100M/1000M 自适应网卡。

实际配置情况应该与上述配置相当，或高于上述配置。

2. 软件安装

HOLLiAS-MACS 软件安装盘包括软件平台版、通用版、autorun 和帮助手册等，如图 3-41 所示。

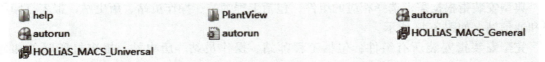

图 3-41 软件安装盘内容

安装步骤如下：

1）在安装盘目录下找到图标autorun，双击该图标，弹出如图 3-42 所示界面，进入安装向导；单击"安装"，弹出如图 3-43 所示界面，默认选择"中文（简体）"，单击"确定"，显示欢迎安装界面，如图 3-44 所示。

图 3-42　安装向导界面　　　　　　　　图 3-43　选择语言界面

2）单击"下一步"，进入"选择目标位置"界面，如图 3-45 所示，系统默认路径是 <Windows 系统所在驱动器：\ HOLLiAS_ MACS \ >，单击"浏览"，可以设置其他存储路径，此版本不支持含中文的安装路径。

图 3-44　欢迎安装界面　　　　　　　　图 3-45　选择目标位置界面

3）单击"下一步"，进入"安装类型"设置对话框，安装程序提供"典型"和"完全"两种安装类型，用户可根据不同需求选择不同的安装类型，如图 3-46 所示。

典型安装指根据需求选择相应的组件，包括工程师站、操作员站、历史站、报表打印服务和通信站，如图 3-47 所示。

完全安装指安装所有组件，包括工程师站、操作员站、历史站、报表打印服务和通信站。

4）单击"下一步"，配置工程师站，如图 3-48 所示，若设置本机工程师站为"主工程师站"，设置后系统将自动共享 ENG 文件夹作为协同组态的服务端。默认为选中状态，单击可以取消选择。

5）单击"下一步",选择历史数据存储路径,如图 3-49 所示,默认路径是<Windows 系统所在驱动器：\ HOLLiAS_ MACS \ HDBDATAS>,单击"浏览",可以设置其他存储路径,此版本不支持带中文的安装路径。

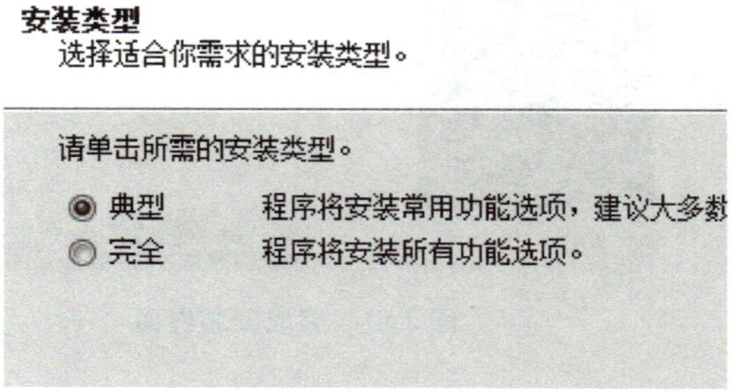

图 3-46　安装类型

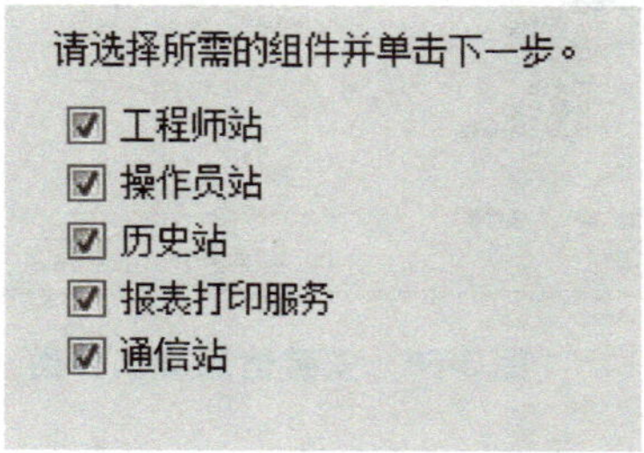

图 3-47　选择组件

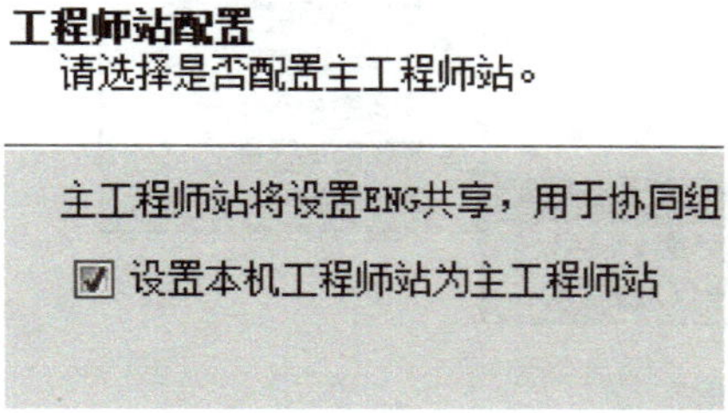

图 3-48　配置工程师站

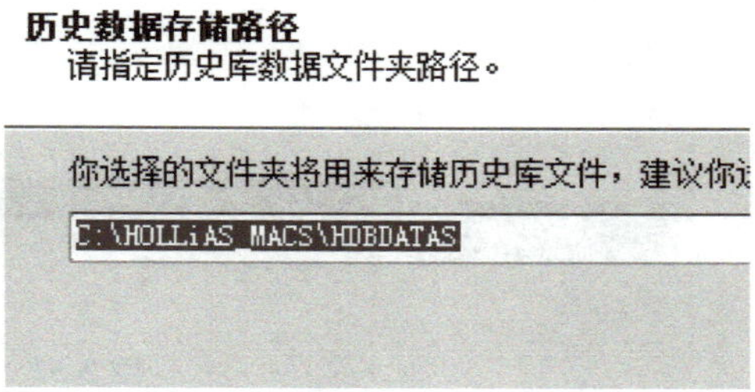

图 3-49　历史数据存储路径

6）单击"下一步",进入安装信息确认界面,如图 3-50 所示,准备安装。若发现有需要更改的地方,可以单击"上一步"回到相应的界面进行修改。确认安装信息无误后,单击"安装",进行安装。

7）安装完成后,弹出完成安装界面,如图 3-51 所示,选择"是,立即重启电脑",然后单击"完成"。计算机重新启动,安装完成。

8）安装完成后,在"开始→所有程序→HOLLiAS_ MACS"中生成如图 3-52 所示的快捷菜单。

其中"HOLLiAS_ MACS"项包含子目录分别如下：

①工具：包括 HSRTS Tool、OPC 客户端、版本查询工具、操作员在线配置工具、仿真启动管理、离线查询（平台）、离线查询（通用）和授权信息查看。

a. HSRTS Tool：实现控制器版本查询,刷新控制器 RTS 程序。

b. OPC 客户端：启动 OPC 客户程序。

c. 版本查询工具：当前安装软件版本及相关信息查询。

d. 操作员在线配置工具：配置操作员在线的登录域号、专用键盘端口等信息。

e. 仿真启动管理：仿真系统可以用于在单机上对组态完成的工程内容进行模拟运行。

f. 离线查询（平台）、离线查询（通用）：历史数据离线查询。

g. 授权信息查看：加密狗及电子授权查看。

工业现场控制系统的设计与 调试

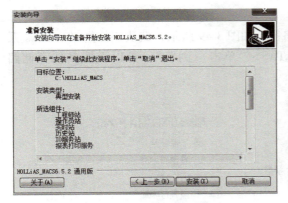

图 3-50　安装信息确认界面　　　　　图 3-51　完成安装界面

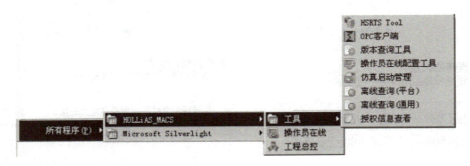

图 3-52　快捷菜单

②操作员在线：操作员站运行程序，启动监视/操作画面。

③工程总控：工程师站组态软件入口程序，运行时将同时加载"工程总控""AutoThink"和"图形编辑"三个软件。

3. 软件卸载

卸载已经安装的 HOLLiAS_MACS 软件时，可以在计算机的"控制面板"中找到该软件直接删除。

1) 单击"开始"菜单，选择"设置→控制面板→添加或删除程序"。

2) 程序列表中找到"HOLLiAS_MACS6.5.2"，分为平台和通用版，如图 3-53 所示。

图 3-53　程序列表

3) 选中"HOLLiAS_MACS6.5.2 通用版"，单击"删除"，如图 3-54 所示。

图 3-54　通用版删除界面

4) 卸载完成后，弹出如图 3-55 所示界面，单击"确定"。

软件卸载完成后，只是删除了相应的注册信息以及执行文件，而相关的历史数据、下装文件、日志、图形以及用户组态的工程相关文件，依然保存在相关目录中。当再次安装系统软件后，这些数据也不会丢失。

若要完全删除所有文件，则需要手动到相应的安装目录下删除。

5）选中"HOLLIAS_MACS6.5.2 平台"，单击"删除"，如图 3-56 所示。

6）删除完成后，弹出如图 3-57 所示界面，单击"是"，立即重启电脑。

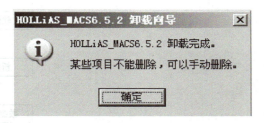

图 3-55　卸载向导

图 3-56　平台删除界面

图 3-57　重启电脑

7）手动删除安装目录下的相关文件，如图 3-58 所示。

图 3-58　安装目录下的文件夹

4. 软件组态流程

一个应用工程通过工程师站组态软件实现，组态完成后，编译生成相关下装文件，通过工程师站将这些文件分别下装到现场控制站、操作员站、历史站和报表打印站，从而实现系统的运转。软件组态流程如图 3-59 所示。

MACS 软件
组态流程
（微课）

（二）软件组态

为保证组态软件可以长期运行，必须使用加密狗或电子授权，即在相应的工程师站、历史站和操作员站上配备硬件设备加密狗，或使用电子授权码，确定对软件的使用权限。如果没有插上加密狗或使用电子授权码，软件启动时会提示"软件未授权"，并且进入试用状态，试用时间为 8 小时。在试用状态下，所有的组态功能开放，但是 AT 软件下装功能不可用。

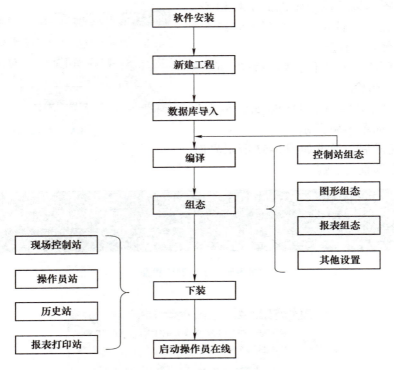

图 3-59 软件组态流程

1. 新建工程

新建工程是整个组态中的第一个步骤。在正式进行应用工程的组态之前，必须针对该应用工程定义一个工程名，目标工程新建后便建立了该工程的数据目录。

新建工程-开启组态设计之旅（微课）

（1）启动工程总控　通过下列途径启动工程总控：

1）通过开始菜单启动。单击"开始→所有程序→HOLLIAS_MACS→工程总控"，即可打开工程总控，进行组态。

2）双击桌面上的快捷图标 。工程总控界面如图 3-60 所示。

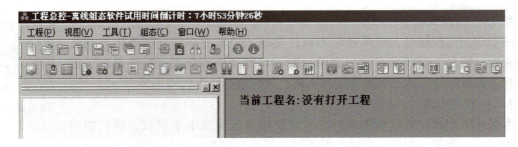

图 3-60 工程总控界面

（2）新建工程　通过下列途径创建工程：

①选择菜单命令"工程→新建"。

②单击工具栏中的快捷图标 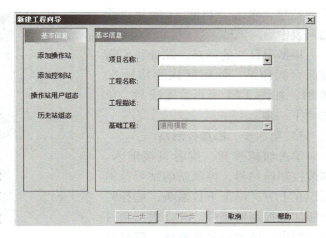，弹出"新建工程向导"界面，如图 3-61 所示。

新建工程需 5 步。

1）第 1 步 基本信息。

①项目名称：项目名称是工程所属的项目名称，工程必须属于一个项目，此项必须填写。只有创建项目后，才能进行工程的创建。项目名称可以是任意字符的组合，但是首尾不能是空格；项目名称的长度不能超过 64 个字符。

②工程名称：工程名称是所创建

图 3-61 新建工程向导界面

工程的名称，是工程的必备属性，工程名称只能是英文字母、数字和下划线"_"的组合，英文字母不区分大小写；长度不能超过 32 个字符。工程名不得与已存在的工程名重复。

③工程描述：对创建工程所做的说明，用于解释工程的任务，可以为空。建议输入相关的语句，方便工程查阅。

项目与工程的关系如图 3-62 所示。

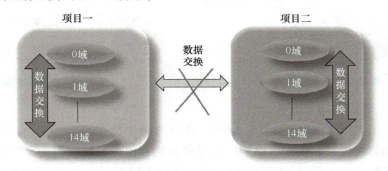

图 3-62 项目与工程的关系

对于一个大型的系统，可以通过项目和域将其分为若干部分，以便于管理、维护和运行。域等同于工程，即一个域对应工程总控中的一个工程，归属于一个项目，一个项目可以包含多个域，归属同一个项目的所有域可以相互访问数据，而项目之间不具备此功能；一台操作员站可以对同一项目下的所有域进行监控，但每个域的内部组态、编译、下装需在对应的工程总控中进行。

必须给工程分配所属项目和域号，否则无法进行编译。

最多可以创建 32 个项目，每个项目最多可以添加 15 个工程，域号范围为 0~14。

基本信息填写示例如图 3-63 所示，填写完毕后，单击"下一步"。

2）第 2 步 添加操作站。

默认情况下，新建的工程中包含了 80 号操作站和 81 号操作站，单击站号旁的加减按钮，修改操作站站号，或者直接在输入框中输入站号，然后单击"添加"；选中操作站列表中的站号，单击"删除"，则从操作站列表中删除该站。

根据项目二的需求，此处我们需要两台操作站，使用默认的站号 80 和 81，如图 3-64 所示。完成后，单击"下一步"。

3) 第 3 步　添加控制站。

单击加减按钮，或者直接输入，修改控制站站号，控制站的站号范围标识在上方；单击下拉箭头，选择需要添加的控制器型号。此处根据项目二的需求，增加一台控制站，型号选择 K-CU01，如图 3-65 所示。完成后，单击"创建工程"。

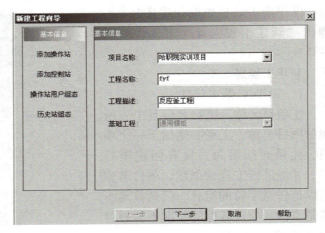

图 3-63　基本信息填写示例

图 3-64　添加操作站

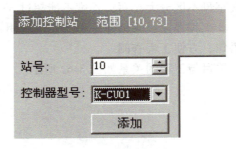

图 3-65　添加控制站

4) 第 4 步　操作站用户组态。

操作站用户组态用来添加、删除、修改、登录"操作员在线"的用户，共有四种级别的用户，分别为监视级别、操作员级别、工程师级别和值班长级别。为了后续进行调试工作，此处我们增加一个工程师级别的用户，用户名为 AAAA，用户密码为 AAAA，如图 3-66 所示。完成后，单击"下一步"。

①用户名称：长度为 48 个字符，由字母、数字和下划线组成，字母不区分大小写。

②用户描述：长度不能超过 64 个字符，由字母、数字、下划线和汉字组成。

5) 第 5 步　历史站组态。

分别配置"历史站 A"和"历史站 B"所在的操作站站号，如图 3-67 所示。配置结束后，单击"完成"，即完成了创建工程的任务，如图 3-68 所示。

(3) 与工程相关的操作

1) 工程存放路径。工程创建成功后，在组态软件安装目录的"HOLLiAS_MACS\ENG\UESR"文件夹下创建与工程名称同名的文件夹。一切组态产生、编译生成的数据都存储在该文件夹下。此处安装目录在 D 盘，如图 3-69 所示。

2) 工程备份。工程总控可以将工程备份为压缩文件".PBP"，备份后的文件只需要很小的空间。备份工程可以防止工程的随意修改或者文件偶然被删除、破坏等。

项目三 反应釜控制系统的 DCS 组态设计与调试

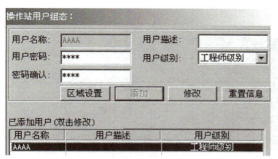

图 3-66 操作站用户组态示例

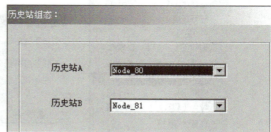

图 3-67 历史站组态

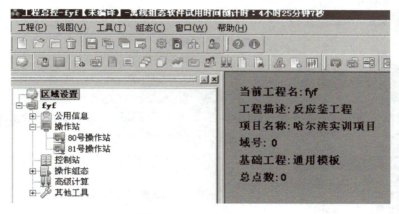

图 3-68 打开工程界面

图 3-69 工程存放路径

选择菜单命令"工程→备份",选择备份路径,单击"备份",如图 3-70 所示。

3)工程恢复。恢复工程是在不需要重新组态工程的情况下,将已经备份的工程文件恢复,解压缩到安装盘目录的 user 文件夹下。

选择菜单命令"工程→恢复",选择工程备份路径,单击"恢复",如图 3-71 所示。

2. 数据库导入

数据库导入是批量添加 I/O 测点的方法,适用于现场 I/O 测点比较多的情况,这里我们先学习如何批量添加测点,后面的部分中会介绍如何逐个添加测点。用户需将 I/O 测点按软件格式要求添加到 Excel 文件或 Cal 文件后,再进行导入操作。若第一次进行组态工作,没有对应的软件格式,可以先导出一个模板,按模板格式添加 I/O 测点。

(1)数据库导出 导出数据库模板格式,以 Excel 为例进行介绍。

187

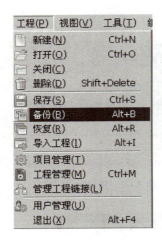

图 3-70　工程备份

图 3-71　工程恢复

1）选择菜单命令"工具→数据库导出",弹出"数据库导出"对话框,如图 3-72 所示。

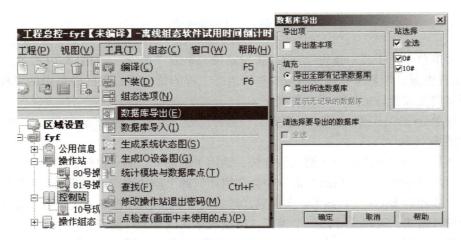

图 3-72　数据库导出

2）根据实际需求进行导出格式设置，这里选择"导出所选数据库"，并"显示无记录的数据库"，勾选"AI""AO""DI""DOV""RTD"，如图3-73所示，单击"确定"，弹出如图3-74所示界面，选择存储路径，新建文件名，单击"保存"即可。

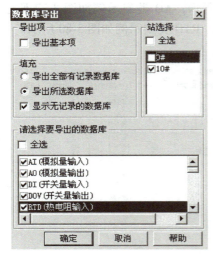

图3-73　导出项选择

图3-74　存储路径选择

3）导出的数据库格式如图3-75所示。

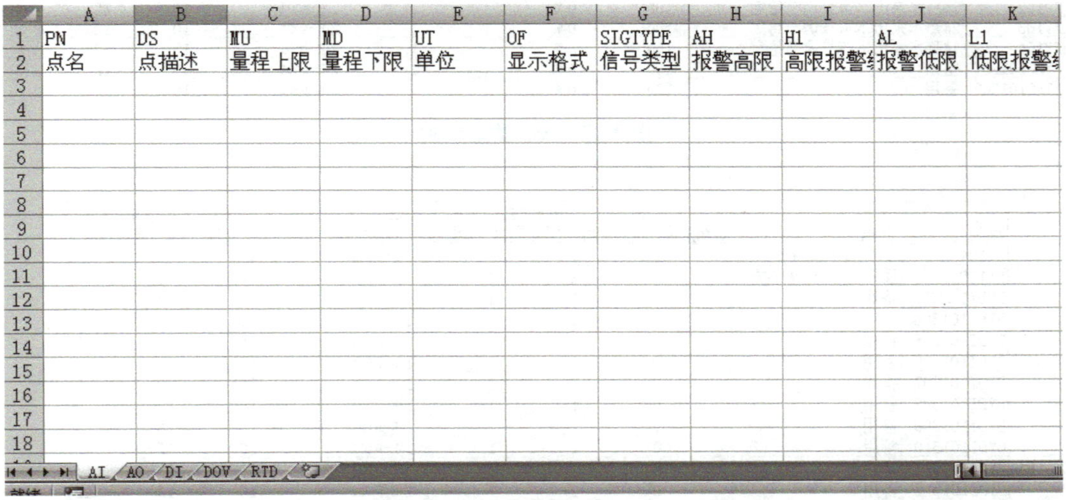

图3-75　数据库导出格式

第一行为I/O测点的项名，第二行为项名的中文描述（该行信息可以为空），从第三行开始为I/O测点相关信息。导入时，对照第一行的项名，导入第三行之后的所有测点信息。

每行表示一个测点，必填项为PN、SN、DN、CN和MT，其他项根据项目需求选填。

① PN：I/O测点点名，长度不超过32个字符，由字母、数字和下划线组成。

② SN：控制站站号，范围10～73。

③ DN：I/O模块地址，MACS-K系列模块地址范围为10～109。

④ CN：通道号，8 通道为 1~8，16 通道为 1~16。

⑤ MT：模块类型。

（2）数据库编辑　数据库模板导出后，可根据 I/O 测点统计及 I/O 模块选型，进行数据库的编辑，添加相应的信息，AI 类型示例如图 3-76 所示，AO 类型示例如图 3-77 所示，DI 类型示例如图 3-78 所示，DO 类型示例如图 3-79 所示，RTD 类型示例如图 3-80 所示。

PN	DS	MU	MD	UT	OF	SIGTYPE	AH	AL	H1	L1	HH	H2	LL	L2	HISCP	SQRTOPT	MT	SN	DN	CN
点名	点描述	量程上限	量程下限	单位	显示格式	信号类型	报警高限	报警低限	高限报警	低限报警	高高限	高高限报警	低低限	低低限报警	采集周期	是否开方	模块类型	站号	模块地址	通道号
PT101	缓冲罐压	300	0	kPa	2	S4_20mA	100	1			250	1			2		K-AI01	10	10	1
PT102	反应釜压	300	0	kPa	2	S4_20mA	100	1			250	1			2		K-AI01	10	10	2
LT101	反应釜液位	50	0	cm	2	S4_20mA	40	1	10	1	45	1	5	1	2		K-AI01	10	10	3
LT102	锅炉液位	50	0	cm	2	S4_20mA	40	1	10	1	45	1	5	1	2		K-AI01	10	10	4
LT103	液位水箱	50	0	cm	2	S4_20mA	25	1	10	1	30	1			2		K-AI01	10	10	5
FT101	1#冷水泵	2.4	0	m3/h	2	S4_20mA	0.5	1			2.3	1			2		K-AI01	10	10	6
FT102	2#冷水泵	10	0	m3/h	2	S4_20mA	0.5	1			1.2	1			2		K-AI01	10	10	7
FT103	2#热水泵	1.2	0	m3/h	2	S4_20mA	0.5	1			1.1	1			2		K-AI01	10	10	8
FT104	1#热水泵	0.96	0	m3/h	2	S4_20mA	0.85	1			0.95	1			2		K-AI01	10	11	1
BYAI1011	备用	100	0	m3/h	2	S4_20mA									2		K-AI01	10	11	2
BYAI1011	备用	100	0	m3/h	2	S4_20mA									2		K-AI01	10	11	3
BYAI1011	备用	100	0	m3/h	2	S4_20mA									2		K-AI01	10	11	4
BYAI1011	备用	100	0	m3/h	2	S4_20mA									2		K-AI01	10	11	5
BYAI1011	备用	100	0	m3/h	2	S4_20mA									2		K-AI01	10	11	6
BYAI1011	备用	100	0	m3/h	2	S4_20mA									2		K-AI01	10	11	7
BYAI1011	备用	100	0	m4/h	3	S4_20mA									2		K-AI01	10	11	8

图 3-76　AI 类型示例

PN	DS	MU	MD	UT	OF	HISCP	MT	SN	DN	CN
点名	点描述	量程上限	量程下限	单位	显示格式	采集周期	模块类型	站号	模块地址	通道号
TV101	锅炉加热温度调节给定	100	0	%	1	2	K-AO01	10	12	1
PV101	压力罐气压调节给定	100	0	%	1	2	K-AO01	10	12	2
FV101	1#冷水泵出水流量调节给定	100	0	%	1	2	K-AO01	10	12	3
FV102	2#冷水泵出水流量调节给定	100	0	%	1	2	K-AO01	10	12	4
FV103	2#热水泵出水流量调节给定	100	0	%	1	2	K-AO01	10	12	5
FV104	1#热水泵出水流量调节给定	100	0	%	1	2	K-AO01	10	12	6
BYAO101207	备用	100	0	%		2	K-AO01	10	12	7
BYAO101208	备用	100	0	%		2	K-AO01	10	12	8

图 3-77　AO 类型示例

PN	DS	E0	E1	DAMOPT	DAMLV	MT	SN	DN	CN
点名	点描述	置0说明	置1说明	报警属性	报警级	模块类型	站号	模块地址	通道号
DI101	锅炉防干烧保护	0	1	1	1	K-DI01	10	13	1
DI102	反应釜防干烧保护	0	1	1	1	K-DI01	10	13	2
BYDI101303	备用	0	1	1	1	K-DI01	10	13	3
BYDI101304	备用	0	1	1	1	K-DI01	10	13	4
BYDI101305	备用	0	1	1	1	K-DI01	10	13	5
BYDI101306	备用	0	1	1	1	K-DI01	10	13	6
BYDI101307	备用	0	1	1	1	K-DI01	10	13	7
BYDI101308	备用	0	1	1	1	K-DI01	10	13	8
BYDI101309	备用	0	1	1	1	K-DI01	10	13	9
BYDI101310	备用	0	1	1	1	K-DI01	10	13	10
BYDI101311	备用	0	1	1	1	K-DI01	10	13	11
BYDI101312	备用	0	1	1	1	K-DI01	10	13	12
BYDI101313	备用	0	1	1	1	K-DI01	10	13	13
BYDI101314	备用	0	1	1	1	K-DI01	10	13	14
BYDI101315	备用	0	1	1	1	K-DI01	10	13	15
BYDI101316	备用	0	1	1	1	K-DI01	10	13	16

图 3-78　DI 类型示例

（3）数据库导入　在工程总控中将编辑好的 Excel 文件导入。

1）组态选项设置。导入之前，需先进行组态选项相关的设置。选择菜单命令"工具→组态选项"，进行数据库导入设置，如图 3-81 所示，导入方式选择"清空"，重名点处理选择"覆盖"。

项目三 反应釜控制系统的 DCS 组态设计与调试

PN 点名	DS 点描述	E0 置0说明	E1 置1说明	MT 模块类型	AREANO 区域	SN 站号	DN 模块地址	CN 通道号
DO101	1#冷水泵启停	停止	启动	K-DO01		10	14	1
DO102	2#冷水泵启停	停止	启动	K-DO01		10	14	2
DO103	2#热水泵启停	停止	启动	K-DO01		10	14	3
DO104	反应釜搅拌电机启停	停止	启动	K-DO01		10	14	4
DO105	1#启停电磁阀启停	停止	启动	K-DO01		10	14	5
DO106	2#启停电磁阀启停	停止	启动	K-DO01		10	14	6
DO107	3#启停电磁阀启停	停止	启动	K-DO01		10	14	7
DO108	4#启停电磁阀启停	停止	启动	K-DO01		10	14	8
DO109	5#启停电磁阀启停	停止	启动	K-DO01		10	14	9
DO110	6#启停电磁阀启停	停止	启动	K-DO01		10	14	10
BYDO101413	备用	停止	启动	K-DO01		10	14	11
BYDO101414	备用	停止	启动	K-DO01		10	14	12
BYDO101415	备用	停止	启动	K-DO01		10	14	13
BYDO101416	备用	停止	启动	K-DO01		10	14	14
BYDO101417	备用	停止	启动	K-DO01		10	14	15
BYDO101418	备用	停止	启动	K-DO01		10	14	16

图 3-79 DO 类型示例

PN 点名	DS 点描述	MU 量程上限	MD 量程下限	UT 单位	OF 显示格式	SIGTYPE 信号类型	AH 报警高	H1 高限报	HH 报警高高	H2 高高限	HISCP 采集周期	MT 模块类型	SN 站号	DN 模块地址	CN 通道号
TT101	反应釜内胆	400	0	℃	2	PT100_RTD	85	1	95	1	2	K-RTD01	10	15	1
TT102	反应釜夹套	100	0	℃	2	PT100_RTD	85	1	95	1	2	K-RTD01	10	15	2
TT103	锅炉温度	100	0	℃	2	PT100_RTD	85	1	95	1	2	K-RTD01	10	15	3
TT104	滞后水箱长	100	0	℃	2	PT100_RTD	85	1	95	1	2	K-RTD01	10	15	4
TT105	滞后水箱短	100	0	℃	2	PT100_RTD	85	1	95	1	2	K-RTD01	10	15	5
BYAI101506	备用	100	0	%	2	PT100_RTD					2	K-RTD01	10	15	6
BYAI101507	备用	100	0	%	2	PT100_RTD					2	K-RTD01	10	15	7
BYAI101508	备用	100	0	%	2	PT100_RTD					2	K-RTD01	10	15	8

图 3-80 RTD 类型示例

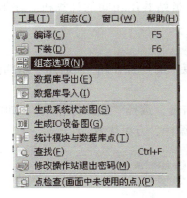 

图 3-81 组态选项设置

2)数据库导入。选择菜单命令"工具→数据库导入",选择导入文件,如图 3-82 所示。

3. 编译

数据库导入完成后,需要对工程进行编译,此处编译的作用有两个。

1)检查组态的内容有没有错误。
2)生成控制站组态所需的相关文件。

选择菜单命令"工具→编译",在界面的最下方,显示编译结果,如图 3-83 所示。

4. 操作站组态

操作站组态用来组态相关的系统设备,包括操作员站、工程师站和服务器。其中工程师

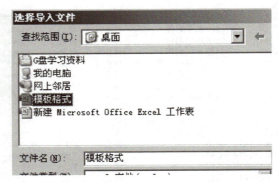

图 3-82　数据库导入

图 3-83　工程编译

站和服务器可以是单独的计算机，也可以与操作员站共用相同的计算机。在组态树的"操作站"节点进行相关操作。

（1）操作站的增加和删除

1）操作站的增加：右击 MACS 组态流程节点中的"操作站"，选择"增加操作站"，如图 3-84 所示。

2）操作站的删除：选中要删除的操作站，右击，选择"删除操作站"，如图 3-85 所示。若进行了上述操作，需在工程总控界面进行编译，方可生效。

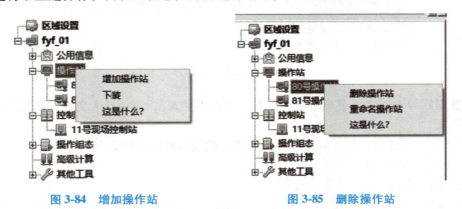

图 3-84　增加操作站　　　　　　　　　图 3-85　删除操作站

（2）操作站配置　在组态树中，单击要配置的操作站子节点右侧工作区出现"操作站组态"对话框，如图 3-86 所示。

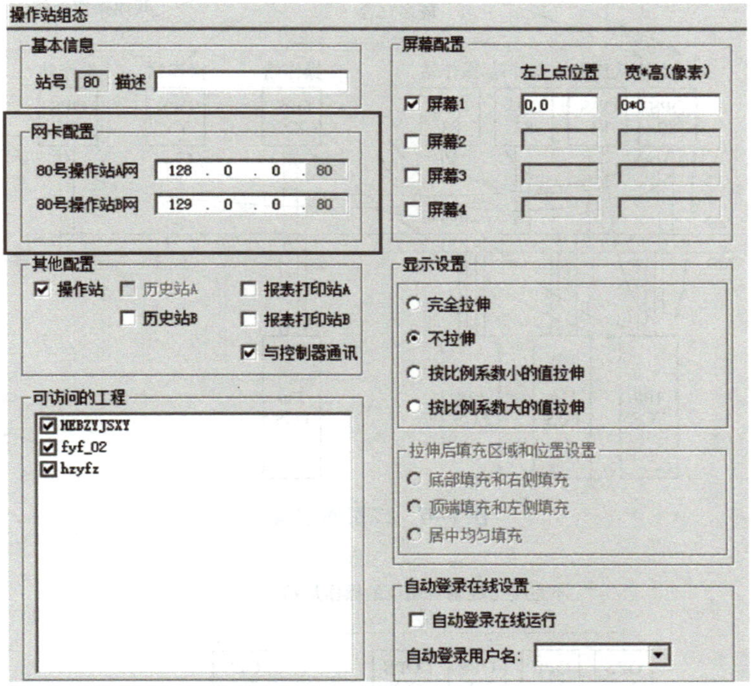

图 3-86　操作站配置

操作站配置包括基本信息、网卡配置、其他配置、屏幕配置和显示配置。这里重点讲述网卡配置。

系统网中服务器与操作站之间的通信采用的是 IP 协议，必须设置 IP 地址，网络连接名称不限，使用 128 网段或 129 网段。网卡配置就是设置网络地址，该设置框中列出了操作站的 A、B 网的 IP 地址。这里的 A、B 网是指监控层网络操作站与服务器之间的冗余网，需要为每个网卡配置 IP 地址，默认已经添加的网络地址格式为：A 网地址是"128.0.0.站号"，B 网地址是"129.0.0.站号"，系统默认 IP 地址的最后一段设置为操作站号且不可修改。通常，第三号网段定义为"域号"。只有操作站计算机的实际 IP 地址与此处配置的 IP 地址一致时，组态的操作站角色才能生效。

用户需要根据规划的网络结构，对操作站配置不同的网段。

1）二层网结构。

将 A、B 网的网段配置成 128 网段或 129 网段，系统采用二层网结构，如图 3-87 所示。红色线条是实时通信数据，蓝色线条是报警趋势等非实时数据。

在二层网结构中，历史站、操作站和工程师站都配置双网卡；最多 16 台操作员站可与控制器直接通信；实时通信数据、非实时通信数据（如趋势服务、报警服务等）和管理数据（如 Windows 的一些任务和服务）都共享 128 网段或 129 网段。

2）三层网结构。

将 A、B 网的网段配置成 130 网段或 131 网段，系统采用三层网络结构，如图 3-88 所示。

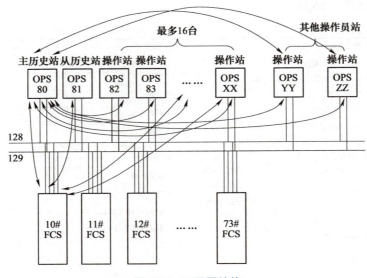

图 3-87 二层网结构

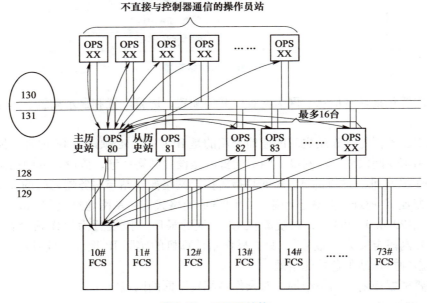

图 3-88 三层网结构

在三层网结构中，128 网段和 129 网段称为系统网（SNET），130 网段和 131 网段称为管理网（MNET）；历史站、工程师站以及需要与控制器直接通信的操作站都配置四块网卡（128 网段或 129 网段，130 网段或 131 网段），不与控制器直接通信的操作站配置双网卡（130 网段或 131 网段）；最多 16 台操作员站可与控制器直接通信；实时通信数据通过128 网段或 129 网段进行传输，非实时通信数据（如趋势服务、报警服务等）和管理数据（如 Windows 的一些任务和服务）通过 130 网段或 131 网段进行传输。

（3）操作站的网卡地址配置　在组态树中设置了操作站各个子节点的网络地址后，对于该操作站子节点所在的计算机的网卡必须配置一致的网络地址。

以 80 号操作站（A 网地址为 128.0.0.80）所在的计算机的 128 网段为例，设置 IP 地址具体操作步骤如下：

1）使用网线完成交换机与 PC（工程师站）之间的物理连接，启动工程师站。

单击计算机的"本地连接"网络图标，弹出"本地连接状态"对话框，如图 3-89 所示。

2）单击"本地连接状态"对话框中的"属性（R）"，弹出"本地连接属性"对话框，如图 3-90 所示。

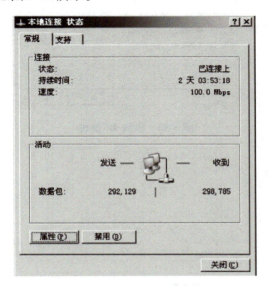

图 3-89　本地连接状态对话框

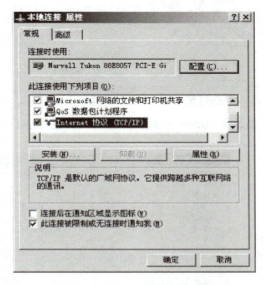

图 3-90　本地连接属性对话框

3）在"此连接使用下列项目"列表中找到"Internet 协议（TCP/IP）"，双击该项，或者选中该项后，单击"属性"，弹出"Internet 协议（TCP/IP）属性"对话框，如图 3-91 所示。

4）选择"Internet 协议（TCP/IP）属性"对话框中的"使用下面的 IP 地址（S）"，再在"IP 地址（I）"栏填写上位机（PC）的 IP 地址，如"128.0.0.80"；单击"子网掩码（U）"栏，自动添加"255.255.0.0"，如图 3-92 所示。

5）单击"Internet 协议（TCP/IP）属性"对话框中的"确定"，关闭此对话框，并在"本地连接属性"对话框也点击"确定"，查看本地连接状态，如图 3-93 所示。

单击"关闭"，关闭对话框。此时 PC 机的"本地连接"网络图标变为 ，网络连接成功。

5. 控制站组态

软件的控制站组态配置（控制器型号、模块型号、I/O 测点和地址）与实际现场控制站的配置应是一一对应的。

（1）控制站的增加和删除

1）控制站的增加：右击 MACS 组态流程节点中的"控制站"，选择"增加现场控制站"，如图 3-94 所示。

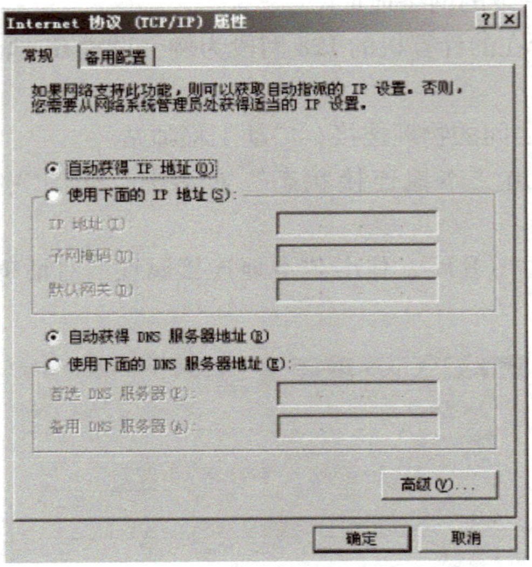

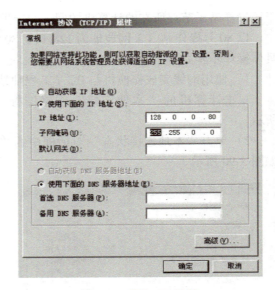

图 3-91　Internet 协议（TCP/IP）属性对话框

图 3-92　添加 IP 地址

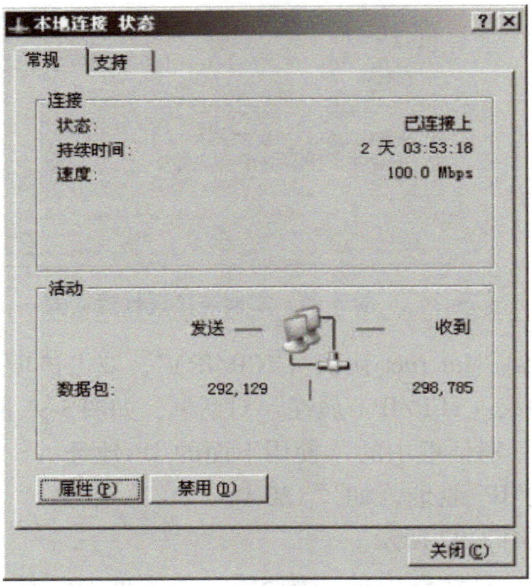

图 3-93　查看本地连接状态

图 3-94　增加现场控制站

2）控制站的删除：选中要删除的现场控制站，右击，选择"删除现场控制站"，如图 3-95 所示。

若进行了上述操作，需在工程总控界面进行编译，方可生效。

说明：①一个工程中最多只能添加 64 个控制站，站号为 10~73。

②添加控制站后，系统会根据控制站号自动生成该控制站可用的 4 个通信参数，默认添加"128.0.0.站

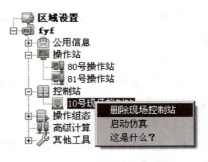

图 3-95　删除现场控制站

号""128.0.0.128+站号""129.0.0.站号"和"129.0.0.129+站号",采用四段式 IP 地址,与实际控制通信的 IP 地址必须保持一致。其中,第三段的 IP 地址是域号设置,可以不是 0。"128+站号"是指该站从站地址。

以 10#控制站为例,通信参数分别为 128.0.0.10、128.0.0.138、129.0.0.10 和 129.0.0.138。

注意:

①控制站的通信参数与操作站的"网卡配置"中的地址是保持一致的,即 A 网、B 网分别对应 128 网段、129 网段,且控制站的通信参数是由系统自动识别的,不需要设置,控制站算法在 AutoThink 软件中执行"下装"操作时,会按照系统设定的优先级自动寻址、选择通信通道进行下装。

②物理连接中,控制站的 A 网与操作站的 A 网连接在同一个交换机上,即保证处于同一网段中;同理 B 网也是如此。

(2)控制器算法软件 AutoThink 介绍 AutoThink 是 MACS 系统的编程工具,用于编写算法程序,实现不同的控制方案,是我们学习的重点。

在工程总控界面上,双击控制站节点下对应的控制站子节点,便打开当前控制站所对应的 AutoThink 编程软件。图 3-96 所示为 10#控制站对应的编程界面。

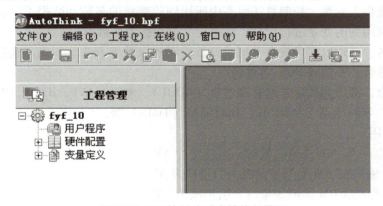

图 3-96 10#控制站对应的编程界面

1)POU 介绍。POU(Program Organization Uint)即程序组织单元,控制算法组态的过程就是按照设定好的控制方案,创建解决问题所需的一系列 POU,在 POU 中编写相应的控制程序。右击"用户程序",选择"添加 POU",即可增加一个 POU,如图 3-97 所示,POU 的命名只能使用字母、数字或者下划线的组合。

2)POU 语言。POU 语言即控制算法编程的语言,支持 CFC、ST、LD、SFC 四种编程语言,如图 3-98 所示。

①连续功能图 CFC:使用最为广泛,是面向图形的编程语言,用图形化的功能块编制用于完成一定运算或控制功能的程序。该运算回路由功能块、连线、输入/输出端子组成,允许各运算回路连续放置。

②结构化文本 ST:包含一系列指令,由一系列关键字(IF、WHILE、CASE、FOR 和 Repeat)和相应操作指令完成。

③梯形图 LD：一种专门用于基本逻辑控制的连续执行语言，由触点（常开、常闭、正传感、负传感和反转）、线圈（输出、单稳态、锁定、解锁和跳转）、功能元件（定时器、计数器和步序器）等元素通过水平和垂直线连接起来的平面网状图。触点、线圈可取反。

④顺序功能图 SFC：用来连续控制、逻辑控制和输入/输出监视功能，以描述和控制过程事件顺序操作，适合于需要多个状态控制的事件。一个 SFC 由一系列操作步（STEP）和转换（TRANSITION）组成，每个步包含一组影响过程的动作（ACTION）。

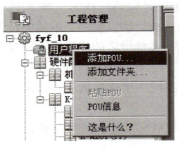

图 3-97　添加 POU　　　　　　　图 3-98　POU 语言

3）变量简介。控制运算的主要操作对象是数据，这些数据的值一般都是实时变化的，这些变化的数据称为变量。控制算法组态中所用到的变量的名称和数据类型必须是明确的，这就需要首先对用到的变量进行定义，这个定义过程称为变量声明。

①变量命名：必须以字母或者下划线开头，不能以数字开头。长度不超过 32 字符。变量名之间不能重名，不能和 POU 名重名。

②变量类型：常用的数据类型有布尔型（BOOL）、整形（INT、BYTE、WORD 等）、实数型（REAL）、字符串型（STRING）和时间型（TIME）等。

4）变量引用

①引用 AI 输入型 AM 类型变量时，引用项为 AV。

②引用 AO 输出型 AM 类型变量时，引用项为 AI。

③引用 DI 输入型 DM 类型变量时，引用项为 DV。

④引用 DO 输出型 DM 类型变量时，引用项为 DI。

（3）硬件配置　硬件配置包括机柜的配置、模块的配置、I/O 测点的配置，模块属于机柜内的一部分，而 I/O 测点又是模块上的一部分。

在"数据库导入"部分已经根据项目二的需求，将相关硬件配置信息导入工程，可以在 AutoThink 里进行查看，如图 3-99 所示。

1）添加 IO-BUS02 模块。此处需要我们手动添加 IO-BUS02 模块，分别右击模块地址号为 2、3 的空槽位，选择"模块添加→K 系列硬件→HUB（集线器模块）→K-BUS02（星形 IO-BUS 模块）"，如图 3-100 所示。

2）添加 I/O 模块。以添加 K-AI01 模块为例，右击"K-CU01"，选择"模块添加→K 系列硬件→AI（模拟量输入模块）→K-AI01（8 通道模拟量输入模块）"，如图 3-101 所示。

3）添加 I/O 测点。以添加一个 AI 类的测点 PN01 为例，双击该测点所在的 AI 模块，打开通道列表，选中 I/O 测点所在通道号，右击"增加变量"，填入该点的相关信息，如图 3-102 所示。

项目三　反应釜控制系统的 DCS 组态设计与调试

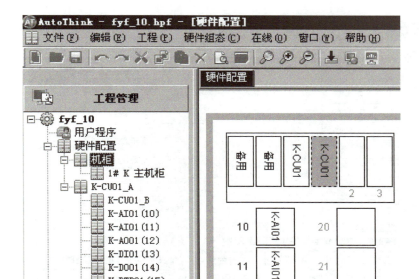

图 3-99　10#控制站硬件配置

图 3-100　添加 IO-BUS02

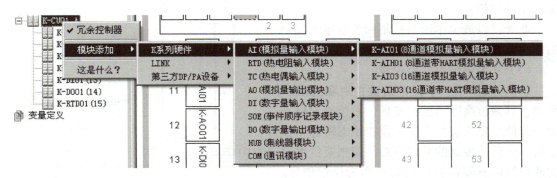

图 3-101　添加 K-AI01 模块

（4）控制算法组态　控制算法组态是 AutoThink 软件组态的核心部分，用户可根据实际项目的需求，编写相应的控制方案。该软件提供仿真调试功能，使用户在不具备真实控制器的情况下，调试控制方案，待确认无误后，再将其下装到控制器，实现对生产现场的自动控制。

结合项目三，此处需要实现的控制方案如下：

199

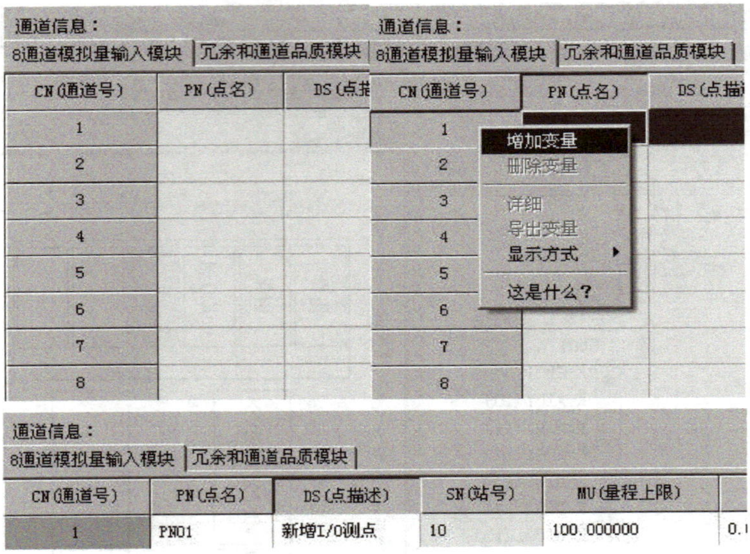

图 3-102 添加 I/O 测点

1) 对象特性测试：包括液位性曲线测试、流量特性曲线测试、压力特性曲线测试、温度特性曲线测试和纯滞后特性曲线。

2) 单回路控制：包括压力单回路控制、流量单回路控制、温度单回路控制和温度纯滞后控制。

3) 串级控制：包括液位流量串级控制、温度串级控制和温度流量串级控制。

4) 比值控制：包括流量单闭环比值和流量双闭环比值。

此处仅以液位单回路控制和流量串级控制为例介绍其实现过程。

(5) 水箱液位单回路控制

1) 方案要求。本任务的被控对象为液位水箱，其液位高度为被控变量，液位给定信号为一定值，要求被控变量液位在稳态时等于设定值。由反馈控制的原理可知，应把液位水箱的液位经传感器检测后的信号作为反馈信号。水箱液位工艺流程如图 3-103 所示，水箱液位控制框图如图 3-104 所示。为了实现方案在阶跃给定和阶跃扰动作用下无静差，调节器应为 PI 或 PID，可通过设定比例度、积分时间和微分时间来实现。

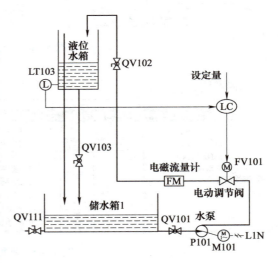

图 3-103 水箱液位工艺流程

2) I/O 测点统计。水箱液位：LT103；1#冷水泵出水流量调节阀开度给定：FV101。

3) 功能块选定。SEL 输出二选一；PID 普通比例积分微分控制；FODLG 一阶惯性加纯滞后模型。

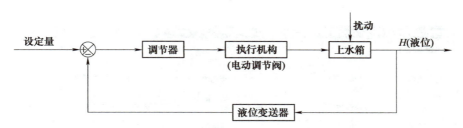

图 3-104 水箱液位控制框图

若想获取某功能块的使用帮助，可选中该功能块，按 "F1"，即可调出相应使用说明。

①PID 功能块常用引脚说明。PV：过程测量值；TRKVAL：跟踪量点；TRKSW：跟踪开关；MODE：PID 运行方式；AUXMODE：副调节器的运行方式；AUXCOMP：副调节器的过程输入值-输入补偿；OUT：输出指令。

② FODLG 功能块常用引脚说明。IN：输入信号；OUT：一阶惯性后的输出信号。

4）方案实施。在 "AutoThinK→用户程序"下，新增一个 POU，POU 名为 SYS01，语言为 CFC。水箱液位定值控制方案如图 3-105 所示。

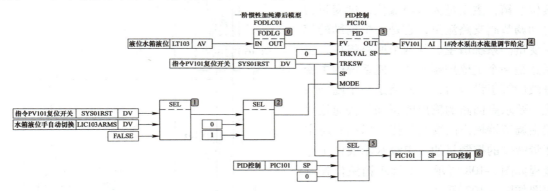

图 3-105 水箱液位定值控制方案

双击功能块，弹出"点详细面板"对话框，可根据实际需求进行相关参数的设定。PID 参数面板如图 3-106 所示，FODLG 参数面板如图 3-107 所示。

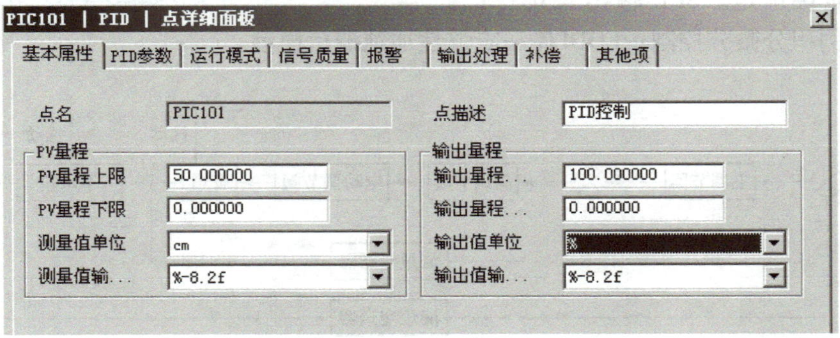

图 3-106 PID 参数面板

图 3-107　FODLG 参数面板

（6）液位-流量串级控制系统

1）方案要求。本任务的被控对象为液位水箱，主变量为水箱液位，副变量为电动调节阀支路流量，它是一个辅助的控制变量。系统由主、副两个回路组成，主回路是一个定值控制系统，使系统的主变量液位等于设定值；副回路是一个随动系统，要求副回路的输出能正确、快速地复现主调节器输出的变化规律，以达到对主变量液位的控制目的。串级水箱液位工艺流程如图 3-108 所示，串级水箱液位控制框图如图 3-109 所示。

2）I/O 测点统计。水箱液位：LT103；1#冷水泵出水流量：FT101；1#冷水泵出水流量；调节阀开度给定：FV101。

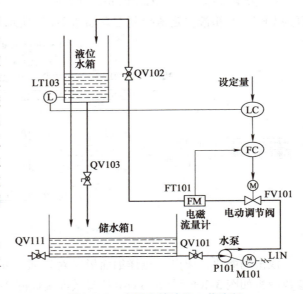

图 3-108　串级水箱液位工艺流程

3）功能块选定。SEL 输出二选一；PID 普通比例积分微分控制；FODLG 一阶惯性加纯滞后模型。

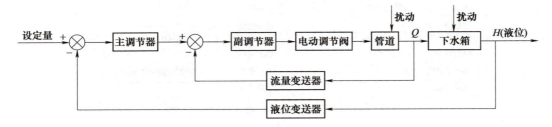

图 3-109　串级水箱液位控制框图

4）自定义功能块 PID_RM，如图 3-110 所示。

①PL1：副调节器手动命令。

②PL2：副调节器自动命令。

③PL3：副调节器串级命令。

④RM0：副调节器工作方式。

5）方案实施。在"AutoThink→用户程序"下，新增一个 POU，POU 名为 SYS02，语言为 CFC。

液位-流量串级控制方案如图 3-111 所示。

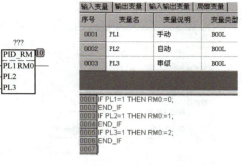

图 3-110　PID_RM 功能块

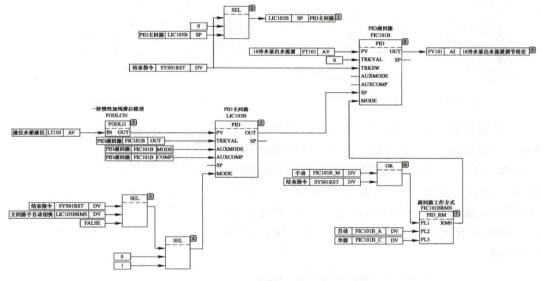

图 3-111　液位-流量串级控制方案

（7）保存　控制方案编写完成后，需要在 AutoThink 中进行保存，此处保存的作用如下：

1）检测编写的控制方案有无错误。

2）生成相应的算法文件。

在 AutoThink 界面，选择菜单栏"文件→保存"即可。

（8）仿真调试　仿真系统可以用于在单机上对组态完成的工程内容进行模拟运行，可以模拟控制器、历史站、操作员站。对于不具备历史站、控制器环境的动态调试提供了极大的方便，仿真系统可以就调试方案、画面显示效果等进行模拟运行，对这些组态内容的正确性和合理性进行初步调试。

下面介绍如何启动仿真控制器，进行仿真调试。

1）启动仿真软件。通过"开始"菜单启动，单击"开始→所有程序→HOLLIAS_MACS→工具→仿真启动管理"，"仿真启动管理"界面如图 3-112 所示。选择控制器域号、控制器站号，单击"启动"，如图 3-113 所示，在控制站前面会出现一个绿色的方框，表示启动成功。

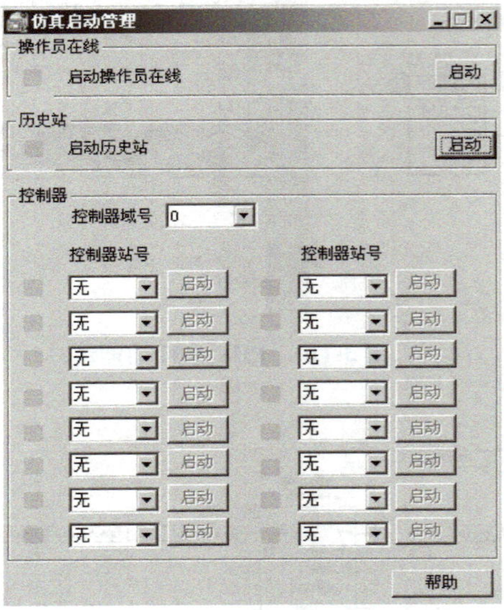

图 3-112　仿真启动管理界面 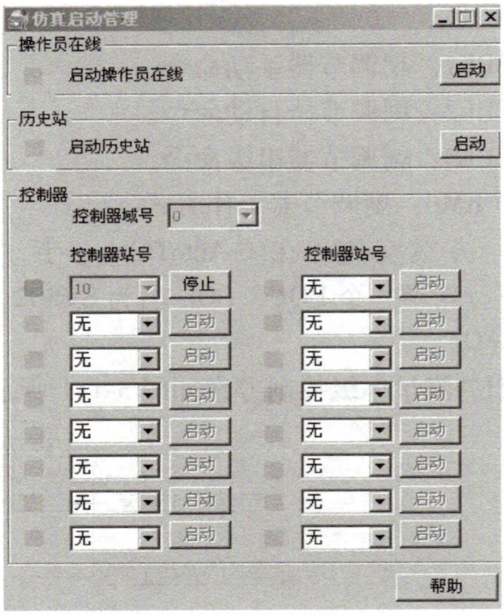　　　　　图 3-113　仿真启动界面

2）仿真下装。打开 AutoThink 软件，选择菜单栏"在线→仿真模式"，使软件处于仿真模式；选择菜单栏"在线→下装"，将控制站算法组态下装至虚拟的控制器，连接 VDPU 后，显示下装确认框，如图 3-114 所示。确认后，系统开始向主控下装程序，通过"人机交互界面"显示相关文件下装进度，如图 3-115 所示。

图 3-114　下装确认框

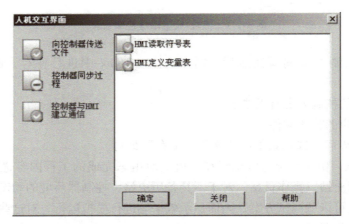

图 3-115　人机交互界面

确定后，信息窗口显示下装成功，如图 3-116 所示。

3）在线调试。调试是指按照设计和设备技术文件规定对算法程序进行调整、整定和一系列试验工作。涉及的操作主要有强制、写入和释放。调试方式有仿真调试和实际模式两种。

无论哪种模式，必须保证控制器中的程序与工程师站的一致，因此，在调试前需要对控制器进行下装操作。

下装结束后，选择菜单栏"在线→在线"，可登录虚拟的控制器进行在线调试，控制器在线调试界面如图3-117所示。红色字体的变量表示被"强制"值；白色字体的变量表示被"写入"值；黑色字体的变量表示从控制器读取的值。

图3-116 全下装成功

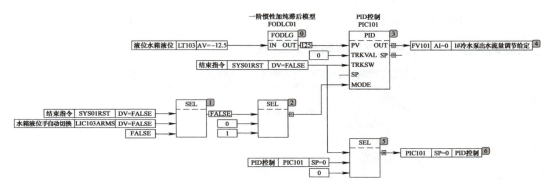

图3-117 控制器在线调试界面

4）调试变量。若想对某一变量值进行调试，双击该变量，弹出调试变量对话框，如图3-118所示。输入变量值文本框内填入调试的数值，单击右侧的"写入"或"强制"。物理量点及AM、DM类型调试时只能强制，不能写入。

写入与强制的区别为强制指被强制的值不会因为用户程序的执行

图3-118 调试变量

而改变，即使AutoThink软件被关闭，或控制器断电，或与控制器的在线连接断开，强制的值都被保持在控制器中，直到用释放功能解除强制；写入指写入命令是用输入值直接替换当前值，即刻生效，在线时，给用户程序中的变量设置新的运算值，会因为用户程序的执行而改变。

（9）工程总控编译 控制站算法组态完成之后，需要回到工程总控界面进行编译，将自定义的一些中间量点添加到数据中，以便后续图形、报表组态时使用。

（10）下装控制器 仿真调试确认控制算法组态没有问题之后，即可下装真实的控制器，打开AutoThink软件，选择菜单栏"在线→下装"，随后弹出操作确认框，如图3-119所示。

选择"是",继续进行下装操作,系统弹出二次确认框,如图 3-120 所示,输入验证码;选择"否",中断下装操作,退出下装。

图 3-119　操作确认框

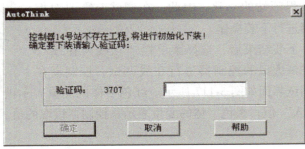

图 3-120　二次确认框

当验证码有效时,人机交互界面如图 3-121 所示。

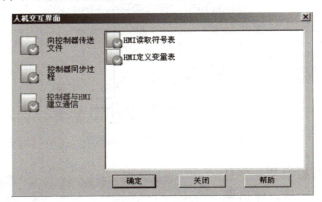

图 3-121　人机交互界面

文件下装完成后,在信息窗口有"全下装成功"提示语出现,下装结束。

6. 图形组态

图形组态用来绘制工艺流程图,以便对现场工况进行监控。工艺流程图包括静态图形、动态特性及交互特性三部分。静态图形用来反映现场某一段工艺流程;动态特性用来反映现场工艺的运行情况,通过一系列的动态特性方便用户对现场进行监视;交互特性指通过一系列的交互特性方便用户对现场进行控制。

(1) 新建工艺流程图　打开工程总控,在 MACS 组态流程节点"操作组态"下双击子节点"工艺流程图",在右侧弹出的界面上选择"新建",如图 3-122 所示,画面名称必填,画面描述可以为空,进入图形编辑软件,或者双击已经存在的画面进入,如图 3-123 所示。

(2) 静态图形绘制

1) 绘图工具栏。提供绘图用到的各种图形对象,如图 3-124 所示,可由鼠标选中,并在图形编辑区域的任意位置绘制。

2) 布局工具栏。提供对单个或多个图形对象在页面中的布局位置的调整功能,同时提供图形对象的 X 轴镜像、Y 轴镜像及阵列、圆阵列和旋转功能,如图 3-125 所示。

3) 符号库。符号库分成系统符号库和工程符号库,其中系统符号库是由系统提供的常

项目三 反应釜控制系统的 DCS 组态设计与调试

图 3-122 新建工艺流程图

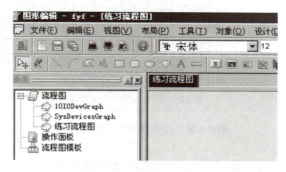

图 3-123 图形编辑软件

图 3-124 绘图工具栏

图 3-125 布局工具栏

用符号；而工程符号库是由用户根据需要自定义添加的图形对象，用户可从中选择合适的对象，直接拖到右侧图标编辑区域即可。

系统符号库节点下的各个库分支不允许用户删除、改名和导入，且不能添加新的库。

4）绘制液位单回路控制静态流程图。

5）绘制液位-流量串级控制静态流程图。

（3）动态特性制作　动态特性是用图形、数字或动画方式，来表现数据库中点值的变化。例如现场测量值的数值显示，设备的启停状态等。

双击欲添加动态特性的对象，弹出该对象的属性对话框，该对话框有属性、动态特性编辑、交互特性编辑三个选项卡。切换至"动态特性编辑"，双击即可选中某个动态特性并打开参数编辑选项卡，如图 3-126 所示。

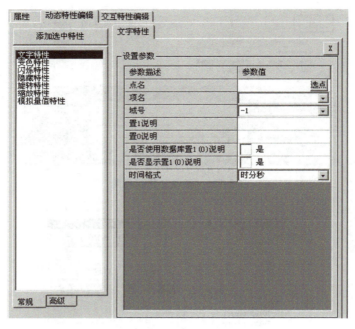

图 3-126　动态特性编辑选项卡

动态特性编辑有"常规"和"高级"两类动态特性列表,通过窗口下部的选项卡名称进行切换。右侧窗口显示该对象的各个动态特性的参数,未添加任何特性时显示为空。可以为一个对象添加最多 15 种动态特性。常规特性包括文字特性、填充特性、变色特性、闪烁特性、隐藏特性、旋转特性、缩放特性和模拟量值特性,这些特性会根据对象的不同有选择地显示。高级特性包括移动特性、显示时间特性、权限检查特性、操作使能特性、显示页面参数特性和本页面对应按钮按下。

下面针对项目二介绍常用的一些动态特性。

1) 变色特性。对象被定义变色特性后,该对象所对应的数据库点的实时值在满足设置的变化条件时会改变颜色。

以一个圆形状态指示灯的变色特性为例,设定当锅炉防干烧保护 DI101 为 TRUE 时,指示灯变红色,当 DI101 为 FALSE 时,指示灯变绿色。具体步骤如下:

在流程图上绘制静态对象圆;双击对象圆,弹出其对应的属性对话框,切换至"动态特性编辑";双击"变色特性",打开变色特性对应的参数编辑选项卡;进行参数编辑,如图 3-127 所示。逻辑条件是指设置变色特性显示的各种触发条件,以及各条件之间的逻辑关系。每个条件运算结果是表示真假的布尔量,条件之间通过"与""或"运算形成一个总的结果,该结果即为动态特性触发的条件。

2) 填充特性。对象被定义填充特性后,当该对象所对应的数据库点的实时值在显示下限和显示上限之间时,按所设置的条件进行填充。

以显示 LIC103 水箱液位实时值为例,具体步骤如下:

首先在流程图上绘制静态对象矩形条;双击对象矩形条,弹出其对应的属性对话框,切换至"动态特性编辑";双击"填充特性",打开填充特性对应的参数编辑选项卡,如

图 3-128 所示。

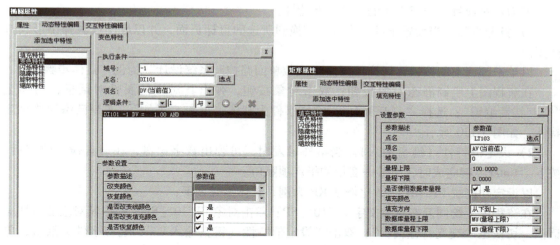

图 3-127　变色特性示例　　　　　　　图 3-128　填充特性示例

3）模拟量值特性。模拟量值特性是指按照数据库的格式，显示当前的模拟量的数值、单位。

以显示 LIC103 水箱液位实时值为例，具体步骤如下：

首先在流程图上绘制静态对象文字 LIC103；双击对象 LIC103，弹出其对应的属性对话框，切换至"动态特性编辑"；双击"模拟量值特性"，打开模拟量值特性对应的参数编辑选项卡；如图 3-129 所示。

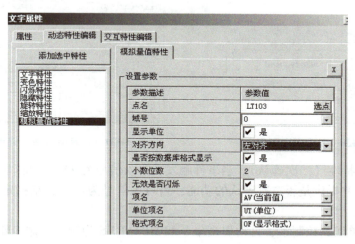

图 3-129　模拟量值特性示例

（4）交互特性制作　交互特性用来组态人机交互的操作功能，通过交互特性，用户可以发出一些指令、修改参数等，包括增减值特性、设定值特性、开关反转特性、开关置位特性、弹出操作面板、打开模板、打开页面等。双击欲添加交互特性的对象，弹出该对象的属性对话框，切换至"交互特性编辑"，双击即可选中某个交互特性并打开参数编辑选项卡。每个交互特性对应一个相应事件，表示在什么时候触发该交互特性，默认选择"鼠标左键抬起"。

下面针对项目三介绍常用的一些交互特性。

1）打开页面。当设置条件为真时，切换到所选的目标页面，并以底图或者弹出形式打开页面。

以单击画面上的按钮，切换至页面"液位单回路控制系统设计"为例，具体步骤如下：

在流程图上绘制静态对象按钮；双击对象按钮，弹出其对应的属性对话框，切换至"交互特性编辑"；选择"打开页面"，响应事件为默认，单击"添加"；选择已添加的交互特性，如图3-130所示。

2）设定值特性（键盘输入）。当事件触发时，可弹出数字键盘，在键盘输入数字后，按下"Enter"键完成时，给某一变量的指定项赋值。

以设定功能块PIC101参数比例度KP为例，具体步骤如下：

在流程图上绘制静态对象文字PIC101_SP；双击对象PIC101_SP，弹出其对应的属性对话框，切换至"交互特性编辑"；双击"设定值特性（键盘输入）"，响应事件为默认，单击"添加"；选择已添加的交互特性，如图3-131所示。

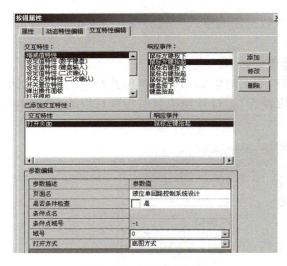

图3-130 打开页面示例

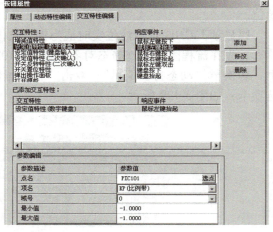

图3-131 设定值特性（键盘输入）示例

3）开关反转特性（二次确认）。当事件触发，写入信号为0时，把指定的数字量值置为1，且保持不变，并提供是否二次确认的功能；当写入信号为1时，把指定的数字变量值置为0。

以水箱液位单回路控制手、自动切换命令LIC103ARMS为例，具体步骤如下：

在流程图上绘制静态对象按钮；双击对象按钮，弹出其对应的属性对话框，切换至"交互特性编辑"；双击"开关反转特性（二次确认）"，响应事件为默认，单击"添加"；选择已添加的交互特性，如图3-132所示。

4）开关置位特性。当事件触发时，把定义的数字量值置为指定项，并提供是否二次确认以及输出方式相关属性的设置。

以水箱液位单回路控制结束指令SYS01RST为例，具体步骤如下：

在流程图上绘制静态对象按钮；双击对象按钮，弹出其对应的属性对话框，切换至

"交互特性编辑";双击"开关置位特性",响应事件为默认,单击"添加";选择已添加的交互特性,如图 3-133 所示。

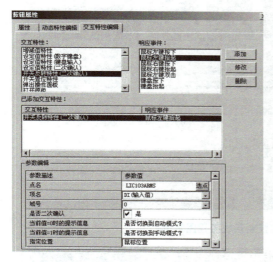

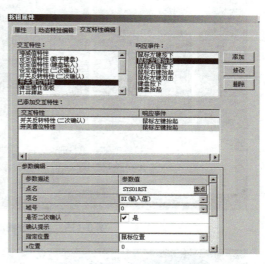

图 3-132 开关反转特性(二次确认)示例 　　图 3-133 开关置位特性示例

5)弹出操作面板。仅针对具有操作面板的功能块有效,用于在线弹出功能块点名对应的操作面板。

以弹出功能块 PIC101 操作面板为例,具体步骤如下:

在流程图上绘制静态对象调节阀;双击对象调节阀,弹出其对应的属性对话框,切换至"交互特性编辑";双击"弹出操作面板",响应事件为默认,单击"添加";选择已添加的交互特性,如图 3-134 所示。

(5)液位单回路控制系统流程图　液位单回路控制系统流程图示例如图 3-135 所示。

(6)液位-流量串级控制系统流程图
液位-流量串级控制系统流程图示例如图 3-136 所示。

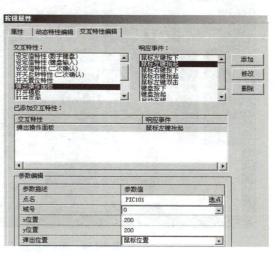

图 3-134 弹出操作面板示例

(7)操作站下装　图形组态结束之后,需要将其下装到各个操作站,以实现最终的监控功能。

在工程总控中,右击"操作站"节点,选择"下装",弹出如图 3-137 所示界面。选择需要下装的操作站,单击"下装"即可。具体说明见"项目实现"部分。

(8)启动操作站　启动操作站即可进行在线调试,此项内容将会在项目实现中具体学习,这里不做介绍。

工业现场控制系统的设计与调试

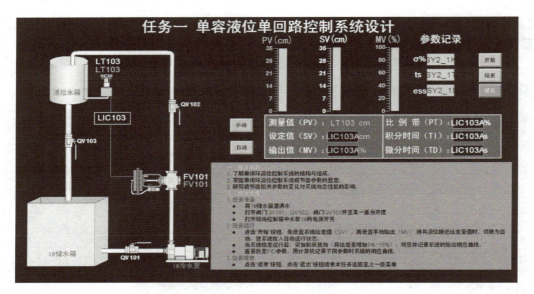

图 3-135　液位单回路控制系统流程图示例

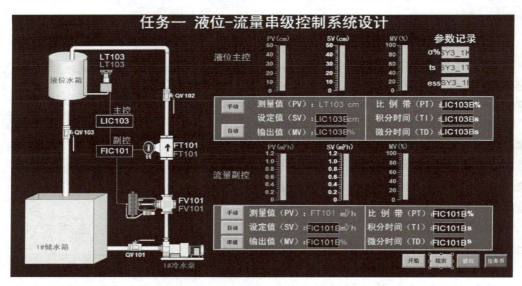

图 3-136　液位-流量串级控制系统流程图示例

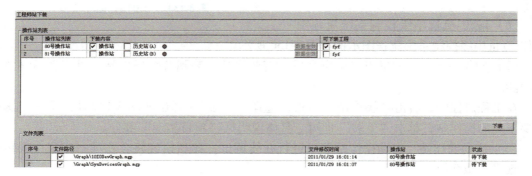

图 3-137　操作站下装界面

项目三 反应釜控制系统的 DCS 组态设计与调试

【项目实现】

本项目在实施过程中,需要搭建 DCS,完成系统的网络配置、组态软件的安装、反应釜 DCS 控制系统硬件和软件的组态以及工程的在线仿真调试。

案例:反应釜爆炸事故

2019 年 10 月 15 日 11 时 10 分许,某科技有限公司发生爆炸事故,经专家对事故现场及周边环境进行初步监测,事故爆炸后没有形成火灾,未使用消防水,爆炸物在厂区内已得到收集,未影响周边企业生产和群众生活。

据当地媒体消息称,此次爆炸事件中,发生爆炸的部位为树脂合成反应车间内的反应釜,反应釜主要用于甲醛和苯酚合成酚醛树脂,反应釜内原料及半成品储量约 5t,目前爆炸原因及财产损失正在调查统计当中。

当地应急局有关负责人称,据初步反馈的调查资料显示,系涉事工厂在试生产过程中操作不当引起爆炸,没有造成房屋坍塌,不会波及周边建筑。目前现场伤员全部送医救治,现场已无人员被困,具体调查结果还需等详细的书面调查报告。

据现场调查人员的初步了解,工厂正在试生产一种普通的民用胶水,其中封闭的反应装置爆炸,法律上规定的生产手续已经有了,可能是生产过程中技术不当。

一、系统安装及接线

(一)搭建 DCS 结构

根据项目的 DCS 硬件和软件配置,按照 DCS 结构设计(见图 3-138),选择相应的硬件设备,完成接线及相应设置工作。

系统网络上主要有工程师站、操作员站、历史站和现场控制站等节点,在项目的实现阶段,需要根据前期项目设计来完成系统结构中各节点的安装、配置。网络节点配置见表 3-19。

下文涉及的硬件物品或安装尺寸请参考相应项目提供的设计或布置尺寸图样,根据实际工程资料进行相关操作。

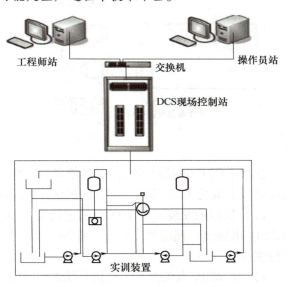

图 3-138 项目三的系统结构图

表 3-19 网络节点配置

节点	硬件	软件	IP 地址	备注
工程师站	PC(品牌待定)	HOLLiAS_MACS V6(ENG\OPS\HIS 所需的组件)	128.0.0.80 129.0.0.80	历史站 A 配置在此计算机上
操作员站	PC(品牌待定)	HOLLiAS_MACS V6(OPS\HIS 所需的组件)	128.0.0.81 129.0.0.81	历史站 B 配置在此计算机上

213

(续)

节点	硬件	软件	IP 地址	备注
现场控制站	和利时 FCS（机柜、主控、背板、IO 模块、电源、通信）	和利时 FCS 运行软件	128.0.0.10 129.0.0.10 128.0.0.138 129.0.0.138	

（1）操作员站（工程师站）的安装　一般可将操作员站（工程师站）的主机、显示器、鼠标及专用操作键盘放置在操作台上。一个操作台对应一个操作员站（工程师站）。操作员站（工程师站）的安装步骤如下：

将显示器放置在操作台台面中央合适的位置；将操作员站的主机放入操作台中的隔板上；鼠标和专用操作键盘置于操作台上；将显示器的信号线插在主机的显示接口上；如果有本地打印机，用打印机信号电缆连接打印机和操作站主机；将专用操作键盘连接在主机的串行接口（COM1）上，将其电源线插头插入主机中电源板的电源接口上，如图 3-139 所示。将鼠标连接在主机的 PS/2 口或者 USB 口上；将敷设好的以太网线连接到相应的网卡接口上；将操作站主机、显示器、打印机或其他设备的电源线插在电源接线板上。

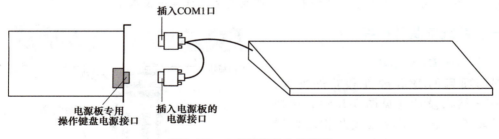

图 3-139　专用操作键盘接线图

如果采用 USB 接口的专用操作键盘和鼠标，则只需将键盘和鼠标上连接的唯一的 USB 接口插入主机的 USB 接口即可，通过该接口同时进行数据传输和供电。

（2）机柜的安装　主 I/O 柜的进线方式为下进线，即机柜底部进线。进线的类型有 AC220V 电源线、现场信号电缆、通信线缆以及接地线，根据各自的特性，其各自的进线需要特别注意。

1）AC 220V 电源线与弱电信号线进线时应分开。

2）AC 220V 交流配电板应靠近机柜进线部分，使交流电源线在柜内的长度尽量短。

3）DC 24V 电源线、通信线缆、现场信号电缆通过机柜底部接入机柜，通过绑线架固定，再剥去电缆外皮，现场信号电缆的屏蔽层接入屏蔽地，信号线进入机柜汇线槽。

4）接地线直接通过机柜底部进入机柜，就近接入机柜内的接地点。

5）如果现场需要布线光纤，且光纤与电源线走在一起时，要分别绑扎固定。

机柜可分别独立安装，也可密集安装。密集安装即多柜拼合安装，应去掉中间柜的两边侧板，只保留机柜两头的外侧侧板，并用并柜件固定螺栓（M8×25）将相邻两柜的机架连接起来。为保证系统的良好通风，便于开关柜门和操作员的工作，安装机柜时，与屋顶的距离应不小于 500mm，即屋顶距地面的高度应不小于 2700mm，机柜侧边与墙壁或物体的距离应不小于 1000mm，机柜前后与墙壁或物体的距离应不小于 1500mm，若机柜为前后排放置，两排机柜间的距离应不小于 2500mm。

n 个机柜密集安装排成一列所要求的控制室的长度为 $1000×2+760n+4×2$（mm），图 3-140、图 3-141 所示为 n 个机柜密集安装的示意图和平面布局图。

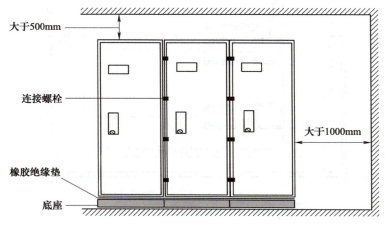

图 3-140　n 个机柜密集安装的示意图

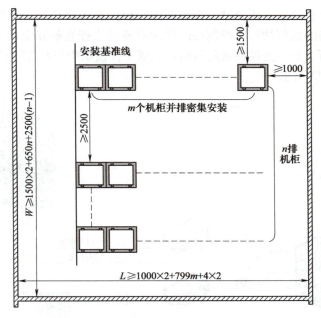

图 3-141　n 个机柜密集安装的平面布局图

若机柜为独立型安装，两柜间地角螺钉的距离应加上两侧挡板的厚度及两柜间的距离，至少应增加 40mm，如图 3-142 所示。n 个控制柜独立安装排成一列所要求的控制室的长度为 $1000×2+800n+$两柜间距$×(n-1)$（mm）。

工业现场控制系统的设计与调试

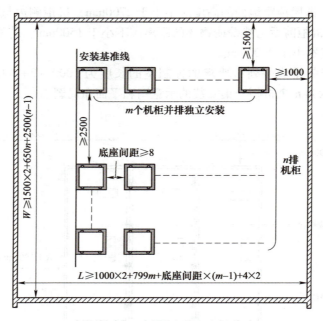

图 3-142 机柜独立安装尺寸

(二) 网络的配置

1. 系统网络的连接

在操作员站、工程师站、历史站、控制器内一般配置两块速率为 100Mbit/s 的网卡，用于完成冗余系统网络的通信功能。控制站的控制器通过主控底板冗余的 RJ45 接口，与系统网连接，用于完成历史站与主控模块的通信，完成主控模块中控制方案的调试和下装。系统网络连接图如图 3-143 所示。

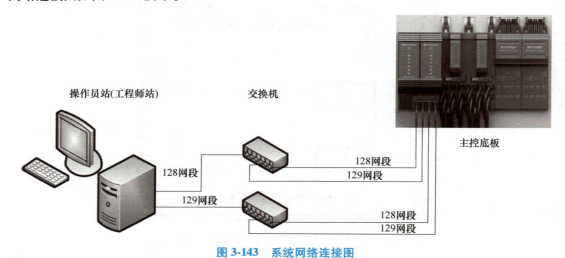

图 3-143 系统网络连接图

2. 控制网络的连接

MACS-K 系统的控制器与 IO-BUSHUB 模块连接，通过内部线路分出 12 个 8 针 IO-BUS

连接端口，柜内每列的末端增加 DP 终端匹配器，构成冗余控制网的星形连接，如图 3-144 所示。MACS-K 系统的控制网接口置于主控底板上，将 12 个 8 针 IO-BUS 连接端口分为两组，以构成控制网冗余，完成控制器和 I/O 模块之间的数据交换。

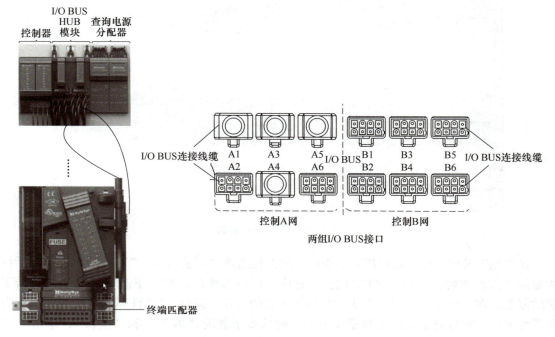

图 3-144　星形控制网络接口示意图

二、工程下装

DCS 搭建安装完毕后，需要将组态好的工程下装到相应的位置进行调试。下面介绍工程下装及注意事项。

下装是将编译生成的下装文件，通过网络传输到服务器、操作员站和控制器的过程。下装分为控制器算法下装、操作站下装、历史站下装和报表打印站下装。

1. 控制器算法下装

具体介绍见"项目设计"的软件组态部分。

2. 操作站下装

操作站下装主要用于将工程师站的图形页面和其他离线组态文件下装至各个操作员站。将工程目录下的 Graph 文件夹中的文件（除去 bak 文件夹）下装至各操作员站安装目录下的 start 文件夹中。如 ExamplePro 工程的图形相关文件（不包含 bak 文件夹）从"C：\ HOLLiAS_MACS \ ENG \ USER \ ExamplePro \ Graph"路径下装到"C：\ HOLLiAS_ MACS \ Ops \ start"路径下。进行操作站下装的方法有如下三种：

1）单击工具栏中的快捷图标。
2）选择菜单命令"工具→下装"。
3）选中组态树上的"操作站"，右键菜单中选择"下装"。在工作区显示"工程师下装"操作界面，如图 3-145 所示。

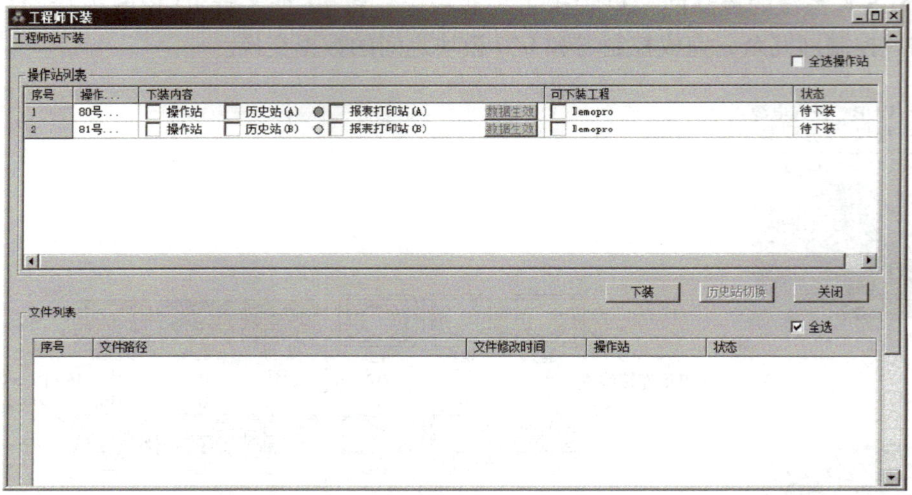

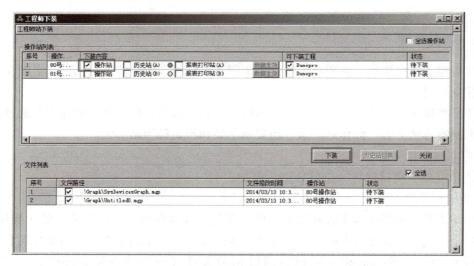

图 3-145　下装操作界面

操作站下装的具体操作过程：对编译后的工程选择"下装"，在"工程师下装"对话框中显示"操作站列表"和"文件列表"。对应不同的操作站，在"下装内容"中勾选需下装的服务，在"可下装工程"列表中勾选需下装的工程；同时，"文件列表"中列举出所有的下装文件。在每条记录的选择框中打勾，确认要下装的"服务"和"文件"，单击"下装"，进行下装，如图 3-146 所示。

图 3-146　操作站下装

下装过程中，"状态"信息栏中将显示该操作站或文件的下装状态，下装进行中显示"正在下装…"，且右下角有进度条显示下装的进度，只有当选择的下装文件全部正确下装时，操作站的状态信息才显示"下装成功"，否则为"下装失败"。下装过程中，界面底端的信息栏会显示相应的下装信息，如"开始下装…""下装…完成"，如图 3-147 所示或红色字体标识的"下装…失败",并给出失败原因,如图3-148所示。

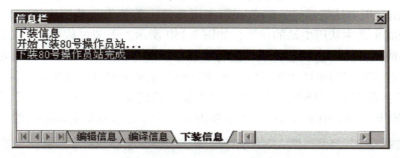

图3-147 下装成功信息显示

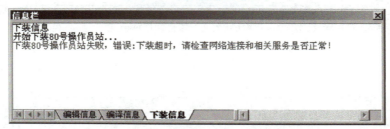

图3-148 下装失败信息显示

下装成功后,即可选择"开始→所有程序→HOLLiAS_MACS→ 操作员在线 ",登录操作员在线后,可以监控项目二的流程图,如图3-149所示。

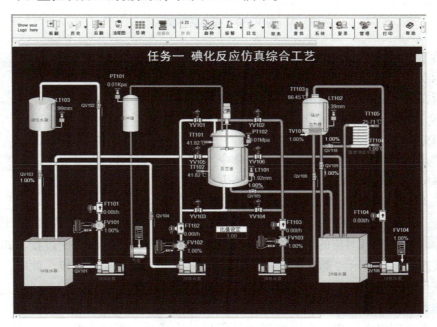

图3-149 工艺运行监控画面

3. 历史站下装

历史站下装即给历史站下装各服务需要的离线组态的文件。具体操作:在"下装内容"

中勾选"历史站 A"或者"历史站 B",单击"下装"进行历史站下装。"下装内容"中"历史站"后面是历史站指示灯,绿色表示主历史站,黄色代表从历史站,红色表示故障。历史站切换功能实现主从历史站的切换,如图 3-150 所示。下装过程中,"状态"信息栏中将显示该服务或文件的下装状态,下装进行中显示" 正在下装… ",且右下角有进度条显示下装的进度,只有当对应历史站中选择的下装文件全部正确下装时,该历史站的状态信息才显示" 下装成功 ",否则为" 下装失败 ",并且"下装"按钮显示为"重新下装"字样。如果历史站未部署到任何一个操作站节点时,"下装内容"中不会显示历史站的配置。

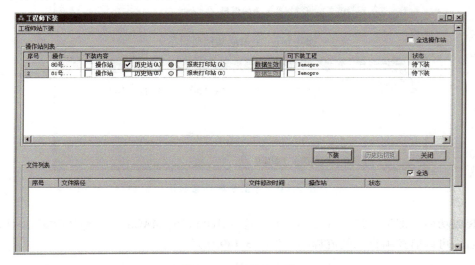

图 3-150　历史站下装

历史站下装完成,总控提供"数据生效"按钮,并显示历史站主从状态,当按下"数据生效"时,节点所在服务任务若为从机,则自动重启服务进程;若不为从机,则提示用户二次确认,确认后自动重启服务进程,提示框如图 3-151 所示。

单击"是",确认执行"数据生效"命令。数据生效过程中,"状态"信息栏中将显示该历史站的数据生效状态,数据生效进行中显示

图 3-151　提示框

" 数据生效中… ",只有当对应历史站完全启动时,该历史站的状态信息才显示" 数据生效成功 ",并且对应的历史站指示灯完成一次绿→红→绿的转变过程。如果数据生效失败,状态栏将会显示" 数据生效失败 ",这可能是由于通信异常造成。此时,需要重新进行"数据生效"操作。

4. 报表打印站下装

在"报表打印组态"中首次添加报表打印任务完成后,需要下装"报表打印站",在"操作站组态"的其他配置中"勾选报表打印站 A/B",打开"下装内容"后在服务列表中勾选"报表打印站 A"或"报表打印机 B",单击"下装"即可,如图 3-152 所示。

下装报表打印服务后,在安装盘":\ HOLLiAS_MACS \ Printer \ start"文件夹中会出

项目三　反应釜控制系统的 DCS 组态设计与调试

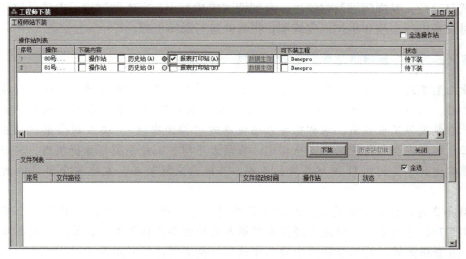

图 3-152　报表打印站下装

现同名的报表文件（.xls），如 D：\ HOLLiAS_ MACS \ Printer \ start 路径下有 test 文件；如果在"报表打印组态"中后续增加了新任务，只需要下装"报表打印站"，且重启一次报表打印服务，切换至在线画面后，新增任务生效。

▶▶ 整理总结

总结项目实施过程，包括人员分工及工作过程、工作效果、相关资料及资源、标志成果、注意事项及心得体会，填写在表 3-20 中。

表 3-20　项目实现记录单

课程名称				总学时	
项目名称				学时	
班级及组别		团队负责人		团队成员	
人员分工及工作过程					
工作效果					
相关资料及资源					
标志成果					
注意事项					
心得体会					

◎【项目运行】

本项目需要完成系统调试与运行；讨论完成控制器运行参数的合理整定；在教师指导下

进行调试与运行，发现问题及时解决，直到调试成功为止；完成调试投运中常见故障判定及处理，对设备进行巡检和维护；完成项目报告并进行总结汇报。

案例：工业控制网络信息安全不容忽视

工业控制系统是由计算机与工业过程控制部件组成的自动控制系统，它由控制器、传感器、传送器、执行器和输入/输出接口等部分组成，目前广泛应用于电力、水利、医药、食品以及航空航天等工业领域，堪称重要基础设施的"神经中枢"，关系到国家和企业的战略安全。工业信息安全和传统网络安全相比，有很大不同。工业系统目标价值高，其安全系统的复杂程度远高于传统的IT网络系统；此外，其风险来源较多，发生安全事件的后果也相当严重。

2000年3月，澳大利亚昆士兰新建的马卢奇污水处理厂出现故障。前后三个多月，总计有100万升的污水未经处理直接经雨水渠排入当地的公园和河流中，导致当地环境受到严重破坏。后查明是该厂前工程师因不满工作续约被拒而蓄意报复所为。

2010年，伊朗发生了震惊世人的"震网"（Stuxnet）事件，一种叫做"震网"的计算机病毒攻击了伊朗纳坦兹铀浓缩基地和布什尔核电站使用的西门子PCS7控制系统，破坏了大量铀浓缩离心机和布什尔核电站发电机组，导致伊朗核计划至少被延迟2年。目前，全球已经有至少4.5万个工业控制系统遭到"震网"病毒的攻击。

一、DCS投运及调试

在系统调试之前，需要检查系统硬件设备的配置和接线是否符合设计要求，确认无误后，可以上电调试。

（一）系统上电

1. 系统供电简要介绍

MACS-K系统实现对现场信号的实时监测、记录，要求系统的电源必须保证连续不间断地供电。系统对电源的基本要求是电压：单相交流（-15%~10%）×220V；频率：50Hz±2Hz；波形失真率：<3%。

一般地，MACS-K系统都配电源配电柜。现场提供两路电源进入配电柜，一路来自UPS，一路来自厂区保安段，经分配后，分别提供给操作站和I/O控制站，如图3-153所示。

对于操作员站，电源配置柜通过专用的电源冗余切换装置为其供电；对于历史站，由于它在系统运行中的重要地位，所以对互为冗余运行的两台历史站分别采用UPS和厂用电供电；对于I/O控制站，需要将UPS电源和厂用电分别送给互为冗余

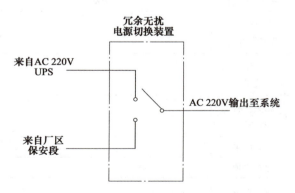

图3-153　两路电源连接方式示意图

的两个电源模块，经过冗余电源输出的DC 24V和DC 48V，供给主控单元或者I/O模块使用。

2. 系统上电过程

1）确保系统交换机、计算机上电正常。
2）确保 UPS 电源或市电正常上电。
3）总电源断路器置于开位置。
4）配电柜上电。断路器投上，配电柜引入 AC220V。
5）现场控制站上电。如图 3-154 所示（现场控制站正面上部），断路器投上，现场控制站引入 AC220V。
6）现场控制箱上电。现场控制箱如图 3-155 所示，现场控制箱所有断路器置于开位置，启动设备。

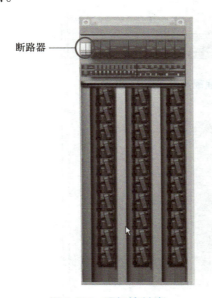

图 3-154　现场控制站　　　　　图 3-155　现场控制箱

（二）工程师站登录

开机顺序遵照计算机的开机顺序，先启动外部设备，再启动主机，在操作系统运转正常情况下，单击选择"开始→所有程序→HOLLiAS_MACS→操作员在线"，或者从桌面的"操作员在线"快捷方式启动，可以登录到监控界面。操作员在线配置对话框如图 3-156 所示。

在"常规配置"选项卡中，"初始默认域"项用于设置操作员在线的初始登录域号，默认设置为 0；"默认初始页"项用于设置操作员在线启动时，默认加载的画面，默认设置为 main；"开机自动运行操作员在线"项用于设置选择是否在启动计算机后，自动启动 OPS，默认为未选中状态。

当整个系统的网络地址中存在有不同的网段和域，又需要获取不同网络地址下的相关的数据时，需要配置网络的路由信息。在"路由配置"选项卡中，"网段"项用于配置与路由器相连接的网段号；"域号"项用于配置操作员站 IP 的第三网段的数字，当操作员站的 IP 为 128.0.1.80 时，域号即为 1，如图 3-157 所示。

对操作员在线进行操作，首先要取得权限和相应权限下的口令及密码，登录后才能进行相关权限的操作。按下专用操作键盘的"登录"键，或选择屏幕主菜单中菜单栏的"登录"

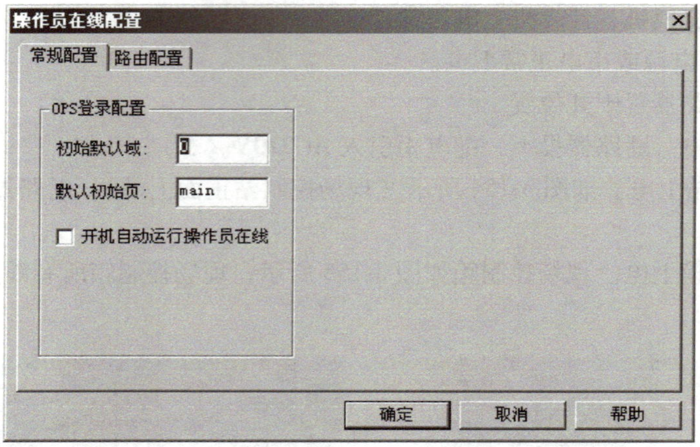

图 3-156 操作员在线配置对话框

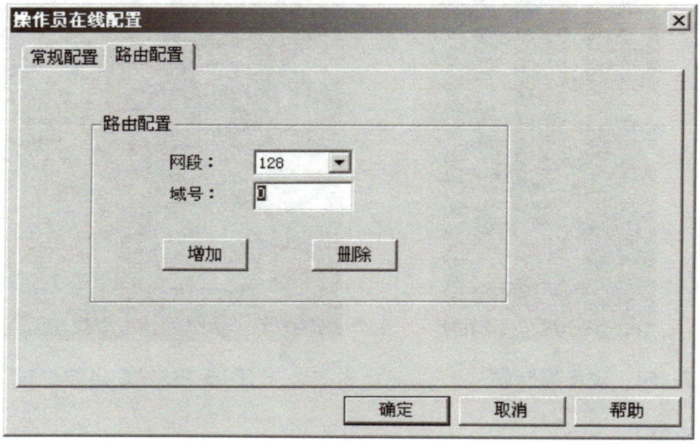

图 3-157 路由配置选项卡

图标  ，即可进入身份登录界面，如图 3-158 所示，输入或从下拉列表中选择用户名（离线组态），输入登录密码（不区分大小写），单击"确认"，即以相应级别的用户登录。登录后操作站显示的是默认域的工程。

输入用户名"AAAA"，密码"AAAA"，进入工程师级别。

图 3-158 身份登录界面

（三）系统调试

1. 系统调试介绍

调试是指按照设计和设备技术文件规定对算法程序进行调整、整定和一系列试验工作。涉及的操作主要有强制、写入和释放。调试方式有仿真调试（仿真环境搭建参照仿真下装的前三步）和实际模式两种。无论哪种模式，必须保证控制器中的程序与工程师站的一致，因此，在调试前需要对控制器进行下装操作。

下装结束后，执行"在线"命令，变量显示控制器中的在线值，如图 3-159 所示。

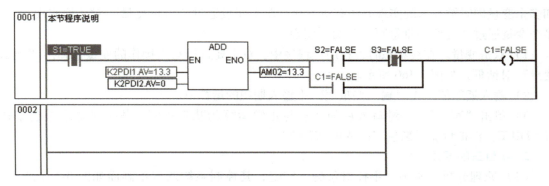

图 3-159　程序在线状态

元素和母线的绿色部分表示为 TRUE，黑色表示 FALSE，白色字体的变量表示被"写入"值，如 S1；红色字体的变量表示被"强制"值，如 C1、K2PDI1.AV；黑色字体的变量表示从控制器读取的值，如 S2、S3 等。被"强制"变量也可以在所属的变量列表中查看。当需要对某一元素进行设定值时，双击该元素，打开"调试变量"对话框。如双击 S1，则显示图 3-160 所示对话框。

图 3-160　调试变量

在线后的操作在仿真模式和实际模式中相同。

（1）强制　在线时，给用户程序中的变量指定固定的值，这个固定的值称为强制值。变量强制值不会因为用户程序的执行而改变。即使 AutoThink 软件被关闭，或控制器断电，或与控制器的在线连接断开，强制值都被保持在控制器中，直到用户释放功能解除强制。被强制的变量只能读取，不能写入。单个变量和多个变量同时被强制的实现方法有所差异：单个变量通过"调试变量"对话框实现强制；多个变量通过"在线→批量强制"命令实现。

1）双击变量。在线状态时，在用户程序中，双击要进行强制操作的变量，弹出"调试变量"对话框，如图 3-160 所示。

2）输入期望值。在"输入变量值"中输入期望的运算值。

3）单击"强制"。该变量显示为红色字体 S1=TRUE，则强制完成。

(2) 写入　写入是指用输入值直接替换当前值，即刻生效。在线时，给用户程序中的变量设置新的运算值，会因为用户程序的执行而改变。被写入的新运算值保存在控制器中，会与其他变量值（除强制的变量值外）相同，可以被写入、访问、强制等操作。单个变量和多个变量同时被写入的实现方法有所差异：单个变量通过"调试变量"对话框实现写入；多个变量通过"在线→批量写入"命令实现。

1) 双击变量。在线状态时，在用户程序中，双击要进行写入操作的变量，弹出"调试变量"对话框，如图3-160所示。

2) 输入期望值。在"输入变量值"中输入期望的运算值。

3) 单击"写入"。变量写入后的状态与正常运算的状态相同，数字量显示白色字体 S1=TRUE；模拟量显示黑色字体 AM1003=23。

2. 项目三的调试任务

(1) 原理分析　本项目主控对象是反应釜，其控制系统调试主画面如图3-161所示。反应物分别从液位水箱和复合水箱输送到反应釜，假设反应釜液位为40cm，复合水箱设定温度为30℃，要求反应釜反应温度控制在30℃。反应釜内胆温度TT01为主变量，副控对象为进口管道，其流量为副变量。执行元件为电动调节阀，它控制管道中流过的冷水或热水的流量大小，以改变反应釜内胆温度。反应釜温度-流量串级控制系统框图如图3-162所示。

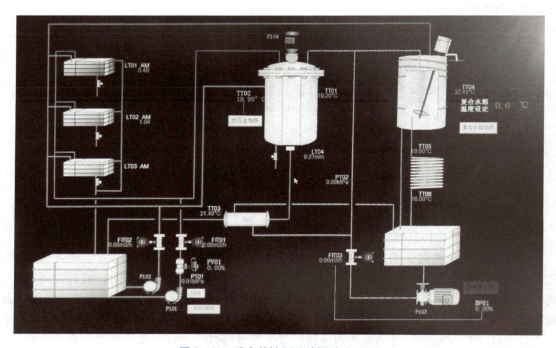

图3-161　反应釜控制系统调试主画面

(2) 任务准备

1) 将系统上电，将供水箱、上水箱、反应釜的水位维持在合适位置。

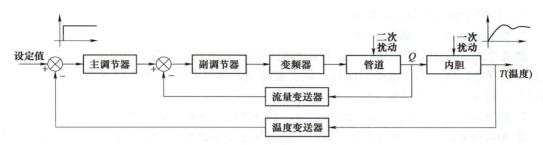

图 3-162 反应釜温度-流量串级控制系统框图

2)反应釜出水阀打开 5%。

(3)调试步骤

1)启动 DCS 上位机监控软件,进入主画面。

2)调节主调节器的比例度,使系统的输出响应呈 4∶1 的衰减度,记下此时的比例度 δ_s 和周期 T_s。按查表所得的 PID 参数对主调节器的参数进行整定。

3)主回路给定设定值,副调节器手动状态下,通过给定电动调节阀的不同开度来改变流入反应釜的液体流量 Q 的大小,当内胆的水温趋于稳定,把副调节器切换为串级状态,主调节器由手动切换为自动,系统进入串级控制状态。

4)通过反复对主、副调节器参数的调节,使系统具有较满意的动、静态性能。用计算机记录此时系统的动态响应曲线。

二、DCS 常见故障及处理

(一)软件安装常见问题及故障排除

1. 安装软件时需注意什么

安装路径不能包含中文。在安装通用版时,平台版是必须的,如果没有安装平台版,则系统会自动安装。

2. 软件卸载后工程数据还在吗

软件卸载完成后,删除了相应的注册信息以及执行文件,而相关的历史数据、下装文件、日志、图形以及用户组态的工程文件,依然保存在相关目录中。再次安装系统软件后,这些数据也不会丢失。若要完全删除所有文件,则需要手动到相应的安装目录下删除。

3. 卸载平台版软件后,通用版或者行业版软件能正常使用吗

由于系统采用"平台版+通用版/行业版"的结构,所以在卸载平台版之后,通用版或者行业版软件将不能再正常使用。

(二)工程总控常见问题及故障排除

1. 导入工程错误或打不开有哪些原因

工程的文件夹不是标准格式的。文件夹内的各工程文件不允许有嵌套文件;若导入的工程与现有的工程重名,此时导入工程提示"工程名已存在,导入工程错误";备份工程时,禁止修改文件夹的名称,否则修改后的工程不可用。

2. 什么情况下需要编译

当发生编辑数据库点添加、删除、修改时,需要进行编译。

（三）控制站组态常见问题及故障排除

1. 如何修改全局变量的区域

修改全局变量的区域只能在点的详细面板中或模块的通道信息中修改，且此处的区域设置只可选择子区域，不可选择父区域；保存变更后，该变量的"AREANO"项值在"工程总控"的数据库中自动更新。

2. 在 Auto Think 软件中定义变量之后，会直接同步到总控软件中吗

在 AutoThink 中的"全局变量"节点下的各变量组中添加功能型变量后，经过保存，都会向工程总控中指定的关联数据库进行内容同步，以保证数据库的统一性，也便于在工程总控中查看相应的数据。例如，在 Auto Think 中声明的 SCS 类型的实例名经过保存后，就可以在工程总控数据库的顺控类别中查找。

（四）图形组态软件常见问题及故障排除

1. 不属于当前工程的图形页面可以打开吗

不属于当前工程的图形页，需要将页面以导入的方式添加到工程才能打开。导入含有路径信息的画面时，会弹出"确认导入图形路径"的对话框，可批量导入或有选择的导入。

2. 编辑"增减值特性"时，当数据库中点的"项名"和"读项名"不一致时怎么处理？

编辑"增减值特性"时，当数据库中点的"项名"和"读项名"不一致时，"读项名"的值赋给"项名"，例如 AM 类型点的"AI"项，该项的值实际等于该点对应的"AV"的值，在编辑这种类型点的"增减值特性"时，如果要改变点的输出值，则"项名"应填入"AI"，而"读项名"应填入"AV"。"DI"类型的点也一样。

三、系统维护

在 DCS 系统使用过程中，由于工业现场环境相对恶劣（包括温度、湿度、灰尘、腐蚀性气体、振动等环境因素）容易加速电子元器件的老化或造成元器件、电路损伤等。另外，在维护与使用过程中可能存在的不当操作同样也会对系统造成损伤。有的损伤会直接导致不可恢复的故障，有的损伤会造成部分元器件的性能和可靠性下降，即软损伤，且非常隐性，如导致元器件阻抗变化、精度漂移、通信数据丢包等，往往要在一段时间后才会发现，会给系统稳定运行带来不可忽视的隐患。

（1）系统运行阶段的保养

1）检查环境。保持控制室内及其远程 I/O 柜室内环境温度、湿度、清洁度等；保持控制室内光线充足，具备操作员操作监视的条件。

2）外观检查。系统设备的外观应完好，无缺件、锈蚀、变形和明显的损伤，如有损坏应做好记录，并予以更换；各系统设备应摆放整体，各种标识应齐全、清晰、明确。

（2）系统停机阶段的维护

1）防静电要求。所有柜内设备在检修时必须做好防静电工作；工作人员必须带好防静电接地腕带，并尽可能不触及电路部分；设备应放在防静电板上，吹扫用设备应接地，以防止静电放电损坏设备。

2）模件清扫。应使用洁净的仪表空气，气源管前部禁止用金属管子，毛刷应经常对地放电，吹出灰尘要用吸尘器吸进，避免腐蚀电路板，更要防止产生静电。

3）电源线缆及其他设备的处理。电源线缆及其他设备的清扫也按模件清扫的方法进行。

4）检查接地系统，电源性能测试，并做相应的补修和记录。

5）检查电缆敷设捆扎整体是否美观，检查现场信号电缆号码管是否齐全清晰。

6）检查机柜冷却风扇是否正常工作，并对其清洗和吹扫或更换，以防系统在运行中因冷却风扇故障，引起机柜温度过高，诱发模件故障。

7）检查柜子防尘、密封的处理情况，进行维修和更换。

8）使用符合标准的绝缘电阻表来检查现场信号线缆的绝缘情况，在测试前，信号线缆与控制设备分开，测试后，应紧固端子接线。检查现场信号电缆是否跟强电分开，以防止造成磁干扰。

（3）操作员站维护保养　在对操作员站（工程师站）维护时，需注意以下内容：

1）保持操作台内环境温度、清洁度符合相关规定。

2）定期对操作站（工程师站）进行清扫，并按模件清扫的方法进行。

3）定期检查操作台内冷却风扇是否正常，如果不正常，将会导致主机过热或负荷过重，从而造成控制操作失效等故障。

4）对操作员站出现内存超负荷或者进程故障时，请及时重启。对兼有服务器的操作员站，在重启时应保证另外一台服务器正常运行。

5）当操作员站本身出现故障时，如操作员站配置不高、操作员站死机、控制操作失效、键盘失效以及打印机不正常时，应及时根据情况更换设备。

四、项目验收

观察项目运行情况，撰写项目报告。各小组推选一名主讲员上台讲解任务的完成情况及演示项目成果，教师、同学填写评价表，见表3-21。

项目报告内容包括设计目的与内容要求、小组分工和每位组员的贡献说明、需求分析与功能设计、技术难点、项目作品特色与作品效果图、心得体会、主要参考文献、讨论会议记录等8项内容。具体报告格式见附录。

表 3-21　评价表

测评内容	配分	评分标准	得分	合计
电路设计	25 分	正确选择控制器（5 分）		
		仪表选型正确（5 分）		
		调节阀选型正确（5 分）		
		电路图绘制正确（10 分）		
电路安装	30 分	零部件无损伤（5 分）		
		仪表接线正确（10 分）		
		调节阀接线正确（5 分）		
		安装步骤方法正确（5 分）		
		螺栓按要求拧紧（5 分）		
电路连接	10 分	接线正确（5 分）		
		接线符合要求（5 分）		

（续）

测评内容	配分	评分标准	得分	合计
电路调试	15 分	控制器参数设置正确（5分）		
		通信正确（5分）		
		系统运行正常（5分）		
故障检测	10 分	控制系统运行中的故障能正确诊断并排除（10分）		
安全文明操作	10 分	遵守安全生产规程（10分）		
总分	100 分			

【知识拓展】

一、PLC 与 DCS 的比较

1. PLC 的概念

可编程逻辑控制器（Programmable Logic Controller，PLC）是一种专门为在工业环境下应用而设计的数字运算操作电子系统。它采用一种可编程的存储器，在其内部存储执行逻辑运算、顺序控制、定时、计数和算术运算等操作的指令，通过数字式或模拟式的输入输出来控制各种类型的机械设备或生产过程。

PLC 是一种具有微处理器的、用于自动化控制的数字运算控制器，可以将控制指令随时载入内存进行储存与执行。可编程控制器由 CPU、指令及数据内存、输入/输出接口、电源、数字模拟转换等功能单元组成。早期的可编程逻辑控制器只有逻辑控制的功能，所以被命名为可编程逻辑控制器，后来随着不断地发展，这些当初功能简单的计算机模块已经有了包括逻辑控制、时序控制、模拟控制、多机通信等各类功能，名称也改为可编程控制器，但是由于它的简写 PC 与个人电脑（Personal Computer）的简写相冲突，加上习惯的原因，人们还是经常使用可编程逻辑控制器这一称呼，并仍使用 PLC 这一缩写。

2. DCS 的概念

分布式控制系统（Distributed Control System，DCS）以微处理器为基础，是采用控制功能分散、显示操作集中、兼顾分而自治和综合协调的新一代仪表控制系统，主要用于过程自动化。DCS 在我国工控行业俗称集散控制系统，它采用控制分散、操作和管理集中的基本设计思想，采用多层分级、合作自治的结构形式。其主要特征是它的集中管理和分散控制。目前 DCS 在电力、冶金、石化等各行各业都获得了广泛的应用。

DCS 通常采用分级递阶结构，每一级由若干子系统组成，每一个子系统实现若干特定的有限目标，形成金字塔结构。可靠性是 DCS 发展的生命，要保证 DCS 的高可靠性主要有三种措施：一是广泛应用高可靠性的硬件设备和生产工艺；二是广泛采用冗余技术；三是在软件设计上广泛实现系统的容错技术、故障自诊断和自动处理技术等。当今大多数集散控制系统的 MTBF（平均故障间隔时间）可达几万甚至几十万小时。

3. PLC 与 DCS 的区别

在自动化控制系统中，PLC 和 DCS 是常用的两种控制系统。一般来说，这两种控制系统的基本结构是一样的，小型的 PLC 将向更专业化的使用角度发展，DCS 将向 FCS 的方向继续发展。二者既有相似之处，又有各自的不同之处，那么如何正确区别二者的不同呢？

（1）发展方向不同　DCS 从传统的仪表盘监控系统发展而来。因此，DCS 从先天性来说较侧重于仪表的控制；PLC 从传统的继电器回路发展而来，最初的 PLC 甚至没有模拟量的处理能力，因此，PLC 从开始就强调的是逻辑运算能力。

（2）兼容性不同　对于 PLC 系统来说，一般没有或者很少有扩展的需求，因为 PLC 系统一般针对设备来使用；DCS 在发展的过程中也是各厂家自成体系。

（3）结构不同

1) DCS 惯常使用两层网络结构：一层为过程级网络，大部分 DCS 使用自己的总线协议；而二层网络为操作级网络，I/O 的采样数据经 CPU 转换后变为整型数据或实型数据，在操作级网络上传输。DCS 网络是整个系统的中枢神经，和利时公司 MACS 系统中的系统网采用的是双冗余的 100Mbps 的工业以太网，采用的国际标准协议 TCP/IP。它是安全可靠双冗余的高速通信网络，系统的拓展性与开放性更好。

2) PLC 系统的工作任务相对简单，因此需要传输的数据量一般不会太大，所以常见的 PLC 系统为一层网络结构。过程级网络和操作级网络要么合并在一起，要么过程级网络简化成模块之间的内部链接。在网络安全上，PLC 没有很好的保护措施。

（4）安全性不同

1) 为保证 DCS 控制设备的安全可靠，DCS 采用了双冗余的控制单元，当重要控制单元出现故障时，都会有相关的冗余单元实时无扰动地切换为工作单元，保证整个系统的安全可靠。

2) PLC 所搭接的系统基本没有冗余的概念，就更谈不上冗余控制策略。特别是当某个 PLC 单元发生故障时，不得不将整个系统停下来，才能进行更换、维护并需重新编程。所以 DCS 要比 PLC 的安全可靠性上高一个等级。

（5）时间调度不同　PLC 的程序一般不能按事先设定的循环周期运行，PLC 程序从头到尾执行一次后又从头开始执行；而 DCS 可以设定任务周期。

（6）系统维护不同

1) 对各种工艺控制方案更新是 DCS 的一项最基本的功能，当某个方案发生变化后，工程师只需要在工程师站上将更改过的方案编译后，执行下装命令就可以了，下装过程是由系统自动完成的，不影响原控制方案运行。系统各种控制软件与算法可以将工艺要求控制对象控制精度提高。

2) 而对于由 PLC 构成的系统来说，工作量极其庞大，首先需要确定所要编辑更新的是哪个 PLC，然后要用与之对应的编译器进行程序编译，最后再用专用的机器（读写器）专门一对一地将程序传送给这个 PLC，在系统调试期间，调试时间和调试成本大量增加，而且极其不利于日后的维护。

（7）应用对象不同

1) PLC 一般用在小型自控场所，比如设备的控制或少量的模拟量的控制及连锁，而大型的应用一般都是 DCS。习惯上我们把大于 600 点的系统称为 DCS，小于 600 点的系统称为 PLC。模拟量大于 100 个点以上的，一般采用 DCS，模拟量在 100 个点以内的，一般采用 PLC。

2) DCS 更侧重于过程控制领域（如化工、冶炼、制药等），主要是一些现场参数的监视和调节控制；PLC 则侧重于逻辑控制（机械加工类），当然现在的 PLC 也能很好地处理过程控制问题，但是没有 DCS 专业。

虽然今天介绍了两者的不同点，但两者已经在发展的过程中逐渐趋向融合。新型的 DCS 已有很强的顺序控制功能；而新型的 PLC 在处理闭环控制方面也不差。并且两者都能组成大型网络，DCS 与 PLC 的适用范围，已有很大的交叉。

二、SCADA 系统与 DCS 的比较

1. SCADA 系统的概念

SCADA 系统即监督控制与数据采集（Supervisory Control And Data Acquisition）系统，它是以计算机为基础的生产过程控制与调度自动化系统。SCADA 系统应用领域很广，可以应用于电力系统，给水系统，石油、化工等领域，在电力系统及电气化铁道上又称为远动系统。它可以对现场的运行设备进行监视和控制，以实现数据采集、设备控制、测量、参数调节以及各类信号报警等各项功能。

2. SCADA 系统的发展历程

SCADA 系统自诞生之日起就与计算机技术的发展紧密相关。SCADA 系统发展到今天已经经历了三代。

第一代是基于专用计算机和专用操作系统的 SCADA 系统，如电力自动化研究院为华北电网开发的 SD176 系统。这一阶段是从计算机运用到 SCADA 系统开始到 20 世纪 70 年代。

第二代是 20 世纪 80 年代基于通用计算机的 SCADA 系统，在第二代中，广泛采用 VAX 等其他计算机以及其他通用工作站，操作系统一般是通用的 UNIX 操作系统。在这一阶段，SCADA 系统在电网调度自动化中与经济运行分析、自动发电控制（AGC）以及网络分析结合到一起，构成了能量管理系统（EMS）。

第一代与第二代 SCADA 系统的共同特点是基于集中式计算机系统，并且系统不具有开放性，因而系统维护、升级以及与其他联网构成很大困难。

20 世纪 90 年代按照开放的原则，基于分布式计算机网络以及关系数据库技术的，能够实现大范围联网的 SCADA 系统称为第三代。这一阶段是我国 SCADA 系统发展最快的阶段，各种最新的计算机技术都汇集进 SCADA 系统中。

目前，SCADA 系统的基础条件已经基本具备，系统的主要特征是采用互联网技术，面向对象技术、神经网络技术以及 JAVA 技术等，继续扩大 SCADA 系统与其他系统的集成，满足安全经济运行以及商业化运营的需要。

3. SCADA 系统与 DCS 的区别

SCADA 系统与 DCS 的比较如下：

1）各层次部分之间需要进行组合和通信。DCS 是由硬件、处理器、I/O 模块、运行界面和与之相匹配的应用软件组成的一个完整系统。

2）SCADA 系统至少有两个不同的数据库，一个是用于 PLC 的，另一个是用在 SCADA 应用程序中的，任何修改都将在所有的数据库中进行；DCS 只有一个全局的数据库，一旦修改了这个数据库，它将影响整个系统的运行。

3）SCADA 系统中，PLC 程序的编码是面向线性顺序控制的，PLC 的扫描速率则是由负载多少和 I/O 的数量决定的；而 DCS 的设计是面向对象的，其扫描速率固定。

4) SCADA 系统是基于 PC 设计的,所以它与其他系统的接口是开放的、通用的;而一般 DCS 是一个相对封闭的系统,很难实现与其他系统对接。

5) SCADA 系统在 PLC 和上位机进行通信的时候需考虑系统所涉及的每个状态位、报警点和信号,其通信检测、系统性能管理和系统报警需要使用编程来实现;而在 DCS 中相关功能通过调用标准函数就可实现了。

6) 对于 SCADA 系统,设计人员可自行选择通用的商品化组态软件;而各 DCS 厂家为自己的 DCS 产品提供自己的组态软件包。

【工程训练】

锅炉汽包水位 DCS 的设计与实现

一、锅炉工艺设备介绍

锅炉由汽锅和炉子组成,其工艺设备如图 3-163 所示。炉子是指燃烧设备,为化石烯料的化学能转换成热能提供必要的燃烧空间。汽锅是为汽水循环、汽水吸热以及汽水分离提供必要的吸热和分离空间。锅炉作为一种把煤、石油或天然气等化石燃料所储藏的化学能转换成水或水蒸气的热能的重要设备,长期以来在工业生产和居民生活中都扮演着极其重要的角色。从系统角度看,锅炉包括燃烧控制系统、气温控制系统、给水控制系统和辅助控制系统。控制系统总图如图 3-164 所示。

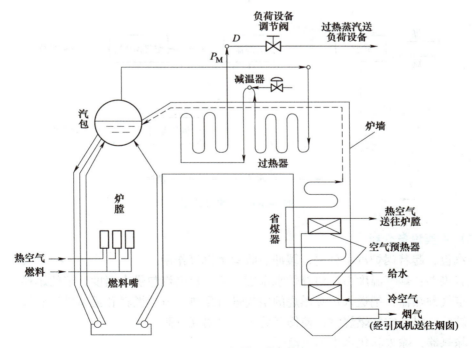

图 3-163 锅炉工艺设备

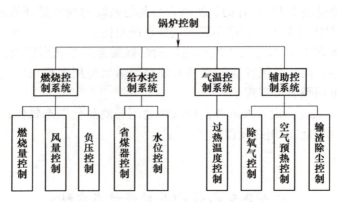

图 3-164 锅炉控制系统总图

(一)原理介绍

煤通过传送带输送到各炉的煤仓,通过抛煤机抛入炉膛燃烧,送风机送风进入空气预热器预热,再送入炉膛助燃。软化水经除氧器由软水泵送入省煤器进行加热,再进入汽包,给汽包补水。由于炉膛两侧循环管的软化水被加热,产生温差,形成对流,汽包产生蒸汽,通过蒸汽管道送入分配器,供全厂使用。炉膛烟气通入省煤器和预热器降温后,进入水膜除尘器除尘,由引风机送入烟囱排放。锅炉原理图如图 3-165 所示。

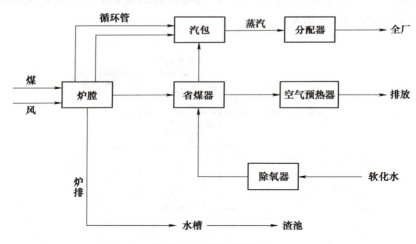

图 3-165 锅炉原理图

(二)主要设备介绍

1)汽包:起着锅炉汽水分离、缓冲、收集蒸汽等作用。
2)省煤器:烟气温度与汽包补供水温度交换,提高汽包供水温度,节约燃料。
3)空气预热器:把送入炉膛燃烧的空气进行预热,节约燃料和提高燃烧效果。
4)炉膛:煤及空气燃烧室,使循环管软化水温度升高。
5)除氧器:除去软化水中的氧离子。

(三)仪表主要控制系统

汽包水位三冲量控制系统(串级前馈)由汽包水位测量,给水流量测量,蒸汽流量测量（温压补偿后）、给水调节阀等组成。

二、锅炉汽包水位调节的任务

锅炉汽包水位是影响锅炉安全运行的一个重要参数，汽包水位过高或者过低的后果都非常严重，因此对汽包水位必须进行严格控制。下面以锅炉汽包出口蒸汽驱动汽轮机为例进行介绍。

给水自动调节也称为水位自动调节，其主要任务如下：

1）维持锅炉水位在允许的范围内，使锅炉的给水量适应于蒸发量。锅炉的水位是影响安全运行的重要因素。水位过高会影响汽水分离装置的正常工作，严重时会导致蒸汽带水增加，水位过高或过低，都是不允许的。所以，正常运行时汽包水位应在设定值的某一允许范围内波动。

2）保持给水量稳定。给水量稳定有助于省煤器和给水管道的安全运行。实践证明，无论是电站锅炉，还是工业锅炉，用人工操作调节水位，既不安全，也不经济，其最有效的方法是实现给水自动调节。

本次设计的主要工作如下：

(1) 设计锅炉汽包水位控制方案

从锅炉汽包水位的动态性能入手，分析影响锅炉汽包水位的主要因素，并对这些因素对锅炉汽包水位动态性能的影响进行理论研究。根据各因素对锅炉汽包水位的影响采用汽包水位三冲量方案，达到控制锅炉汽包水位稳定的目的。

(2) 控制算法的参数整定与仿真

根据被控对象的特点以及它的静态、动态特性，按照工程整定的方法进行控制器的参数整定，设计调节器的各参数。在此基础之上对整定结果进行仿真，并对整定结果进行进一步调整，判断其可行性，为后续的软件设计工作打下基础。

三、控制方案设计

（一）虚假水位的形成及对策

虚假水位是锅炉运行时不真实的水位。当汽包压力突降时，炉水饱和温度下降到压力较低时的饱和温度，炉水大量放出热量来进行蒸发，于是炉水内的气泡增加，汽水混合物体积膨胀，使水位不仅不下降反而很快上升；当汽包压力突升时，相应的饱和温度提高，一部分热量被用于加热炉水，而用来蒸发炉水的热量则减少，炉水中气泡量减少，使汽水混合物的体积收缩，使水位很快下降，从而形成"虚假水位"。

此外锅炉负荷突变、灭火、安全门动作、燃烧不稳时，都会产生虚假水位。负荷变化速度越快，虚假水位越明显。如遇汽轮机甩负荷，气压突然升高，水位将瞬时下降；运行中燃烧突然增强或减弱，引起气泡量突然增大或减少，使水位瞬时升高或下降；安全阀起座时，由于压力突然下降，水位瞬时明显升高；锅炉灭火时，由于燃烧突然停止，炉水中气泡量迅速减少，水位也将瞬时下降。

在输入端引入蒸汽流量信号，设置水位系统的前馈调节，于是当蒸汽流量增大时，给水量随之增大，给水量增多，水温又较低，有利于克服虚假水位的影响。

（二）汽包水位的影响因素

首先应该从分析汽包水位的动态特性入手。锅炉给水调节对象如图 3-166 所示。给水调节机构为调节阀给水量 W，汽轮机耗汽量 D 是由汽轮机阀门开度来控制的。

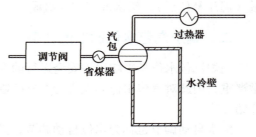

图 3-166　锅炉给水调节对象

初看起来，汽包水位的动态特性似乎和单容水槽一样，给水量和蒸汽流量影响汽包水位的高低。但实际情况并非如此，最突出的一点就是水循环系统中充满了夹杂着大量蒸汽气泡的水，而蒸汽气泡的体积 V 是随着汽包压力和炉膛热负荷的变化而变化的。如果有某种原因使气泡的总体积变化了，即使水循环系统的总水量没有发生变化，汽包水位也会因此随之发生改变，从而影响水位的稳定。影响汽包水位 H 的，主要有给水量 W、汽轮机耗汽量 D 和燃料量 B 三个因素。

1. 给水扰动的影响

如果把汽包及其水循环系统看作一个单容水槽，那么水位的给水扰动响应曲线应该如图 3-167 中曲线 H_1 所示。但考虑到给水的温度低于汽包内饱和的水温度，当它进入汽包后吸收了原有的饱和水中的一部分热量，使得锅炉内部的蒸汽产量下降，水面以下的气泡的总体积 V 也就会相应减小，从而导致水位下降，如图 3-167 中的曲线 H_2 所示。水位的实际响应曲线应是曲线 H_1 和 H_2 之和，如图 3-167 中的曲线 H 所示。它是一个具有延迟时间的积分环节，水的过冷度越大则响应延迟时间就会越长。该扰动传递函数可以近似表示为

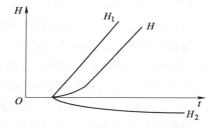

图 3-167　给水扰动响应曲线

$$G_1(s) = \frac{\varepsilon_1}{s(1+\tau s)}$$

式中，ε_1 表示汽包水位的飞升速度；τ 表示延迟时间；s 表示传递函数的变量。

2. 汽轮机耗汽量扰动的影响

当汽轮机耗汽量 D 突然做阶跃增加时，一方面改变了汽包内的物质平衡状态，使汽包内液体蒸发量变大，从而使水位下降，如图 3-168 中的曲线 H_1 所示；另一方面由于汽轮机耗汽量 D 的突然增加，将迫使锅炉内气泡增多，同时由于燃料量维持不变，汽包压力下降，从而导致汽包水位上升，如图 3-168 中的曲线 H_2 所示。水位的实际响应曲线应该是曲线 H_1 和 H_2 之和，如图 3-168 中的曲线 H 所示。对于大中型锅炉来说，后者的影响要大于前者，因此负荷做阶跃增加后的一段时间内会出现水位不但没有下降反而明显升高的现象，这种反常现象通常被称为虚假水位现象。该扰动可以认为是一个惯性加积分环节，其传递函数可以近似表示为

$$G_2(s) = -\frac{\varepsilon_2}{s} + \frac{K}{1+T_0 s}$$

式中，ε_2 表示汽包水位对于蒸汽流量的飞升速度；T_0 表示虚假水位现象的延迟时间；s 表示传递函数的变量。

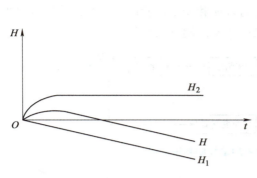

图 3-168 汽轮机耗汽量扰动响应曲线

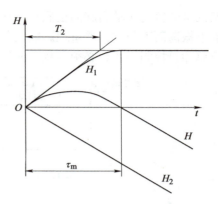

图 3-169 燃料量扰动响应曲线

3. 燃料量扰动的影响

当燃料增加时,炉膛热负荷随着增加,水循环系统内汽水混合物的气泡比例增加,形成水位升高的虚假现象,如图 3-169 中的曲线 H_1 所示。如果负荷设备的进气阀不加调节,则汽包饱和压力升高,蒸汽流出量增加,蒸发量大于给水量,水位应该下降。随着汽包压力的升高,汽水混合物中气泡的比例将减小,又使得汽水总容积下降,如图 3-169 中的曲线 H_2 所示。水位的实际响应曲线应该是曲线 H_1 和 H_2 之和,如图 3-169 中的曲线 H 所示。在燃料量扰动下,汽包水位也会因汽包容积的增加使水位上升,因此也会出现虚假水位现象,直至蒸发量与燃料量相适应时,水位才开始下降,即经过了 T_m 时间后水位开始下降。但由于汽包水循环系统中有大量的水,汽包和水冷壁管道也会存储大量的热量,因此具有一定的热惯性。燃料量的增大只能使蒸汽量缓慢增大,同时气压也会缓慢上升,使气泡体积减小,因此燃料量扰动下的虚假水位现象比负荷扰动下要缓和的多。

由以上分析可知,给水量扰动下的水位响应有迟滞性,负荷扰动下的水位响应有虚假水位现象。这些特性使得汽包水位的变化受到多种因素影响,因而对它的控制变得比较复杂和困难。

四、汽包水位的控制方案设计

(一) 单冲量控制系统

从反馈的思路出发很容易想到以汽包水位信号作为反馈变量,给水流量作为被控变量,构成单回路反馈控制系统,即汽包水位单冲量控制系统,如图 3-170 所示,框图如图 3-171 所示。对于小容量锅炉来说,由于它的储水容量较大,水面以下的气泡体积并不占有非常大的比重,因此水容积延迟和虚假水位现象并不是非常明显,因此可以采用汽包水位单冲量控制系统来控制汽包水位。但对于大中型锅炉来说,这种控制方案就不能满足控制要求,因为汽

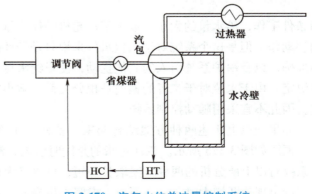

图 3-170 汽包水位单冲量控制系统

轮机蒸汽量的负荷扰动引起的虚假水位现象将引起给水调节机构的误动作，导致汽包水位激烈地上下振荡而不稳定，严重地影响设备的运行寿命和安全，所以大中型锅炉不宜只采用汽包水位单冲量控制系统，必须寻找其他的解决办法来控制汽包水位。

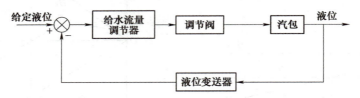

图 3-171　汽包水位单冲量控制系统框图

如果从物质平衡的角度出发，只要能够保证给水量永远等于蒸汽蒸发量就可以保证汽包水位大致不变。因此可以采用图 3-172 所示的蒸汽流量随动控制系统，其中流量调节器采用 PI 调节器，汽轮机的蒸汽量作为系统的设定值，使给水流量跟踪蒸汽流量的变化，构成了一个以蒸汽量为给定的随动系统，从而保证汽包水位的恒定。蒸气流量随动控制系统框图如图 3-173 所示。

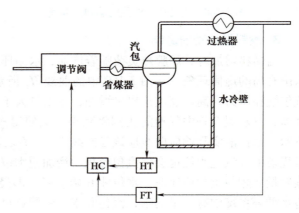

图 3-172　蒸汽流量随动控制系统

（二）双冲量控制系统

该方案的优点是系统完全根据物质平

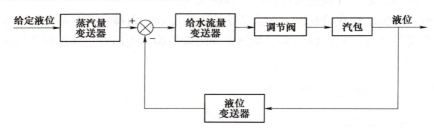

图 3-173　蒸汽流量随动控制系统框图

衡条件工作，给水量的大小只取决于汽轮机的耗汽量，虚假水位现象不会引起给水调节机构的误动作。但是这个系统对于汽包水位来说只是开环控制系统。由于给水量和蒸汽量的测量不准确，以及锅炉系统引入的其他扰动，使得给水量和蒸汽量并非准确的比值关系而保持水位恒定。由于水位对于二者的偏差是积分关系，微小的偏差长时间积累也会形成很大的水位差，因此不宜采用随动控制系统。

如果把以上所述两种方案结合起来，就构成了汽包水位双冲量控制系统如图 3-174 所示，框图如图 3-175 所示。双冲量指的是同时引入，汽包水位和蒸汽流量两个测量信号。这个系统对以上所分析的两种方案取长补短，可以极大地提高汽包水位的控制质量。当汽轮机耗汽量出现阶跃增大时，一方面由于虚假水位现象，汽包水位会暂时有所升高，调节机构将做出误动作,错误地减少给水量;另一方面汽轮机耗汽量的增大又通过比值控制系统指挥调节机构增大给水量,实际给水量的增减要根据实际情况通过参数整定来确定。当虚假水位现象消失后,水位和蒸汽信号都能正确地指挥调节机构动作。只要参数整定合适,给水量必然等于蒸汽量从而保证水位恒定。

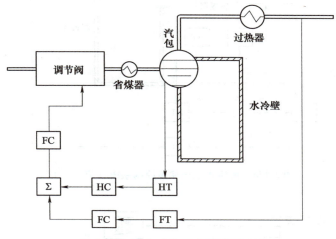

图 3-174　汽包水位双冲量控制系统

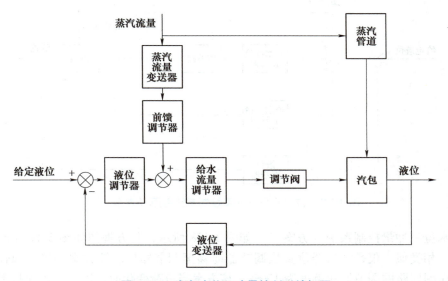

图 3-175　汽包水位双冲量控制系统框图

(三) 三冲量控制系统

汽包水位三冲量控制系统 (方案一) 如图 3-176 所示,其方框图如图 3-177 所示,该方案实质上是前馈 (蒸汽流量) 加反馈控制系统。这种三冲量控制方案结构简单,只需要一台多通道调节器,整个系统亦可看作三冲量的综合信号为被控变量的单回路控制系统,所以投运和整定与单回路一样。但是如果系统设置不能确保物料平衡,当负荷变化时,水位将有余差。

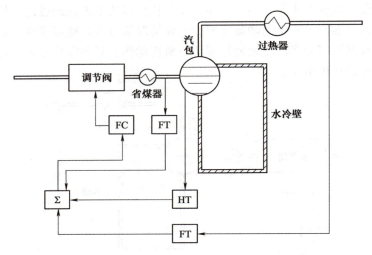

图 3-176 汽包水位三冲量控制系统（方案一）

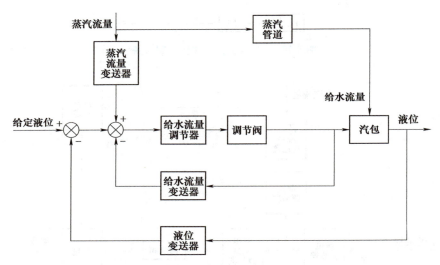

图 3-177 汽包水位三冲量控制系统框图（方案一）

汽包水位三冲量控制系统（方案二）如图 3-178 所示，其方框图如图 3-179 所示，该方案与方案一相类似，仅是加法器位置从调节器前移至调节器后。该方案相当于前馈-串级控制系统，而副回路的调节器比例度为 100%，该方案当负荷变化时，液位可以保持无差。

考虑蒸汽流量的扰动造成虚假水位的影响，可以在方案二的基础上，在蒸汽扰动上引入前馈微分补偿环节。微分控制作用具有预测的功能，所以蒸汽流量信号引入微分后，动态补偿可以获得较好的效果。图 3-180 所示为汽包水位三冲量控制系统（方案三），即前馈-反馈-串级复合控制系统，框图如图 3-181 所示。该三冲量控制系统包含给水流量和汽包水位两个控制回路以及一个蒸汽流量前馈通道，实质上是蒸汽流量前馈与水位-流量串级系统组成的复合控制系统。串级控制系统的主变量是汽包水位，副变量是给水流量，主调节器是液位流量调节器，副调节器是给水流量调节器。

项目三　反应釜控制系统的 DCS 组态设计与调试

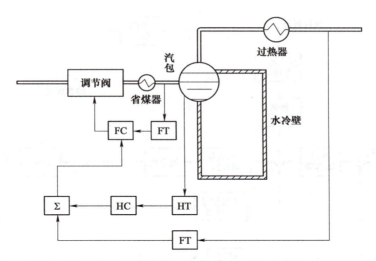

图 3-178　汽包水位三冲量控制系统（方案二）

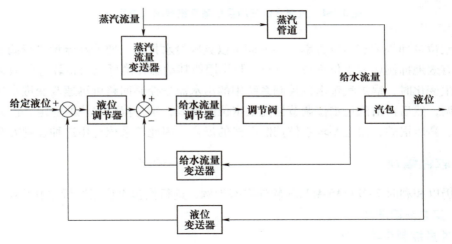

图 3-179　汽包水位三冲量控制系统框图（方案二）

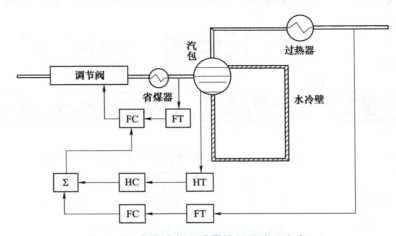

图 3-180　汽包水位三冲量控制系统（方案三）

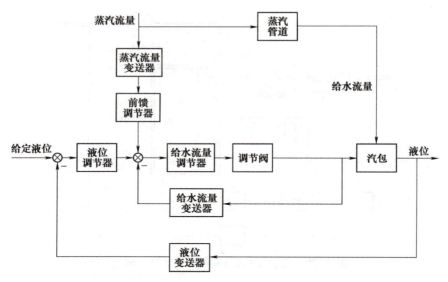

图 3-181　汽包水位三冲量控制系统框图（方案三）

汽包水位三冲量控制系统方案三一方面可以克服给水扰动，使给水流量自行调节，另一方面可以有效地抑制虚假水位现象。微分控制作用使其动态补偿可以获得较好的效果。当蒸汽流量发生变化时，锅炉汽包水位控制系统中的给水流量控制回路可迅速改变进水量的大小以完成粗调，然后再由汽包水位调节器完成水位的细调，维持汽包水位的稳定。该方案适用于大容量、高压锅炉，而且要求水位控制严格的场合。因此该系统选用这种控制方案。

五、软件编程

下面仍以和利时 HOLLiAS-MACS 软件组态为例，进行汽包水位三冲量控制系统的实施。

（一）组态前期准备

1. 三冲量控制系统框图

根据锅炉汽包水位三冲量控制系统，绘制三冲量控制系统框图，如图 3-182 所示。

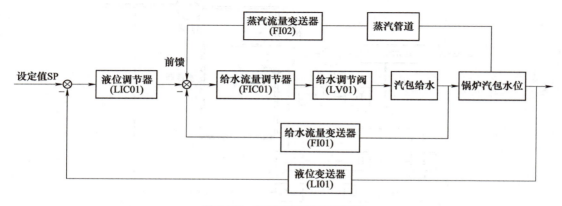

图 3-182　三冲量控制系统框图

2. 主、副调节器正、反作用的判断

主、副调节器的正、反作用的选择步骤为：先根据工艺条件及调节阀气开与气关形式，决定副调节器的正、反作用方向；然后根据主、副变量的关系，决定主调节器的正、反作用方向。

调节对象 K_o：阀门、执行器开大，测量值增加，则 K_o 为正对象，取"+"；反之，为负对象取"-"；调节阀门 K_v：阀门正作用（气开、电开），则 K_v 取"+"；阀门反作用（气关、电关），则 K_v 取"-"；K_o、K_v 的正负由工艺对象和生产安全决定，根据 K_o、K_v 的正负来判断调节器的作用；$K_o K_v > 0$，则调节器为反作用；$K_o K_v < 0$，则调节器为正作用。

串级回路调节器的判断方法如下：
1）副调节器的判断方法和单回路的相同。
2）主调节器的正、反作用只和主对象有关。
3）主对象是正对象，则调节器取反作用。
4）主对象是负对象，则调节器取正作用。

因此，根据以上判断方法来确定液位调节器和流量调节器的正反作用，流量调节器是副回路，锅炉汽包是正对象，调节阀按工艺要求选气关阀，给水流量调节阀器选正作用，锅炉汽包液位调节器为反作用。

3. 三冲量控制系统过程分析

1）锅炉汽包水位受到扰动时，动态过程分析如下：

汽包水位↑→水位测量值↑→液位调节器输出（液位调节器反作用）↓→汽包水位设定值↓→给水流量调节器输出（流量调节器正作用）↑→调节器阀开度减小（气关阀）↑→给水流量↓→汽包水位↓。

2）当蒸汽流量受到扰动时，动态过程分析如下：

蒸汽流量↑→汽包水位设定值↑→给水流量调节器输出（流量调节器正作用）↓→调节阀开度增大↑→给水流量调节器输出↑→汽包水位保持。

3）当给水流量受到扰动时，动态过程分析如下：

给水流量↑→给水流量测量值↑→给水流量调节器输出（流量调节器正作用）↑→调节阀开度减少（气关阀）↓→给水流量↓。

4. 测点说明

在控制系统中，组态时需要用到的物理量点（实际现场设备）有三个测量变速器和一个液位调节阀。组态前要先定义变量名，其中点名定义要符合组态软件的命名要求，测点说明见表3-22。

表 3-22 测点说明

点名	点说明	点类型
LI01	锅炉汽包液位变送器	AI
FI01	给水流量变速器	AI
FI02	蒸汽流量变速器	AI
TI01	蒸汽温度变送器	AI

（续）

点名	点说明	点类型
PI01	蒸汽压力变送器	AI
LV01	给水调节阀	AO
LIC01	锅炉汽包液位调节器	控制器中间量点
FIC01	给水流量调节阀	控制器中间量点

（二）软件组态

1. 新建工程

在工程总控中，新建工程的工程名称要符合软件命名要求，如图 3-183 所示。

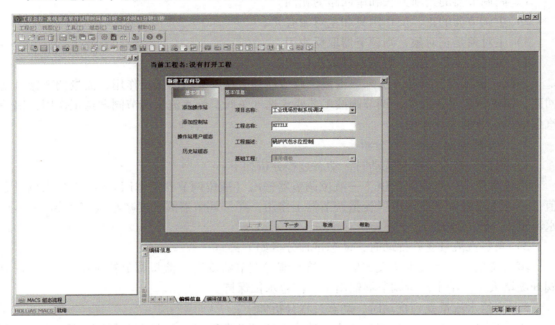

图 3-183 新建工程界面

2. 添加操作员站

需要添加几台操作员站，直接在界面中添加站号数量，如图 3-184 所示。

3. 添加控制站

根据系统的规模，选择需要的控制器，并添加现场控制站的个数，然后创建工程，如图 3-185 所示。

4. 操作站用户组态

添加一个工程师级别的用户，如图 3-186 所示。用于后面操作员站和历史站的下装。

5. 历史站组态

历史站可以兼在操作员站上，如图 3-187 所示，单击"完成"，新建工程完成，然后编译。

6. 控制站组态

（1）硬件配置　在硬件配置中打开机柜，在设备库中添加 K 主机柜，然后添加

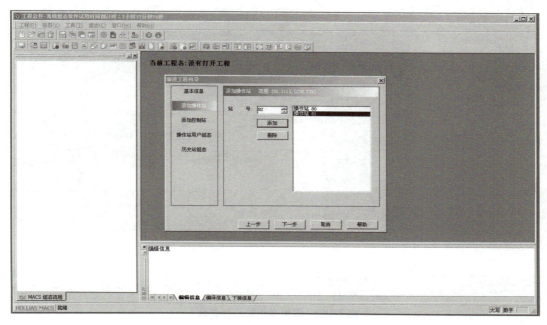

图 3-184　添加操作员站界面

图 3-185　添加现场控制站界面

K-BUS02 通信模块，如图 3-188 所示。根据测点个数，需要增加一个 AI 模块和一个 AO 模块。

（2）测点导入　根据测点说明表，把 AI 点输入到 K-AI01 模块，AO 点输入到 K-AO01 模块，多余的通道可以作为备用通道，如图 3-189、3-190 所示。

工业现场控制系统的设计与调试

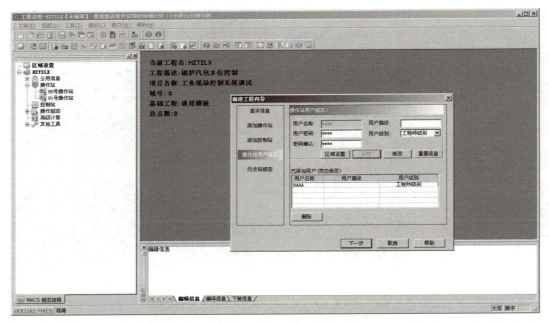

图 3-186　添加操作站用户界面

图 3-187　历史站组态界面

（3）锅炉三冲量控制程序　添加程序，选择用户程序，添加程序名，选择编程语言"连续功能图 CFC"，如图 3-191 所示。程序组态界面如图 3-192 所示，参数选项界面如图 3-193 所示。

项目三　反应釜控制系统的 DCS 组态设计与调试

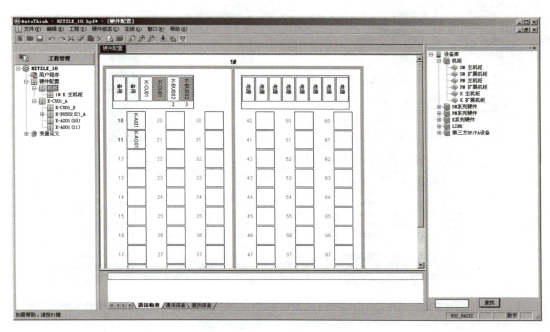

图 3-188　硬件配置组态

图 3-189　AI 测点导入

247

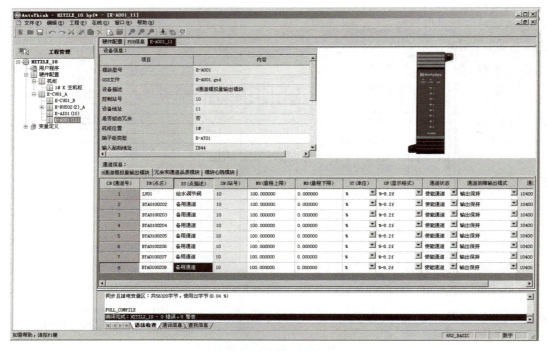

图 3-190 AO 测点导入

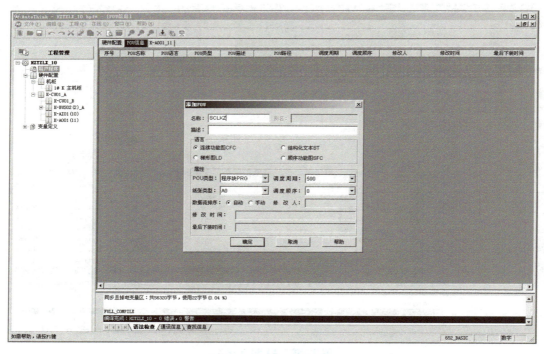

图 3-191 添加程序界面

项目三　反应釜控制系统的 DCS 组态设计与调试

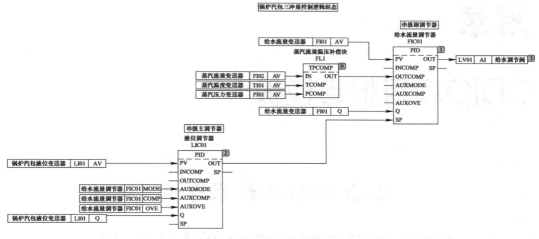

图 3-192　程序组态界面

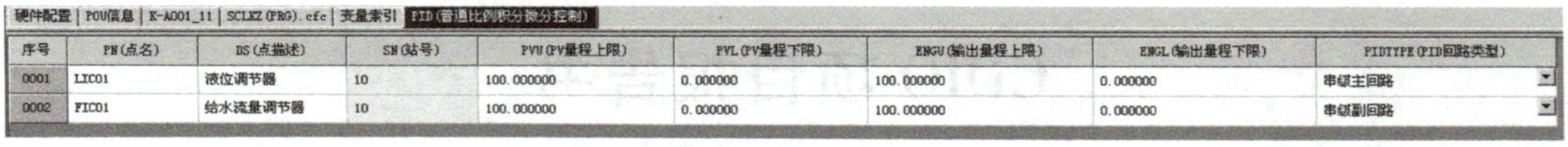

图 3-193　参数选项界面

(三) 图形画面

在图形画面中，用一些简图示意现场实际的设备，并可以添加一些动态链接，把现场变送器的指示值显示在画面上，也可以把调节阀的开度显示出来；在画面上增加液位和流量的操作面板，即可对锅炉给水调节阀进行控制，也可以对锅炉汽包水位进行控制，方便操作人员进行设备参数的控制。锅炉汽包流程图画面如图 3-194 所示。

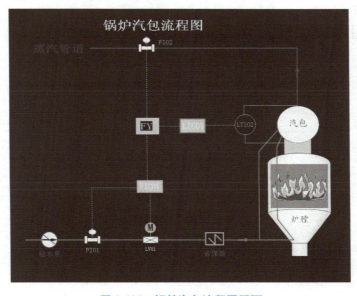

图 3-194　锅炉汽包流程图画面

249

附录

CDIO 项目报告模板

哈尔滨职业技术学院

《工业现场控制系统的设计与调试》

CDIO 项目报告书

项目名称：_____

专　　业：_____

班级及组号：_____

组长姓名：_____

组员姓名：_____

指导老师：_____

时　　间：_____

1. 项目目的与要求

2. 项目计划

3. 项目内容

4. 心得体会

5. 主要参考文献

参 考 文 献

[1] 王晶. 现场总线技术及其应用 [M]. 西安：西安电子科技大学出版社，2019.
[2] 武平丽. 过程控制及自动化仪表 [M]. 3版. 北京：化学工业出版社，2020.
[3] 范其明. 工业网络与现场总线技术 [M]. 西安：西安电子科技大学出版社，2020.
[4] 倪志莲，龚素文. 过程控制与自动化仪表 [M]. 2版. 北京：机械工业出版社，2019.
[5] 廉迎战. 现场总线技术与工业控制网络系统 [M]. 北京：机械工业出版社，2022.
[6] 张宏建，张光新，戴连奎，等. 过程控制系统与装置 [M]. 北京：机械工业出版社，2012.
[7] 贺代芳. 过程控制技术及应用 [M]. 北京：机械工业出版社，2017.
[8] 王爱广，黎洪坤. 过程控制技术 [M]. 北京：化学工业出版社，2012.
[9] 叶小岭. 过程控制工程 [M]. 北京：机械工业出版社，2017.
[10] 黄宋魏. 工业过程控制系统及工程应用 [M]. 北京：化学工业出版社，2015.
[11] 刘翠玲，黄建兵. 集散控制系统 [M]. 2版. 北京：北京大学出版社，2013.
[12] 张早校. 过程控制装置及系统设计 [M]. 北京：北京大学出版社，2010.
[13] 丁炜. 过程控制仪表及装置 [M]. 4版. 北京：电子工业出版社，2022.
[14] 马昕，张贝克. 深入浅出过程控制：小锅带你学过控 [M]. 北京：高等教育出版社，2013.